美丽乡村住宅建设丛书

新农村房屋建造技术

骆中钊　卢昆山　黄方楷　编著

金盾出版社

内 容 提 要

　　本书是《美丽乡村住宅建设丛书》中的一册。该书深入浅出地把建筑工程施工技术中最基本的土方工程、砌体工程、混凝土和钢筋混凝土工程、楼(地)面工程、脚手架及运输设施、建筑装修及门窗工程等分章进行了全面系统的介绍。本书内容丰富,通俗易懂,图文并茂,可供广大农村青年和建筑工人阅读,也可供大专院校相关专业师生教学参考。

图书在版编目(CIP)数据

新农村房屋建造技术/骆中钊,卢昆山,黄方楷编著.—北京:金盾出版社,2017.5
(美丽乡村住宅建设丛书/骆中钊主编)
ISBN 978-7-5186-1087-7

Ⅰ.①新…　Ⅱ.①骆…②卢…③黄…　Ⅲ.①农村住宅—建筑设计　Ⅳ.
①TU241.4

中国版本图书馆 CIP 数据核字(2016)第 281648 号

金盾出版社出版、总发行
北京太平路 5 号(地铁万寿路站往南)
邮政编码:100036　电话:68214039　83219215
传真:68276683　网址:www.jdcbs.cn
封面印刷:北京精美彩色印刷有限公司
正文印刷:北京万友印刷有限公司
装订:北京万友印刷有限公司
各地新华书店经销
开本:705×1000 1/16　印张:16.5　字数:341 千字
2017 年 5 月第 1 版第 1 次印刷
印数:1～3000 册　定价:52.00 元

前　言

　　改革开放的春天给我们的祖国带来了勃勃的生机和活力,举国上下建设热潮汹涌澎湃,令人鼓舞,催人奋进。改革开放给广大农村经济发展带来了美好的前景,农村住宅建设的热浪也随之一浪高过一浪,不仅数量上迅速增加,而且质量也不断提高,形势十分喜人。农村建筑量大面广,中国共产党和各级政府都十分重视,社会各界也十分关注。但由于种种原因,农村住宅建设不仅仍然存在着实用性差、适应性低等布局呆板、功能不全、造型单调、设施滞后的设计问题,同时在建设过程中质量和安全事故也时有发生;抗震构造等缺乏,难以确保防灾要求;外墙渗透水、潮湿、屋面漏水和保湿隔热等房屋构造措施不当,更是屡见不鲜,严重地影响了农村住宅的使用,住户并缺乏安全感。

　　"长住久安""安居乐业"是广大农民群众对家居寄托的美好愿望,正如《黄帝宅经》所指出的:"故宅者,人之本,人以宅为家,居若安,即家代昌吉。"因此,新农村住宅建设在确保住宅建筑设计方案合理的基础上,必须在施工图设计时确保结构的安全性和房屋构造的合理性。施工中务必熟悉和掌握房屋建造技术,以确保新农村住宅地基稳妥、基础牢靠、主体结构坚固、防水技术可靠、选用建筑材料合格和装修质量优良。

　　本书是《美丽乡村住宅建设丛书》中的一册,书中分章系统、详细地阐述了土方与地基处理工程、砌体工程、混凝土和钢筋混凝土工程、楼(地)面和屋顶工程、脚手架及运输设施、建筑装修及门窗工程。书中内容丰富,图文并茂,文字简洁,通俗易懂,便于广大农民群众阅读参考,适合于从事新农村建筑设计和施工的设计人员和施工人员参考,也可作为大专院校相关专业的师生教学参考,还可作为对从事新农村建设的管理人员进行培训的教材。

　　在本书编著中,得到很多领导、专家学者以及广大农民群众的关心,张惠芳、骆伟、陈磊、冯惠玲、李雄、张仪彬、郑健、张宇静等人参加了本书的编著,赵文奉同志协助进行书稿整理,借此一并致以衷心的感谢。

　　限于水平,书中不足之处,敬请广大读者批评、指正。

骆中钊

北京什刹海畔滋善轩乡魂建筑研究学社

目 录

第一章　土方工程

第一节　土方开挖、回填与压实

一、基坑(槽)土方量计算

(1)基坑土方量计算

由图 1-1 可知,基坑土方量 V 可按拟柱体(两平行平面为底的多面体)体积公式计算,即

$$V = \frac{H}{6}(F + 4F_0 + F')$$

式中　H——基坑深度(m);

F、F'、F_0——基坑上底、下底、1/2H 截面处面积(m^2)。

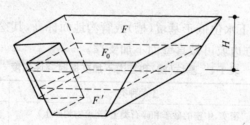

图 1-1　基坑土方量计算简图

(2)基槽土方量计算

由图 1-2 可知,若基槽横断面形状、尺寸有变化,其土方量可沿其长度方向分段,按上式计算,总土方量为各段之和;若基槽横断面、尺寸不变,其土方量为横断面面积与基槽长度之积。

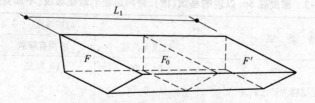

图 1-2　基槽土方量计算简图

二、土方边坡

（1）边坡

土方边坡坡度 $i=H/B=1\times B/H=1/m$，坡度系数 $m=B/H$，即当边坡高为 H 时，边坡宽度为 $B=mH$。土方边坡大小应根据土质条件、挖填方高度、地下水位、排水情况、施工方法、留置时间、坡顶荷载、相邻建筑的情况等因素综合考虑确定。边坡可做成直线形、折线形、台阶形，如图1-3所示。

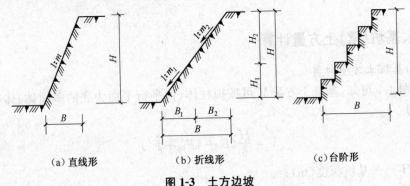

（a）直线形　　　　　（b）折线形　　　　　（c）台阶形

图1-3　土方边坡

（2）放坡规定

①土质均匀且地下水位低于基坑（槽）或管沟地面标高，其挖土深度不超过表1-1中的容许深度时，挖方边坡可做直壁面不加支撑。

表1-1　基坑（槽）和管沟不加支撑时容许深度 （m）

项　次	土的种类	容许深度
1	密实、中密的砂子和碎石类土（充填物为砂土）	1.00
2	硬塑、可塑的粉质黏土及粉土	1.25
3	硬塑、可塑的黏土和碎石类土（充填物为黏性土）	1.50
4	坚硬的黏土	2.00

②土质均匀且地下水位低于基坑（槽）或管沟地面标高，挖方深度在5m以内时，不加支撑的边坡最陡坡度应符合表1-2的规定。

表1-2　深度在5m以内的基坑（槽）、管沟边坡的最陡坡度（不加支撑）

土的类别	边坡坡度		
	坡顶无荷载	坡顶有静载	坡顶有动载
中密的砂土	1：1.00	1：1.25	1：1.50
中密的碎石类土（充填物为砂土）	1：0.75	1：1.00	1：1.25
硬塑的粉土	1：0.67	1：0.75	1：1.00
中密的碎石类土（充填物为黏性土）	1：0.50	1：0.67	1：0.75

续表 1-2

土的类别	边坡坡度		
	坡顶无荷载	坡顶有静载	坡顶有动载
硬塑的粉质黏土、黏土	1：0.33	1：0.50	1：0.67
老黄土	1：0.10	1：0.25	1：0.33
软土（经井点降水后）	1：1.00	—	—

注：1）静载指堆土或材料等，动载指机械挖土或汽车运输作业等。静载或动载应距挖方边缘 0.8m 以外，堆土或材料高度不宜超过 1.5m。

2）当有成熟经验时，可不受本表限制。

③使用时间较长的临时性挖方边坡坡度应符合表 1-3 规定。

表 1-3 使用时间较长的临时性挖方边坡坡度值

土 的 类 别		容许边坡值	
		坡高在 5m 以内	坡高在 5~10m
砂土（不含细砂、粉砂）		1：1.15~1：1.00	1：1.00~1：1.5
黏性土 及粉土	坚 硬	1：0.75~1：1.00	1：1.00~1：1.25
	硬 塑	1：1.00~1：1.25	1：1.25~1：1.5
碎石土	密 实	1：0.35~1：0.50	1：0.50~1：0.75
	中 密	1：0.50~1：0.75	1：0.75~1：1.00
	稍 密	1：0.75~1：1.00	1：1.00~1：1.25

注：1）使用时间较长的临时性挖方是指使用时间超过一年的临时工程、临时道路等的挖方。

2）应考虑地区性水文气象等条件，结合具体情况适用。

3）表中碎石土的充填物为坚硬或硬塑状态的黏性土、粉土；对于砂土或充填物为砂土的碎石土，其边坡坡度容许值均按自然休止角确定。

4）混合土可参照表中相近的土执行。

④永久性土工构筑物挖方的边坡坡度应符合表 1-4 规定。

表 1-4 永久性土工构筑物挖方的边坡坡度

挖 土 性 质	边坡坡度
在天然湿度及层理均匀、不易膨胀的黏土、粉质黏土和砂土（不包括细砂、粉砂）内挖方，深度不超过 3m	1：1.00~1：1.25
土质同上，深度为 3~12m	1：1.25~1：1.50
干燥地区内土质结构未经破坏的干燥黄土及类黄土，深度不超过 12m	1：0.10~1：1.25
在碎石土和泥灰岩土内的挖方，深度不超过 12m，根据土的性质、层理特性和挖方深度确定	1：0.50~1：1.50
在风化岩内的挖方，根据岩石性质、风化程度、层理特性和挖方深度确定	1：0.20~1：1.50
在微风化岩石内的挖方，岩石无裂缝且无倾向挖方坡脚的岩层	1：0.10
在未风化的完整岩石内的挖方	直立的

⑤地质条件良好、土质均匀的路堑边坡坡度可按表 1-5 采用。

表 1-5　路堑边坡坡度

土或岩石种类	边坡最大高度（m）	路堑边坡坡度
一般土	18	1∶0.50～1∶1.50
黄土及类黄土	18	1∶0.10～1∶1.25
砾、碎石土	18	1∶0.50～1∶1.50
风化岩石	18	1∶0.50～1∶1.50
一般岩石	—	1∶0.10～1∶0.50
坚石	—	1∶0.10～直立壁

（3）挖方方法

①边坡开挖。场地边坡开挖应采取沿等高线自上而下分层分段依次进行。在边坡上采取多台阶同时开挖时，上台阶应比下台阶开挖进深不少于 30m，以防塌方。

边坡台阶开挖应做一定坡势，以利泄水。边坡下部设有护脚及排水沟时，在边坡修完后应立即处理台阶的反向排水坡，进行护脚矮墙和排水沟的砌筑和疏通，以保证永恒地面不被冲刷和影响边坡稳定的范围内不积水，否则应采取临时性排水措施。

②基坑（槽）开挖。基坑（槽）开挖应先进行测量定位，抄平放线，定出开挖宽度，按放线分块（段）分层挖土。根据土质和水文情况，采取在四侧或两侧直立开挖或放坡，以保证施工操作安全。坑槽上部应有排水措施，防止地面水流入冲刷边坡，导致塌方和破坏基土。

三、土方回填

土方回填是利用土料经过开挖、运输、推铺和压实等工序来完成，使填土达到一定的密实度以满足对稳定、防渗、沉降等不同的要求。因此，除必须根据工程性质选择适宜的土料外，其中一个关键工作就是在土料摊铺后必须进行很好的压实。因为土经过压实后，密度增加，可以提高其承载能力，增加土体的稳定性，减少其渗透性和沉降变形。

（1）回填施工

①施工技术要求。

a. 回填应具备的条件。

（a）基底处理。当设计对基底处理有具体规定时，按设计要求进行处理。当设计对基底处理无具体规定时，应按现行规范进行处理。填方基底处理应做好隐蔽工程验收，重要内容应画图表示，基底处理经中间验收合格后才能进行填方和压实。

（b）找平验收。经中间验收合格的填方区域场地应基本平整并有 2%坡度有利排水，填方区域有陡于 1/5 的坡度时，应控制好阶宽不小于 1m 的阶梯形台阶，台阶面口严禁上抬造成台阶上积水。

(c)填方范围应根据填方的用途进行粗放线：

a)永久性填方的边坡坡度按设计要求施工放线,粗放线的范围长和宽用下法计算放测。粗放线应为：

$$h \times b = [b + b_1 + (2 \sim 3)] \times [h + h_1 + (2 \sim 3)]$$

式中　b——设计要求永久填方的宽度(m)；

h——设计要求永久填方的长度(m)；

b_1——填方高度乘设计规定的填方坡度(m)；

h_1——填方长度乘设计规定的填方坡度(m)；

$2 \sim 3$——粗放线的余量考虑边坡坡脚填实质量不均匀而增加(m)。

b)较长时间的临时性填方粗放线应按如下原则放测：

ⓐ填方高度在10m以内,边坡坡度取1：1.5,假定填方高度为10m。

粗放线应为 $h \times b = [b + 10 \times 0.5 + (2 \sim 3)] \times [h + 10 \times 0.5 + (2 \sim 3)]$

ⓑ填方高度在10m以上时,填方上部的10m边坡坡度取1：1.5,填方10m以下边坡坡度取1：1.75。

假定填方高度为15m粗放线应为：

$$h \times b = [b + 10 \times 0.5 + 5 \times 0.75 + (2 \sim 3)] \times$$
$$[h + 10 \times 0.5 + 5 \times 0.75 + (2 \sim 3)]$$

b. 填方土料的选择。

(a)填方土料的要求。填方土料应符合设计规定。当设计无规定时,填方土料按现行规范执行。土料含水量的大小,直接影响到夯实(碾压)遍数和夯实(碾压)质量,在夯实(碾压)前应预试验,以得到符合密实度要求条件下的最优含水量和最少夯实(或碾压)遍数。含水量过小,夯实(碾压)不实；含水量过大,则易成橡皮土。各种土的最优含水量和最大干密度参考数值见表1-6 。

表1-6　土的最优含水量和最大干密度参考表

土的种类	变 动 范 围	
	最优含水量(%)(重量比)	最大于密度(g/cm³)
砂土	8～12	1.80～1.88
黏土	19～23	1.58～1.70
粉质黏土	12～15	1.85～1.95
粉土	16～22	1.61～1.80

注：当有成熟经验时,可不受本表限制。

(b)填方土料的选择。为保证填筑工程质量,必须正确选择填方土料。碎石类土、砂土和爆破石渣,可用作表层以下的土料。含水量符合压实要求的黏性土,可用作各层土料。碎块草皮和有机质含量大于8％的土,仅能用于无压实要求的填筑工程。淤泥和淤泥质土一般不能用作土料,但在软土或沼泽地区经过处理使其含水量符合压实要求后,可用于填筑工程中的次要部位。

填筑工程宜尽量选用同类土填筑。如采用不同透水性的土填筑时,必须将透水性较大的土层置于透水性较小的土层之下。

土料应接近水平地分层填筑。对于倾斜的地面,应先将斜坡挖成阶梯状,然后才分层填筑,以防填土横向移动。

②填土施工方法。

a. 人工填土法。

(a)由场地最低部位开始,由一端向另一端自下而上分层铺填,每层虚铺厚度,沙质土不大于30cm,黏性土20cm,用人工木夯夯实;用打夯机械夯实时不大于30cm。

(b)深、浅坑相连时,应先填深坑,夯实、拍平后与浅坑全面分层填夯。若分段填筑,交接填成阶梯形。墙基、管道回填,在两侧用细土同时回填、夯实。

(c)人工夯填土用60~80kg的木夯或铁、石夯,由4~8人拉绳,2人扶夯,举高不小于0.5m,一夯压半夯,按次序进行。

(d)较大面积人工回填用打夯机夯实,两机平行时其间距不得小于3m,在同一夯行路线上,前后间距不得小于10m。

b. 机械填土法。

(a)推土机填土:

ⓐ由下而上分层铺填,每层厚度不大于0.3m。大坡度推填土,不得居高临下,不分层次,一次推填。

ⓑ推土机回填,可采取分堆集中,一次运送方法,分段距离为10~15m,以减少运土损失量。

ⓒ土方推至填方部位时,应提起一次铲刀,成堆卸土,并向前行驶0.5~1.0m,利用推土机后退时将土刮平。

ⓓ用推土机来回行驶进行碾压,履带应重叠一半。

ⓔ填土程序宜采用纵向铺填顺序,从挖土区段至填土区段,以40~60m距离为宜。

(b)铲运机填土:

ⓐ铲运机铺土,铺填土区段,长度不宜小于20m,宽度不宜小于8m。

ⓑ铺土分层进行,每次铺土厚度不大于30~50cm;每层铺土后利用空车返回时将地表面刮平。

ⓒ填土程序尽量采取横向或纵向分层卸土,以利行驶时初步压实。

(c)自卸汽车填土法:

ⓐ自卸汽车为成堆卸土,须配以推土机推开摊平。

ⓑ每层的铺土厚度不大于30~50cm。

ⓒ填土可利用汽车行驶作部分压实工作。

④汽车不能在虚土上行驶,卸土推平和压实工作须采取分段交叉进行。

（2）填土压实

①静作用压实机械。根据静压压实原理利用滚碾的重量对填土表面施加静压力来将土压实。这类压实机械称为静作用压路机。按照牵引行驶方式可分为拖式和自行式两种。按滚筒的构造特点可分为光面碾、非光面碾和充气轮胎碾三种。非光面碾按其凸出物的形状又可分为羊足碾、凸块碾和格栅碾等。

②冲击压实机械。利用重物下落的冲击作用夯实土料。夯实机械既可压实黏性土,也可压实元黏性土。重型夯实机是利用起重机改装而成,它将重达 2～4t 的夯板（用混凝土或铸铁制成）吊起,使其自由落下夯击填料,使其密实。小型夯实机有爆炸夯、蛙式夯等多种,其特点是尺寸小、质量轻、多用于小面积夯实作业。夯锤冲击地面一次,同时带动机身前移一步。蛙式夯压实时,每层铺土厚度为 250mm,每层压实 3～4 遍。

③振动压实机械。振动压实机械是在静作用压实机械上增设激振装置,工作时利用机械的静压力和激振力的共同作用压实土料。其与静作用压实机械相比,单位线压力大,压实深度可比同重力级静作用压实机械大 1.5～2.5 倍,结构质量轻,外形尺寸小,与同级静作用压实机械相比,工作时可增大碾压厚度,并减少碾压遍数,故生产效率高。

振动压实机械可分振动板和振动碾两大类。振动板主要用于狭窄场地的小量填方压实工作,大体积填方的压实都有振动碾。

振动碾又称振动压路机,按滚碾形状有振动羊足碾、振动凸块碾等。按行驶方式分为拖式、自行式和手扶式三种。

（3）土料压实

①压实方法。

a. 静压压实。它是依靠压实机械的静态重力作用来压实土料。土颗粒在静压力作用下产生位移,使其结构紧密。但土颗粒在运动过程中会受到摩擦力的作用阻止其运动,随着静载荷的增加,颗粒间的摩擦力也随之增大。

b. 冲击压实。它是依靠机械自由落体产生的冲击力作用来压实土料。当冲击力产生的压力被传入土料中时,土颗粒产生运动,使土体密实。载荷相同时,冲击作用的影响深度要比静压作用的影响深度大,故冲击压实比静压压实的压实效果更好。

c. 振动压实。它是依靠机械的振动机构产生的激振力作用来使土料密实。振动使土颗粒间的摩擦力基本消失,土颗粒在振动中重新排列,小的土颗粒充填到大颗粒土间的孔隙中,使主料的密实度提高。

②影响土料压实效果的主要因素。影响土料压实效果的主要因素有:土料的种类、土料的颗粒级配、土料的含水量以及压实机械的类型与性能等。

a. 土料的种类。黏性土因其塑性指数高,在外力作用下压实时,应力在土体内的传递速度和土体的变形速度均较缓慢,排水较困难,需要较长时间的加荷和较多的压实遍次方能压实。

b. 土料的颗粒级配。颗粒级配良好的土料,因小颗粒能充填到大颗粒的孔隙中去,比较容易压实。而颗粒粒径单一的土料则难以压实。

c. 土料的含水量。土料的含水量对压实效果的影响很大,用同样的压实方法压实不同含水量的同类土,所得到的密度(以干密度表示)各不相同。对于黏性土,短时间的加压并不能将水排出,故被压缩的孔隙只是空气所占有的孔隙。因而,如果含水量愈大,被水所充填的孔隙愈多,可被压缩的孔隙便愈少,可能达到的干密度便愈小,土料得不到压实。但在土料被压实过程中,水又起着润滑的作用,可减小土颗粒之间的摩阻力。因此,如果土料较干燥,含水量过小,则由于土颗粒间的摩阻力较大,土料也不易被压实,所得的干密度值也较小。故在一定外力作用下,含水量过高过低,都达不到最优的压实效果。只有在一定的含水量下,压实效果才最好,能取得最大的干密度。而这个能取得最大干密度相对应的含水量称为最优含水量。土料的最优含水量和相应的最大干密度可由室内击实试验或室外压实试验取得。由于室内击实试验方法与现场各种压实机械的压实条件不同,故二者所测得的最优含水量并不完全一致,如图1-4所示。从图中可看出,静力压实的最优含水量比室内击实试验测得的最优含水量低1%~1.5%,而气胎碾碾压的最优含水量则要比室内击实试验测得的最优含水量高1%~1.5%。

为了保证黏性土填料在压实过程中的含水量与最优含水量之差在-4%~+2%控制范围之内(当设计压实系数为0.9时),也可掺入干土或吸水性填料;如含水量偏低,则应采取预先洒水润湿,增加压实遍数或使用大功能压实机械等措施。

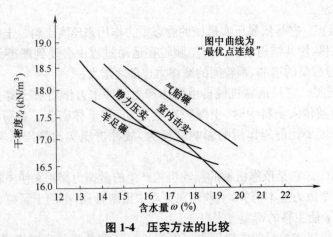

图中曲线为
"最优点连线"

图1-4　压实方法的比较

d. 压实功能。压实机械压实土所做的功称为压实功能。在室内做击实试验时,是将土样预先制备数个不同含水量的试样,每个试样分几层装入一定容积的击实筒内，每层用一定重量和落高的击锤，锤击一定击数。其压实（击实）功能按下式计算：

$$E_c = \frac{W_R \cdot H \cdot N_B \cdot N_L}{V}$$

式中　E_c——压实功能（kJ/m³）；

　　　　W_R——锤的重力（kN）；

　　　　H——锤落高（m）；

　　　　N_B——每层击实次数；

　　　　N_L——层数；

　　　　V——击实筒体积（m³）。

对于现场填土碾压的压实功能是用填土的密度与室内标准功能击实密度的比值来衡量，其值用下式表示：

$$C = \frac{\gamma_f}{\gamma_c}$$

式中　C——密度比；

　　　　γ_f——填土密度（kN/m³）；

　　　　γ_c——用现场填土的土样（保持原有含水量不变）做室内标准功能击实的密度（kN/m³）。

若 $C>1$，表示现场填土压实功能大于室内标准击实功能；若 $C<1$，表示现场填土压实功能小至室内标准击实功能。

土的压实最大于密度、最优含水量与压实功能有关，随着压实功能的增加，最大干密度增加，最优含水量则减小。但当压实功能超过某一定值后，最大干密度便增加不大了。

e. 压实机械的类型与性能。不同性质的土料应采用与之相适应的压实机械才能获得最佳的密实度。对于黏性土料，以采用具有静压和揉搓作用的压实机械为好。对于沙砾料则以采用具有振动作用的压实机械为宜。

瞬时循环荷重的特征可用下列三个参数表示，即：最大应力（σ_{max}）、应力变化速度（v_σ）和应力持续时间（t）。几种压实机械瞬时循环荷重的近似参数见表1-7。

表 1-7　几种压实机械的瞬时循环荷重参数

压实机械	最大应力 σ_{max} （kPa）	应力变化速度 v_σ （MPa/s）	应力持续时间 t（s）
平碾	700～1200	2.8～30	0.04～0.25
夯板	500～1800	45～200	0.008～0.011
振动板	30～90	1～9	0.01～0.03

瞬时循环荷重参数及其重复次数对土的压实效果有重要影响。而这些参数值与压实机械类型、重量等有关，也与运行速度有关。因为行车速度快慢直接影响应力变

化速度和应力持续时间。当应力变化速度增加时,土的变形则减小,压实效果降低,所以压实土时,必须控制压实机械的行车速度。

　　压实机械重量直接与荷重参数的最大应力有关,选择压实机械时,应控制压实机械作用于填土表面的最大应力不超过土压实后的极限强度,否则,压实土层内部将产生剪切破坏。通常最大应力取土极限强度的 80%～90% 效果最好。

第二节　地基处理与加固

　　当基础直接建造在未经加固的天然土层上时,这种地基称为天然地基。当天然地基不能满足建(构)筑物对地基承载力和变形的要求时,可采用桩基础或对地基进行处理,经过加固处理形成的地基称为人工地基。人工地基依其性状大致可分为三类:均质地基、双层地基和复合地基,如图 1-5 所示。

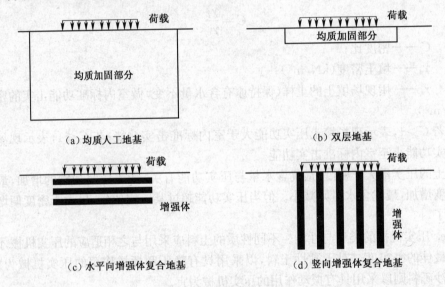

（a）均质人工地基　　　　　　　　（b）双层地基

（c）水平向增强体复合地基　　　　　　　（d）竖向增强体复合地基

图 1-5　人工地基的分类

　　人工地基中的均质地基是指天然地基在地基处理过程中加固区土体性质得到全面改良,加固区土体的物理力学性质基本上是相同的,加固的区域,无论是平面范围与深度上都已满足一定的要求。其示意图如图 1-5a 所示。例如均质的天然地基采用预压法形成的人工地基。在预压排水固结过程中,加固区范围内地基土体中孔隙比减小、抗剪强度提高、压缩性减小,加固区内土体性质比较均匀。若采用预压法处理的加固区域与荷载作用面积相应的平面范围和压缩层厚度相比较也已满足一定要求,则这种人工地基可视为均质地基。均质人工地基承载力和变形计算方法基本上与均质天然地基的计算方法相同。

人工地基中的双层地基是指天然地基经地基处理形成的均质加固区的厚度与荷载作用面积或者与压缩层厚度相比较小时,在荷载作用影响区内,地基由两层性质相差较大的土体组成。双层地基示意图如图1-5b所示。采用换填垫层法或表层压(夯)实法处理形成的人工地基,通常可归属于双层地基。双层人工地基承载力和变形计算方法基本上与天然双层地基的计算方法相同。

复合地基是指天然地基在地基处理过程中部分土体得到增强,或被置换,或在天然地基中设置加筋材料,加固区是由基体(天然地基土体或被改良的天然地基土体)和增强体两部分组成的人工地基。在复合地基中,基体和增强体共同承担荷载的作用。根据地基中增强体的方向又可分为水平向增强体复合地基和竖向增强体复合地基。其示意图如图1-5c和1-5d所示。目前在建筑工程中,竖向增强体复合地基应用较广泛。

与采用桩基础比较,地基处理更加方便灵活,且造价较低。加之随着地基处理设计水平的提高、施工工艺的改进和施工设备的更新,我国地基处理技术发展很快,对于各种软弱地基及特殊土地基,经过地基处理后,一般均能满足建造大型、重型或高层建筑的要求。由于地基处理的适用范围进一步扩大,地基处理项目的增多,用于地基处理的费用在工程建设投资中所占比重不断增大。因而,地基处理在工程建设中的作用日益突出。地基处理的施工必须认真贯彻执行国家的技术经济政策,做到安全适用、技术先进、经济合理、确保质量、保护环境。

一、换填垫层法施工

(1)换填垫层法

换填垫层法是指挖去地表浅层软弱土层或不均匀土层,回填坚硬、较粗粒径的材料,并夯压密实,形成垫层的地基处理方法。换填垫层可依换填材料不同,分为碎石垫层、砂垫层、灰土垫层、粉煤灰垫层等。图1-6是换填垫层法常用的几种断面形式。

由于换填垫层施工简便,因此广泛应用于中小型工程浅层地基处理中。

换填垫层的作用是:

①提高持力层的承载力,并将建筑物基底压力扩散到垫层以下的软弱土层,使软弱地基土中所受压力减小到该软弱地基土的承载力容许范围内,从而满足承载力要求。

②垫层置换了软弱土层,从而可以减少地基的变形量。

③当采用砂石垫层时,可以加速软土层的排水固结。

④调整不均匀地基的刚度,减少地基的不均匀变形。

⑤改善浅层土不良工程特性,如消除或部分消除地基土的湿陷性、胀缩性或冻胀性以及粉细砂振动液化等。

适用于浅层软弱地基(如淤泥、淤泥质土、素填土、杂填土等)及不均匀地基(局部沟、坑、古井、古墓、局部过软、过硬土层)的处理;当软弱土层厚度较大,不能全部挖除换填时,也可以采用换填垫层。

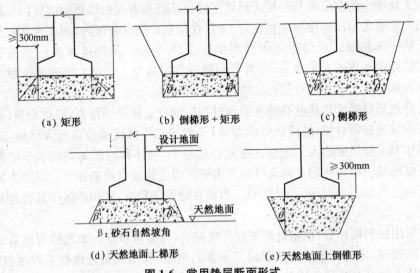

(a) 矩形　　　　　　(b) 倒梯形＋矩形　　　　　　(c) 侧梯形

β：砂石自然坡角

(d) 天然地面上梯形　　　　　　(e) 天然地面上倒锥形

图 1-6　常用垫层断面形式

(2) 换填垫层法施工

① 填料配制。人工配制的垫层材料应拌和均匀，并应检查填料的配比及施工含水量，雨季及冬季施工做好防雨及防冻措施。

② 垫层施工。

a. 垫层施工应根据不同的换填材料选择施工机械。粉质黏土、灰土宜采用平碾、振动碾或羊足碾，中小型工程也可采用蛙式夯、柴油夯。砂石等宜用振动碾。粉煤灰宜采用平碾、振动碾、平板振动器、蛙式夯。矿渣宜采用平板振动器或平碾，也可采用振动碾。

b. 为获得最佳夯压效果，宜采用垫层材料的最优含水量 ω_{op} 作为施工控制含水量。对于粉质黏土和灰土，现场可控制在最优含水量 ω_{op}±2% 的范围内；当使用振动碾压时，可适当放宽下限范围值，即控制在最优含水量 ω_{op} 的 -6%～+2% 范围内。最优含水量可按现行国家标准《土工试验方法标准》GB/T 50123 中轻型击实试验的要求求得。在缺乏试验资料时，也可取近似 0.6 倍液限值；或按照经验采用塑限 ω_p ±2% 的范围值作为施工含水量的控制值。粉煤灰垫层不应采用浸水饱和施工法，其施工含水量应控制在最优含水量 ω_{op} ±4% 的范围内。若土料湿度过大或过小，应分别予以晾晒、翻松。掺加吸水材料或洒水湿润以调整土料的含水量。对于砂石料则可根据施工方法不同按经验控制适宜的施工含水量，即当用平板式振动器时可取 15%～20%；当用平碾或蛙式夯时可取 8%～12%；当用插入式振动器时宜为饱和。对于碎石及卵石应充分浇水湿透后夯压。

c. 换填垫层的施工方法、分层铺填厚度、每层压实遍数等应根据垫层材料、施工机械设备及设计要求等通过现场试验确定，以求获得最佳夯压效果。在不具备试验条件的场合，也可参照建工及水电部门的经验数值，按表 1-8 选用。对于存在软弱下

表 1-8　垫层压实方法及施工参数

垫层材料	压实方法		施工机具	每层铺筑厚度(mm)	施工时最佳含水量(%)	施工要点及夯压遍数	质量标准		备注
							λ_c	ρ_d (t/m³)	
砂石垫层	平振法		平板式振动器(1.55~2.2kN)	150~250	15~20	用平板式振动器往复振捣,不少于8~12遍			不宜使用细砂或含泥量较大的砂所铺筑的砂石地基
	插振法		插入式振动器	200~500或振动器插入深度	饱和	1. 振动间距依据机械振幅定 2. 不应插入下卧黏土层 3. 振后孔洞用砂填塞			同上
	水撼法		四齿钢叉(齿长300mm,齿距80mm,木柄长900mm)	250	浸水饱和	1. 用钢叉摇撼捣实 2. 叉点间距100mm 3. 注水出砂面			湿陷性黄土及膨胀土地区不得使用
	夯实法	机械	蛙式夯(重200kg)	200~250	8~12	3~4遍	0.94~0.97	砂垫层 1.6~1.7	
		人工	木夯(重40kg,落距400~500mm)	150~200	8~12	一夯压半夯全面夯实			
	碾压法		平碾(8~12t)	200~300	8~12,碎石及卵石应充分浇水湿润	往复碾压,不少于6~8遍			1. 适用于大面积施工的砂和砂石地基 2. 应控制碾压速度
			羊足碾(5~16t)	200~350		8~16遍			
	振动压密		振动碾(8~15t)	600~1300		6~8遍			
			5t振动压密机	500~700		6~10遍			
			10t振动压密机	1000~1200	8~12	6~8遍			
粉质黏土	碾压法		平碾	200~300	$\omega_{op}\pm2\%$	6~8遍	粉质黏土: 0.94~0.97; 灰土: 0.95	1.55~1.65	1. ω_{op}应按轻型击实试验确定或取$\omega_{op}=0.6\omega_L$ 2. 控制碾压速度
			羊足碾	200~350	$\omega_{op}-6\%$~$\omega_{op}+2\%$	8~16遍			
			振动碾(8~15t)	600~1300		6~8遍			
灰土	夯实法		蛙式夯、柴油夯、木夯	200~250	$\omega_{op}\pm2\%$	4~6遍			

续表 1-8

垫层材料	压实方法	施工机具	每层铺筑厚度(mm)	施工时最佳含水量(%)	施工要点及夯压遍数	质量标准 λc	质量标准 ρd(t/m³)	备注
粉煤灰垫层	碾压法	平碾	200~300	ωop±4%，底层稍低于ωop	6~8遍		0.90~0.95	1. 不应采用浸水饱和施工法 2. 应控制碾压速度 3. 施工时气温不低于0℃
		振动碾(2~4t)	200~300		4~6遍			
		振动碾(8~15t)	600~1300		大面积施工时，先用履带式机具初压1~2遍，然后用中重型振动碾碾压3~4遍，最后用平碾压1~2遍			
矿渣垫层	平振法	平板式振动器	150~250		遍数按试验确定			1. 质量标准用最后两遍压实的压陷差小于2mm控制 2. 应控制碾压速度
	夯实法	蛙式夯	200~250		不少于3~4遍			
	平振法	平板振动器	200~250	15~20	遍数按试验确定			
	碾压法	平碾(2~4t)	200~300	8~12	10~12遍			
		振动碾(8~15t)	≤350	8~12	遍数按试验确定，每m²振压时间不少于1min			
		振动碾(8~15t)	600~1300	8~12	6~8			

注：1) 在地下水位以下的地基，其最下层铺筑厚度可比上表数值略有增加（+50mm）；
2) 机械碾压速度：一般平碾 2km/h；羊足碾 3km/h；振动碾 2km/h；振动压实机 0.5km/h；
3) 土夹石垫层施工要求依碎石含量参考表中相近土料执行。

卧层的垫层,应针对不同施工机械设备的重量、碾压强度、振动力等因素,确定垫层底层的铺填厚度,使既能满足该层的压密条件,又能防止破坏及扰动下卧软弱土的结构。

d. 铺筑垫层前,应先进行验槽,检查垫层底面土质、标高、尺寸及轴线位置。垫层施工应分层进行,每层施工后应随即进行质量检验,检验合格后方可进行上层垫层施工。

垫层压实方法及施工参数汇总见表 1-8。

③施工注意事项

a. 当垫层底部存在古井、古墓、洞穴、旧基础、暗塘等软硬不均的部位时,应根据建筑对不均匀沉降的要求予以处理,并经检验合格后,方可铺填垫层。

对垫层底部的下卧层中存在的软硬不均点,要根据其对垫层稳定及建筑物安全的影响确定处理方法。对不均匀沉降要求不高的一般性建筑,当下卧层中不均点范围小,埋藏很深,处于地基压缩层范围以外,且四周土层稳定时,对该不均点可不做处理。否则,应予挖除并根据与周围土质及密实度均匀一致的原则分层回填并夯压密实,以防止下卧层的不均匀变形对垫层及上部建筑产生危害。

b. 基坑开挖时应避免坑底土层受扰动,可保留约 200mm 厚的土层暂不挖去,待铺填垫层前再分段挖至设计标高,并随即用换填材料铺填。严禁扰动垫层下的软弱土层,防止其被践踏、受冻或受水浸泡。在碎石或卵石垫层底部宜设置 150~300mm 厚的砂垫层或铺一层土工织物,以防止软弱土层表面的局部破坏。

c. 垫层施工时必须作好边坡防护,防止基坑边坡坍土混入垫层。

d. 换填垫层施工应注意基坑排水,除采用水撼法施工砂垫层外,不得在浸水条件下施工,必要时应采用降低地下水位的措施。

e. 在同一栋建筑下,垫层底面宜设在同一标高上,并应尽量保持垫层厚度相同;对于厚度不同的垫层,为防止垫层厚度突变,基坑底土面应挖成阶梯或斜坡搭接,并按先深后浅的顺序进行垫层施工,搭接处应夯压密实;在垫层较深部位施工时,应注意控制和调整该部位的压实系数,以防止或减少由于地基处理厚度不同所引起的差异变形。

f. 粉质黏土及灰土垫层分段施工时,不得在柱基、墙角及承重窗间墙下接缝。上下两层的缝距不得小于 500mm。接缝处应夯压密实。

为保证灰土施工控制的含水量不致变化,拌和均匀后的灰土应在当日使用。灰土夯实后,在短时间内水稳性及硬化均较差,易受水浸而膨胀疏松,影响灰土的夯压质量。因此,灰土夯压密实后 3d 内不得受水浸泡。

g. 粉煤灰垫层铺填后宜当天压实,分层碾压验收后,应及时铺填土层或封层,防止干燥或扰动使碾压层松胀密实度下降及扬起粉尘污染。同时应禁止车辆碾压通行。

h. 垫层竣工验收合格后,应及时进行基础施工与基坑回填。

二、夯实法施工

(1)重锤夯实法

重锤夯实法是利用起重机械将重锤提到一定高度,自由落下,以重锤自由下落的冲击能来夯实浅层地基。经过多次重复提起、落下,使地基表面形成一层较为均匀密实的硬壳层,从而提高地基承载力,减少地基变形。

①施工设备。

a. 夯锤:其形状宜采用截头圆锥体,可用 C20 以上钢筋混凝土制作,其底部可填充废铁并设置钢底板使重心降低。常用夯锤质量在 1.5～3.0t,锤底面静压力可控制在 15～20kPa。夯锤形状见图 1-7,锤底直径 D 一般为 1.0～1.5m。夯锤落距宜大于4m,一般采用 4～6m。

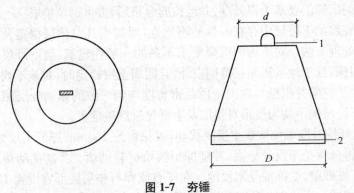

图 1-7 夯锤
1. 吊环 2. 钢板

b. 起重设备:宜用带有摩擦式卷扬机的起重机,当采用自动脱钩装置时,起重能力应大于锤重 1.5 倍;直接用钢丝绳悬吊夯锤时,应大于锤重 3 倍。

②适用范围及加固效果。

a. 重锤夯实适用于处理地下水位距地表(夯实面)0.8m 以上稍湿的杂填土、黏性土、砂土、湿陷性黄土和分层填土等地基,在有效夯实深度内存在软黏土层时不宜采用。因为饱和软黏土在瞬间冲击力作用下孔隙水不易排出,很难夯实。

b. 重锤夯实的影响深度及加固效果与夯锤质量、锤底直径、落距、夯打遍数及土质条件等因素有关。一般需要通过现场试夯来确定。根据一些地区的经验,当锤质量为 1.5～3.0t,落距为 4～6m 时,重锤夯实的有效加固深度为 1～2m,承载力可达100～150kPa。

c. 夯实效果与土的含水量关系十分密切,只有在土处于最佳含水量的条件下,才能得到最好的夯实效果。如含水量很大,夯击时会出现橡皮土等不良现象。此外,施工宜尽量避免在雨季进行。

③施工要点。

a. 重锤夯实正式施工前,应在现场选点试夯。试夯前,应进行补充勘察,了解夯前土层性状;试夯中,应观测记录夯坑底土层沉降量;夯后应进行取土或触探试验,对比夯实前后土层密实度、含水量、湿陷性等的变化以及有效处理深度,为进行重锤夯实处理地基提供设计施工参数。当试夯达不到设计要求的密实度和加固深度时,应适当增加落距和击次,必要时可增加锤重再行试夯。

b. 采用重锤夯实分层填土地基时,每层的虚铺厚度应通过试夯确定。每层虚铺厚度一般相当于锤底直径,为1～1.5m。

c. 基坑(槽)的夯实范围应大于基础底面。开挖时,坑(槽)每边比设计要求夯实范围加宽不宜小于0.3m,以便于夯实工作的进行。坑(槽)边坡应适当放缓。夯实前,坑(槽)底面应高出设计标高,预留土层的厚度可为试夯时的总下沉量加5～10cm。

d. 夯实前应检查坑(槽)中土的含水量,并根据试夯结果决定是否需要加水。如欲加水,则需待水全部渗入土中一昼夜后方可夯击。若土的表面含水量过大,夯击成软塑状态时,可采取铺撒吸水材料(干土、碎砖、生石灰等)、换土或其他有效措施进行处理。分层填土时,应取用含水量相当于最优含水量的土料。如土料含水量较低,宜加水至最优含水量。每层土铺填后应及时夯实。

e. 在基坑(槽)的周边应做好排水设施,防止坑(槽)受水浸泡。

f. 在条形基槽和大面积基坑内夯击时,宜按一夯挨一夯顺序进行;在独立柱基基坑内夯击时,一般采用先周边后中间或先外后里的方法进行;同一基坑底面标高不同时,应按先深后浅的顺序逐层夯实。

夯实宜分2～3遍进行,累计夯击10～15次,最后二击夯沉量,对砂土不应超过5～10mm,对细粒土不应超过10～20mm。

g. 冬季施工时,必须保证地基在不受冻的状态下进行夯击。

h. 当夯击振动对邻近建筑物、设备及施工中的砌筑工程和混凝土浇筑工程产生有害影响时,必须采取有效的预防措施。

(2)强夯法

强夯法又名动力固结法或动力压实法。这种方法是反复将夯锤(质量一般为10～40t)提到一定高度使其自由落下(落距一般为10～40m),给地基以冲击和振动能量,从而提高地基的承载力并降低其压缩性,改善地基性能;由于强夯法具有加固效果显著、适用土类广、设备简单、施工方便、节省劳力、施工期短、节约材料、施工文明和施工费用低等优点,其缺点是施工时噪声和振动较大,因而不宜在人口密集的城市内使用。

①夯锤。当锤质量为8～12t时,宜用钢板作外壳,内部焊接钢筋骨架后灌筑C30混凝土制成,当锤质量大于12t时,宜用钢或铸铁锤或用钢板、铸钢做成组合式的夯锤,以便于使用和运输。夯锤底面有圆形和方形两种,圆形不易旋转,定位方便,稳定性和重合性好,采用较广;锤底面积宜按土的性质和锤重确定,锤底静压力值可取25～40kPa,对于粗颗粒土(砂土和碎石土)选用较大值;对于细颗粒土(黏性土或淤泥质土)宜取较小值。常用锤底面积为3～6m²,同时应控制夯锤的高宽比,以免产生偏锤现象。锤质量可取10～40t,一般为8t、10t、12t、16t、25t。夯锤中宜设2～6个直径250～300mm上下贯通的排气孔,以利空气迅速排出,减小起锤时锤底与土面间形成真空产生的强吸附力和夯锤下落时的空气阻力,以保证夯击能的有效性。夯锤规格

见表1-9。

表1-9　夯锤规格表

质量 （t）	底面形状	底面积 （m²）	静压力 （kPa）	高宽比	排气孔	材料
10～40	圆形（常用） 方形	3～6	25～40	1：2～1：3	2～6个 φ250～300mm	钢筋砼、 钢、铸铁

②起重设备。由于履带式起重机重心低，稳定性好，行走方便，多使用起重量为15t、20t、25t、30t、50t的履带式起重机（带摩擦离合器），见图1-8。亦可采用专用三角起重架或龙门架作起重设备。当履带式起重机起重能力不够时，为增大机械设备的起重能力和提升高度，防止落锤时臂杆回弹，亦可采取加钢辅助人字桅杆或龙门架的方法，以加大起重能力。起重机械的起重能力：当直接用钢丝绳悬吊夯锤时应大于夯锤的3～4倍；当采用自动脱钩装置，起重能力取大于1.5倍锤重。

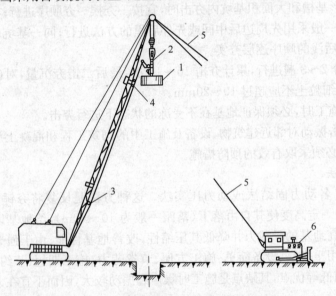

图1-8　用履带式起重机吊夯锤进行强夯

1. 夯锤　2. 自动脱钩器　3. 拉绳　4. 废轮胎　5. 锚拉绳接推土机　6. 推土机锚碇

③脱钩装置。采用履带式起重机作强夯起重设备，有条件时，可采用单根钢丝绳提升夯锤，夯锤下落时，钢丝绳随之下落，夯击工效较高，但需使用起重能力大的起重机，工地难以解决，国内目前使用较多的是通过动滑轮组用脱钩装置来起落夯锤。脱钩装置要求有足够的强度，使用灵活，脱钩快速、安全。常用工地自制自动脱钩器由吊环、耳板、锁环、吊钩等组成如图1-9所示，系由钢板焊接制成。拉绳一端固定在锁柄上，另一端穿过转向滑轮，固定在悬臂杆底部横轴上，当夯锤起吊到要求高度，开钩拉绳随即拉开锁柄，脱钩装置开启，夯锤便自动脱钩下落，同时可控制每次夯击落距

一致,可自动复位,使用灵活方便,也较安全可靠。

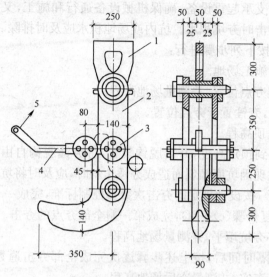

图 1-9 自动脱钩器

1. 吊环　2. 耳板　3. 循环轴辊　4. 锁环　5. 拉绳

（3）锚系设备

当用起重机起吊夯锤时,为防止夯锤突然脱钩使起重臂后倾和减小对臂杆的振动,应用 T₁-100 型推土机一台设在起重机的前方作地锚（图1-8）,在起重机臂杆的顶部与推土机之间用两根钢丝绳联系锚碇。钢丝绳与地面的夹角不大于 30°,推土机还可用于夯完后作表土推平、压实等辅助性工作。当用起重三脚架、龙门架或起重机加辅助桅杆起吊夯锤时,则不用设锚系设备。

①施工要点。

a. 施工前应查明场地范围内的地下构筑物和各种地下管线的位置及标高等,并采取必要的措施,以免因施工而造成损坏。

b. 当强夯施工所产生的振动对邻近建筑物或精密仪器设备会产生有害的影响时,应设置监测点,并采取挖隔振沟等隔振或防振措施。

强夯施工振动影响安全距离可参考表 1-10。

表 1-10 强夯施工振动影响安全距离

单击夯击能(kN·m)	安全距离(m)
1000	≥15
5000	≥30
6000	≥40

c. 当场地表土软弱或地下水位较高,夯坑底积水影响施工时,宜采用人工降低地

下水位或铺填一定厚度的松散性材料,使地下水位低于坑底面以下2m。这样可以在地表形成硬层,用以支承起重设备,确保机械设备通行和施工,又可加大地下水和地表面的距离,防止夯击时夯坑积水。坑内或场地积水应及时排除。

d. 强夯施工可按下列步骤进行:

(a)清理并平整施工场地。

(b)标出第一遍夯点位置,并测量场地高程。

(c)起重机就位,夯锤置于夯点位置。

(d)测量夯前锤顶高程。

(e)将夯锤起吊到预定高度,开启脱钩装置,待夯锤脱钩自由下落后,放下吊钩,测量锤顶高程,若发现因坑底倾斜而造成夯锤歪斜时,应及时将坑底整平。

(f)重复步骤(e),按设计规定的夯击次数及控制标准,完成一个夯点的夯击。

(g)换夯点,重复步骤(c)～(f),完成第一遍全部夯点的夯击。

(h)用推土机将夯坑填平,并测量场地高程。

(i)在规定的间隔时间后,按上述步骤逐次完成全部夯击遍数,最后用低能量满夯,将场地表层松土夯实,并测量夯后场地高程。

e. 施工过程中应有专人负责下列监测工作:

(a)若夯锤使用过久,往往因底面磨损而使质量减少,落距未达到设计要求,也将影响单击夯击能,所以开夯前应检查夯锤质量和落距,以确保单击夯击能量符合设计要求。

(b)由于夯点放线错误情况常有发生,因此在每一遍夯击前,应对夯点放线进行复核,夯完后检查夯坑位置,发现偏差或漏夯时应及时纠正。

(c)按设计要求检查每个夯点的夯击次数和每击的夯沉量。

f. 由于强夯施工的特殊性,施工中所采用的各项参数和施工步骤是否符合设计要求,在施工结束后往往很难进行检查,所以要求在施工过程中对各项参数和施工情况进行详细记录。

②安全措施。

a. 强夯设备机组高大,稳定性较差,施工场地要平坦,道路要坚实、平整,不得高洼不平或软硬不均,或有虚填坑洞和浅层墓坑。

b. 起重机应支垫平稳,遇软弱地基,须用长枕木或路基板支垫。提升夯锤前应卡牢回转刹车,以防夯锤起吊后吊机转动失稳,发生倾翻事故。

c. 采用履带式起重机进行强夯时,为减轻起重机臂杆在夯锤落下时的晃动、反弹和避免机架倾覆,宜在吊臂端部设置撑杆系统或在起重机前端设安全缆风绳。为防止起吊夯锤或脱钩时,夯锤或吊钩、自动脱钩器碰冲起重机臂杆,应在臂杆适当高度位置绑挂汽车废轮胎加以保护。

d. 强夯开机前,应检查起重机各部位是否正常和钢丝绳有无磨损等情况;强夯时应随时注意检查机具的工作状态,经常维修和保养,发现异常和不安全情况,应及时处理。

e. 强夯机械应停稳,并将夯锤对好坑位后,方可进行作业,起吊夯锤时要平稳,速度应均匀,夯锤、自动脱钩器不得碰冲起重臂杆。

③质量检验。

a. 施工前应检查夯锤质量、尺寸,落距控制手段,排水设施及被夯地基的土质。

b. 施工中应检查。

(a)落距、夯击遍数、夯点位置、夯击范围。

(b)施工过程中的各项测试数据和施工记录,不符合设计要求时应补夯或采取其他有效措施。

c. 施工后。

(a)施工结束后,检查被夯地基的强度并进行承载力检验。

(b)强夯处理后的地基竣工验收承载力检验,应在施工结束后间隔一定时间方能进行,对于碎石土和砂土地基,其间隔时间可取 7～14d;粉土和黏性土地基可取 14～28d。

(c)强夯处理后的地基竣工验收时,承载力检验应采用原位测试和室内土工试验。如:静力触探、动力触探、标准贯入以及载荷试验等。

(d)竣工验收承载力检验的数量,应根据场地复杂程度和建筑物的重要性确定,对于简单场地上的一般建筑物,每个建筑地基的载荷试验检验点不应少于 3 点,对于复杂场地或重要建筑地基应增加检验点数。

d. 检验标准

强夯地基质量检验标准应符合表 1-11 的规定。

表 1-11　强夯地基质量检验标准

项　序		检查项目	允许偏差或允许值		检查方法
			单位	数值	
主控项目	1	地基强度	设计要求		按规定方法
	2	地基承载力	设计要求		按规定方法
一般项目	1	夯锤落距	mm	±300	钢索设标志
	2	锤重	kg	±100	称重
	3	夯击遍数及顺序	设计要求		计数法
	4	夯点间距	mm	±500	用钢尺量
	5	夯击范围(超出基础范围距离)	设计要求		用钢尺量
	6	前后两遍间歇时间	设计要求		

三、复合地基加固法施工

复合地基是指天然地基在地基处理过程中部分土体得到加强或被置换,或在天然地基中设置加筋材料。加固区是由基体(天然地基土体或被改良的天然地基土体)和增强体两部分组成的人工地基。在荷载作用下,基体和增强体共同承担荷载。根据地基中增强体方向又可分为水平向增强体复合地基和竖向增强体复合地基。

复合地基通常由桩(增强体)、桩间土(基体)和褥垫层组成如图 1-10 所示。复合地基的不同类型如图 1-11 所示。

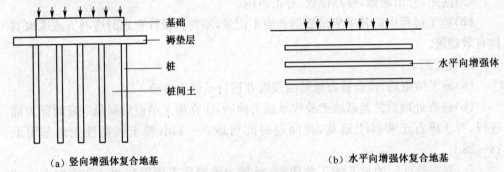

(a) 竖向增强体复合地基　　　　　　(b) 水平向增强体复合地基

图 1-10　复合地基的形式

(1)复合地基根据其增强体的不同特点分类

①按增强体材料:分为散体材料(砂石、矿渣、渣土等)、石灰土、水泥土、混凝土及土工合成材料等;

②按增强体黏结性:分为无黏结性(散体材料)和黏结性两大类,其中黏结性的又可根据黏结性的大小分为:低黏结强度(石灰、灰土等)、中等黏结强度(水泥土)、高等黏结强度(混凝土、CFG 桩等);

③按增强体相对刚度:分为柔性(如石灰、灰土)、半刚性(水泥土)、刚性(混凝土、CFG 桩等);

④按增强体方向:分为竖向、斜向和水平向(如加筋土复合地基)三种;

⑤按增强体形式:分为单一型(桩身材料、断面尺寸、长度相等)(图 1-10 a)、复合型(如混凝土芯水泥土组合桩复合地基)(图 1-11a)、多桩型(如碎石——CFG 桩复合地基等)(图 1-11b)、长短桩结合型(图 1-11c)。

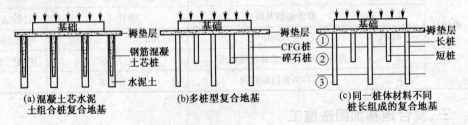

(a)混凝土芯水泥　　　(b)多桩型复合地基　　　(c)同一桩体材料不同
土组合桩复合地基　　　　　　　　　　　　　　　桩长组成的复合地基

图 1-11　复合地基的不同类型

（2）复合地基的做法

①砂石桩法。碎石桩、砂桩和砂石桩总称为砂石桩，又称粗颗粒土桩。砂石桩法是指采用振动、冲击或水冲等方式在地基中成孔后，再将碎石、砂或砂石挤压入已成的孔中，形成砂石所构成的密实桩体，并和原桩周土组成复合地基的地基处理方法。

a. 砂石桩法施工。

（a）施工方法及施工机械。

ⓐ砂石桩施工方法分类见表1-12。

表 1-12　砂石桩施工方法分类

分类	施工方法	成桩工艺	适用土类
挤密法	振冲挤密法	采用振冲器振动水冲成孔，再振动密实填料成桩，并挤密桩间土	砂性土、非饱和黏性土、以炉灰、炉渣、建筑垃圾为主的杂填土，松散的素填土
	沉管夯扩法	采用沉管成孔，振动或锤击填料，并进行夯扩成桩，挤密桩间土	
	干振法	采用振孔器成孔，再用振孔器振动密实填料成桩，并挤密桩间土	
	柱锤冲扩法	采用柱锤冲击成孔，分层填料夯实成桩，并挤密桩间土	
置换法	振冲置换法	采用振冲器振动水冲成孔，再振动密实填料成桩	饱和黏性土
	钻孔锤击法	采用沉管及钻孔取土方法成孔，锤击填料成桩	
排土法	振动气冲法	采用压缩气体成孔，振动或锤击填料成桩	饱和软黏土
	沉管法	采用沉管成孔，振动或锤击填料成桩	
	强夯置换法	采用强夯夯击填料成桩	
其他方法	水泥碎石桩法	在碎石内加水泥和膨润土制成桩体	饱和软黏土
	裙围碎石桩法	在群桩周围设置刚性的（混凝土）裙围来约束桩体的侧向鼓胀	
	袋装碎石桩法	将碎石装入土工聚合物袋而制成桩体，土工聚合物可约束桩体的侧向鼓胀	

目前，砂石桩施工多采用振动沉管、锤击沉管或冲击成孔等成桩法。当用于消除粉细砂及粉土液化时，多用振动沉管成桩法。

ⓑ施工机械。砂石桩的施工，应选用与处理深度相适应的机械。常用成孔机械的性能见表1-13，除专用机械外还可利用一般的打桩机改装。砂石桩机械主要可分为两类，即锤击式砂石桩机和振动式砂石桩机（图1-12）。此外，还有用振捣器或叶片状加密机，但应用较少。

用垂直上下振动的机械施工的称为振动沉管成桩法，用锤击式机械施工成桩的

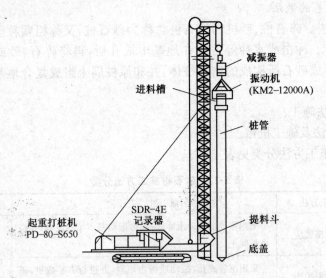

图 1-12　振动式砂石桩机

称为锤击沉管成桩法,锤击沉管成桩法的处理深度可达 10m。砂石桩机通常包括桩机架、桩管及桩尖、提升装置、挤密装置(振动锤或冲击锤)、上料设备及检测装置等部分。为了使砂石有效地排出或使桩管容易打入,高能量的振动砂石桩机配有高压空气或水的喷射装置,同时配有自动记录桩管贯入深度、提升量、压入量、管内砂石位置及变化(灌砂石及排沙石量),以及电机电流变化等检测装置。

表 1-13　常用成孔机械的性能

分类	型号名称	技术性能		适用桩径直径(cm)	最大桩孔深度(m)	备注
		锤重(t)	落距(cm)			
柴油锤打桩机	D_1-6	0.6	187	30～35	5～6.5	安装在拖拉机或履带式吊车上行走
	D_1-12	1.2	170	35～45	6～7	
	D_1-18	1.8	210	45～57	6～8	
	D_1-25	2.5	250	50～60	7～9	
电动落锤	电动落锤打桩机	0.75～1.5	10～20	30～45	6～7	
振动沉桩机	7～8t 振动沉桩机	激振力 70～80 kN		30～35	5～6	安装在拖拉机或履带式吊车上行走
	10～15t 振动沉桩机	激振力 100～150 kN		35～40	6～7	
	15～20t 振动沉桩机	激振力 150～200 kN		40～50	7～8	
冲击成孔机	—	卷筒提升力(kN)	冲击力(kN)	—	—	轮胎式行走
	YKC-30	30	25	50～60	＞10	
	YKC-20	15	10	40～50	＞10	

ⓒ成桩工艺试验。不同的施工机具及施工工艺用于处理不同的地层会有不同的

处理效果。常遇到设计与实际情况不符或者处理质量不能达到设计要求的情况,因此施工前在现场的成桩试验具有重要的意义。

通过现场成桩试验检验设计要求和确定施工工艺及施工控制要求,包括填沙石量、提升高度、挤压时间等。为了满足试验及检测要求,试验桩的数量应不少于 7～9 个。正三角形布置至少要 7 个(即中间 1 个,周围 6 个);正方形布置至少要 9 个(3 排 3 列每排每列各 3 个)。如发现问题,则应及时会同设计人员调整设计或改进施工。

(b)振动沉管成桩法施工要点。振动沉管成桩法可分为一次拔管法、逐步拔管法、重复压拔管法等,目前采用分段填料逐步拔管法较多。

a)成桩步骤:

ⓐ移动桩机及导向架,把桩管及桩尖对准桩位;施工时桩位水平偏差不应大于 0.3 倍套管外径;套管垂直度偏差不应大于 1%。

ⓑ启动振动锤,把桩管下到预定的深度。

ⓒ向桩管内投入规定数量的砂石料(根据施工试验的经验,为了提高施工效率,装砂石也可在桩管下到便于装料的位置时进行)。

ⓓ把桩管提升一定的高度(下砂石不顺利时提升高度不超过 1～2m),提升时桩尖自动打开,桩管内的砂石料流入孔内。

ⓔ降落桩管,利用振动及桩尖的挤压作用使砂石密实。

ⓕ重复ⓓ、ⓔ两道工序,桩管上下运动,砂石料不断补充,砂石桩不断增高。

ⓖ桩管提至地面,砂石桩完成。

b)成桩质量控制。振动沉管成桩法施工应根据沉管和挤密情况,控制填砂石量、提升高度和速度、挤压次数和时间、电机的工作电流等。

施工中,电机工作电流的变化反映挤密程度及效率。电流达到一定不变值,继续挤压将不会产生挤密效能。施工中不可能及时进行效果检测,因此按成桩过程的各项参数对施工进行控制是重要的环节,必须予以重视,有关记录是质量检验的重要资料。

施工场地土层可能不均匀,土质多变,处理效果不能直接看到,也不能立即测出。为了保证施工质量,使在土层变化的条件下施工质量也能达到标准,应在施工中进行详细的观测和记录。观测内容包括桩管下沉随时间的变化;灌沙石量预定数量与实际数量;桩管提升和挤压的全过程(提升、挤压、砂桩高度的形成随时间的变化)等。有自动检测记录仪器的砂石桩机施工中可以直接获得有关的资料,无此设备时须由专人测读记录。根据桩管下沉时间曲线可以估计土层的松软变化随时掌握投料数量。

c)桩尖结构选择。施工中应选用能顺利出料和有效挤压桩孔内砂石料的桩尖结构。当采用活瓣桩靴时,对砂土和粉土地基宜选用尖锥形;对黏性土地基宜选用平底型;一次性桩尖可采用混凝土锥形桩尖。

(c)锤击沉管成桩法施工要点。锤击沉管施工的机械设备主要有蒸汽或柴油打桩机、起重机或简易打桩机,以及底部开口的外管及底部封口的芯管或柱锤等组成。

锤击法施工有单管法和双管法两种,单管法难以发挥挤密作用,故一般宜用双管法。

双管法施工工艺可分为内击沉管法及双管压实法,内击沉管法与弗兰克桩工艺相似,具体要求如下:

a)成桩步骤:

ⓐ将内外管安放在预定的桩位上,将用作桩塞的砂石投入外管底部。

ⓑ以内管做锤冲击砂石塞,靠摩擦力将外管打入预定深度,也可用柱锤代替内管冲击。

ⓒ固定外管将砂石塞击入土中。

ⓓ提内管并向外管内投入砂石料。

ⓔ边提外管边用内管将管内砂石击出夯实。

ⓕ重复ⓓ、ⓔ步骤。

ⓖ外管拔出地面,砂石桩完成。

若采用双管压实法,应采用打桩机将内外管同时沉入至预定深度,分层填料,同步夯击内管和外管将填料压实,该法用于易塌孔松软土层效果较好。

b)成桩质量控制。锤击沉管成桩法质量控制要点是分段填料量及相应成桩长度,其他施工控制和检测记录参照振动法施工的有关规定。

(d)施工顺序。

ⓐ以挤密为主的砂石桩施工时,应间隔(跳打)进行,并宜由外侧向中间推进;对黏性土地基,砂石桩主要起置换作用,为了保证设计的置换率,宜从中间向外围或隔排施工;在既有建(构)筑物邻近施工时,为了减少对邻近既有建(构)筑物的振动影响,应背离建(构)筑物方向进行。

ⓑ砂石桩施工后,应将基底标高下的松散层挖除或夯压密实,随后铺设并压实砂石垫层。

b. 质量检验标准。砂石桩质量检验和《建筑地基基础工程施工质量验收规范》(GB50202-2002)有关要求进行。

(a)施工前。施工前应检查砂石料的含泥量及有机质含量、样桩的位置等。

(b)施工中。

ⓐ施工中检查每根砂石桩的桩位、灌料量、标高、垂直度等。

ⓑ应在施工期间及施工结束后,检查砂石桩的施工记录。对沉管法,尚应检查套管往复挤压振动次数与时间、套管升降幅度和速度、每次填砂石料量等项施工记录。

砂石桩施工的沉管时间、各深度段的填沙石量、提升及挤压时间等是施工控制的重要手段,这些资料本身就可以作为评估施工质量的重要依据,再结合抽检便可以较好地做出质量评价。

（c）施工后。

ⓐ施工结束后，应检验被加固地基的强度或承载力。

ⓑ施工后应间隔一定时间方可进行质量检验。对饱和黏性土地基应待孔隙水压力消散后进行，间隔时间不宜少于28d；对粉土、砂土和杂填土地基，不宜少于7d。

由于在制桩过程中原状土的结构受到不同程度的扰动，强度会有所降低，饱和土地基在桩周围一定范围内，土的孔隙水压力上升；待休置一段时间后，孔隙水压力会消散，强度会逐渐恢复。恢复期的长短是根据土的性质而定。原则上应待孔压消散后进行检验。黏性土孔隙水压力的消散需要的时间较长，砂土则很快。根据实际工程经验规定对饱和黏性土为28d，粉土、砂土和杂填土可适当减少。对非饱和土不存在此问题，一般在桩施工后3～5d即可进行。

ⓒ砂石桩的施工质量检验可采用单桩载荷试验，对桩体可采用动力触探试验检测，对桩间土可采用标准贯入、静力触探、动力触探或其他原位测试等方法进行检测。桩间土质量的检测位置应在等边三角形或正方形的中心。检测数量不应少于桩孔总数的2%。

砂石桩处理地基最终是要满足承载力、变形或抗液化的要求，标准贯入、静力触探以及动力触探可直接提供检测资料，所以可用这些测试方法检测砂石桩及其周围土的挤密效果。

应在桩位布置的等边三角形或正方形中心进行砂石桩处理效果检测。由于该处挤密效果较差，只要该处挤密达到要求，其他位置就一定会满足要求。此外，由该处检测的结果还可判明桩间距是否合理。

如处理可液化地层时，可按标准贯入击数来衡量砂性土的抗液化性，使砂石桩处理后的地基实测标准贯入击数大于临界贯入击数。这种液化判别方法只考虑了桩间土的抗液化能力，而未考虑砂石桩的作用，因而在设计上是偏于安全的。

ⓓ砂石桩地基竣工验收时，承载力检验应采用复合地基载荷试验。

ⓔ复合地基载荷试验数量不应少于总桩数的0.5%，且每个单体建筑不应少于3点。

（d）质量检验标准。砂石桩地基的质量检验标准应符合表1-14的规定。

表1-14　砂石桩地基的质量检验标准

项	序	检查项目	允许偏差或允许值		检查方法
			单位	数值	
主控项目	1	灌料量	%	≥95	实际用砂量与计算体积比
	2	地基强度	设计要求		按规定方法
	3	地基承载力	设计要求		按规定方法

续表 1-14

项	序	检查项目	允许偏差或允许值		检查方法
			单位	数值	
一般项目	1	砂石料的含泥量	%	≤5	试验室测定
	2	砂石料的有机质含量	%	≤5	焙烧法
	3	桩位	mm	≤0.3d	用钢尺量
	4	砂桩标高	mm	±150	水准仪
	5	垂直度	%	≤1.5	经纬仪检查桩管垂直度

②柱锤冲扩桩法。

a. 柱锤冲扩桩法施工。

（a）概述。柱锤冲扩桩法由沧州市机械施工有限公司、河北工业大学等单位从 1989 年开始进行开发研究，并先后通过省级和建设部鉴定，1994 年获河北省科技进步三等奖，1996 年列入建设部科技成果重点推广计划，至今采用柱锤冲扩桩复合地基的有沧州、黄骅、泊头、衡水、天津、河南以及山东等省市。现已完成数百个工程，处理地基面积近 100 万 m²，建筑面积近 400 万 m²，取得了良好的技术经济效益和社会效益。

本技术是在土桩、灰土桩、重锤夯实法及强夯置换法的基础上发展起来的。实施柱锤冲扩桩复合地基主要是采用直径 200～600mm、长 1～5m、重 1～5t 的柱状凹底重锤（简称柱锤），提升 5～10m 高、无导向、自动脱钩、自由落下，将地基土层冲击成孔，反复几次达到设计深度，边填料（渣土或碎砖三合土）、边用柱锤夯实形成桩体，并与桩间土共同工作形成复合地基。

上述作用依不同土类而有明显区别。对地下水位以上杂填土、素填土、粉土及可塑状态黏性土、黄土等，在冲孔过程中成孔质量较好，无坍孔及缩颈现象，孔内无积水，成桩过程中地面不隆起甚至下沉，经检测孔底及桩间土在成孔及成桩过程中得到挤密，试验表明挤密土影响范围为 2～3 倍桩径。其加固功效相当于孔内深层强夯。而对地下水位以下饱和松软土层冲孔时坍孔严重，有时甚至无法成孔，因此在地下水位以下饱和松软土层中应用时，其加固机理主要是置换及生石灰的水化和胶凝作用。

ⓐ柱锤冲扩桩法适用于处理杂填土、粉土、黏性土、素填土和黄土等地基，对地下水位以下饱和松软土层，应通过现场试验确定其适用性。当采用上述柱锤冲孔夯扩成桩法，桩身填料为碎砖三合土或渣土时，地基处理深度不宜超过 6m，复合地基承载力特征值不宜超过 160kPa。当桩身填料为灰土、水泥混合土等黏结性材料时，f_{sok} 值依试验结果或当地经验确定，可不受 160kPa 限制。

ⓑ对于地下水位以下饱和松软土层，由于冲孔时坍孔严重，桩身质量较难保证，因此应慎用；有施工经验时可以采用填料复打成孔或加套管进行施工；有条件时也可先降水再夯扩成桩；对于厚度不大的软弱土层（≤3m）也可采用整式置换进行处理。

ⓒ当采用套管成桩时,桩长依采用设备确定,地基处理深度可大于 6m。

(b)施工前准备工作。

a)正式施工前施工单位应具备下列文件资料:

ⓐ工程地质详细勘察资料(包括加固深度内松软土层的动力触探资料)。

ⓑ建筑物总平面布桩图及室内地面标高。

ⓒ柱锤冲扩桩桩位平面布置图及设计施工说明。

ⓓ施工前应编制施工组织设计,对机械配置、人员组织、场地布置、施工顺序、进度、工期、质量、安全及季节性施工措施等进行合理安排。

ⓔ应具有根据总平面图设置的永久性或半永久性建筑物方位及标高控制桩。

b)施工前应整平场地,清除地上及地下障碍物。当表层土过于松软时应碾压夯实。场地整平后,桩顶设计标高以上应预留 0.5～1.0m 厚土层。

c)试成桩时发现孔内积水较多且坍孔严重时,宜采取措施降低地下水位。

d)桩位放线定位前应按幢号设置建筑物轴线定位点和水准基点,并采取妥善措施加以保护。

e)根据桩位设计图在施工现场布设桩位,桩位布置与设计图误差不得大于 50mm,并经监理复验后方可开工,在施工过程中尚应随时进行检查校验。

f)成桩前应测量场地整平标高,并根据设计要求及动力触探结果计算成桩深度及桩长。施工过程中尚应测量地面标高变化并随时调整成桩深度。

g)设专用料场进行集中拌料,桩身填料质量及配合比应符合设计要求。

(c)施工机械。

ⓐ柱锤冲扩桩法宜用直径 300～500mm、长度 2～6m、质量 1～8t 的柱状锤(柱锤)进行施工。《建筑地基处理技术规范》JGJ79－2012 建议采用的柱锤及自动脱钩装置为沧州市机械施工有限公司的产品。目前在施工中所采用的系列柱锤见表 1-15。

表 1-15　柱锤明细表

序号	规格			锤底的形状	锤底静压力(kPa)
	直径(mm)	长度(m)	质量(t)		
1	325	2～6	1.0～4.0	凹底形	120～480
2	377	2～6	1.5～5.0	凹底形	134～447
3	500	2～6	3.0～9.0	凹底形	153～459

注:1)封顶或拍底时,可采用质量 2～10t 的扁平重锤进行;

2)有经验地区锤形可按当地经验采用。

柱锤可用钢材制作或用钢板为外壳内部浇筑混凝土制成,也可用钢管为外壳内部浇铸铁制成。为了适应不同工程的要求,钢制柱锤可制成装配式,由组合块和锤顶两部分组成,使用时用螺栓连成整体,调整组合块数(一般 0.5t/块),即可按工程需要组合成不同质量和长度的柱锤。

锤形选择应按土质软硬、处理深度及成桩直径经试成桩后加以确定,采用自动脱钩装置时,柱锤长度不宜小于处理深度。

ⓑ起重机。可选用 8～30t 自行杆起重机、步履式夯扩桩机或其他专用机具设备,采用自动脱钩装置,起重能力应通过计算或现场试验确定(按锤重及成孔时地基对柱锤的吸附力确定),一般不应小于锤重的 2～4 倍。

ⓒ脱钩装置。要求有足够的强度,使用灵活,当柱锤提升到预定高度时,能自动脱钩下落。

ⓓ其他机具。为了便于土料的运输及拌和,应配置翻斗汽车、铲车、推土机、手推车等机具。为了计算填料量及成桩深度,尚应配置量方料斗及长度不小于成孔深度的量尺(也可在柱锤上焊上标尺进行测量)。

(d)施工作业。

a)柱锤冲扩桩法施工可按下列步骤进行:

ⓐ场地平整。清理平整施工场地,布置桩位。

ⓑ机具就位。施工机具就位,使柱锤对准桩位。

ⓒ柱锤冲孔。根据土质及地下水情况可分别采用下述三种成孔方式:

冲击成孔:将柱锤提升一定高度,自动脱钩下落冲击土层,如此反复冲击,接近设计成孔深度时,可在孔内填少量粗骨料继续冲击,直到孔底被夯密实。

填料冲击成孔:成孔时出现缩径或坍孔时,可分次填入碎砖和生石灰块,边冲击边将填料挤入孔壁及孔底,当孔底接近设计成孔深度时,夯入部分碎砖挤密桩端土。

复打成孔:当坍孔严重难以成桩时,可提锤反复冲击至设计孔深,然后分次填入碎砖和生石灰块,待孔内生石灰吸水膨胀、桩间土性质有所改善后,再进行二次冲击复打成孔。

当采用上述方法仍难以成孔或成孔速度较慢时,也可采用套管成孔,即采用步履式夯扩桩机用柱锤边冲孔边将套管压入土中,直至桩底设计标高。当采用套管成孔(桩)时,应适当加大柱锤长度,或采用钢丝绳直接升降。有施工经验地区也可采用其他方法成孔,如振动或冲击沉管、螺旋钻取土成孔等。

ⓓ成桩。用标准料斗或运料车将拌和好的填料分层填入桩孔夯实。当采用套管成孔时,边分层填料夯实,边将套管拔出。

锤的质量、锤长、落距、分层填料量、分层夯填度、夯击次数、总填料量等应根据试验或按当地经验确定。每个桩孔应夯填至桩顶设计标高以上至少 0.5m,其上部桩孔宜用原槽土夯封。施工中应做好记录,并对发现的问题及时进行处理。

ⓔ移位。施工机具移位,重复上述步骤进行下一根桩施工。

b)成桩顺序依土质情况决定。当采用夯扩挤密法成桩时,可采用自外向内成桩,当采用夯扩置换法成桩或成桩时地面隆起严重时,应采用自内向外或间隔成桩。

c)基槽开挖后,应进行晾槽拍底或碾压,随后铺设垫层并压实。

b. 质量检验标准。柱锤冲扩桩复合地基质量检验标准可参考表 1-16 进行。

表 1-16 柱锤冲扩桩复合地基质量检验标准

项	序	检查项目	允许偏差或允许值		检查方法
			单位	数值	
主控项目	1	地基承载力	设计要求		按规定的方法
	2	桩长	mm	-200	测桩孔深度及标高
	3	填料量	%	≥95	实际填料量与计算用量比
	4	桩身密实度	设计要求		重型动力触探
一般项目	1	材料配比	设计要求		现场取样
	2	骨料粒径	mm	≤120	目测或尺量
	3	桩孔垂直度	%	≤1.5	用垂球或经纬仪
	4	桩位偏差	mm	d/2(d 为桩径)	用钢尺量
	5	桩径	mm	-100	用钢尺量
	6	槽底桩间土	设计要求		轻型动力触探(1~2m)

（a）施工前。施工前应对柱锤规格（质量、长度、直径）、填料质量及配合比、桩孔放样位置等做检查。

（b）施工中。施工过程中应对成孔深度、孔底密实度、桩身填料夯实情况等进行检查，并对照预定的施工工艺标准，对每根桩进行质量评定、对质量有怀疑的工程桩应用重型动力触探进行自检。

（c）施工后。施工后应对桩身及桩间土密实度及复合地基承载力进行检验，具体要求如下：

ⓐ冲扩桩施工结束后 7~14d，对桩身及桩间土进行抽样检验，可采用重型动力触探进进行，并对处理后桩身质量及复合地基承载力做出评价。检验点数可按冲扩桩总数的 2% 计。每一单体工程桩身及桩间土总检验点数均不应少于 6 点。

采用柱锤冲扩桩法处理的地基，其承载力是随着时间增长而逐步提高的，因此要求在施工结束后休止 7~14d 再进行检验，实践证明这样不仅方便施工也是偏于安全的。对非饱和土和粉土休止时间可适当缩短。

桩身及桩间土密实度检验宜优先采用重型动力触探进行。检验点应随机抽样并经设计或监理认定，检测点不少于总桩数的 2% 且不少于 6 组（即同一检测点桩身及桩间土分别进行检验）。当土质条件复杂时，应加大检验数量。

柱锤冲扩桩复合地基质量评定主要是地基承载力大小及均匀程度。复合地基承载力与桩身及桩间土动力触探击数的相关关系，应经对比试验按当地经验确定。实践表明采用柱锤冲扩桩法处理的土层往往上部及下部稍差而中间较密实，因此有必要时可分层进行评价。

ⓑ柱锤冲扩桩地基竣工验收时，承载力检验应采用复合地基载荷试验。

ⓒ检验数量为总桩数的 0.5%，且每一个单体工程不应少于 3 点。载荷试验应在成桩 14d 后进行。

ⓓ基槽开挖后，应检查桩位、桩径、桩数、桩顶密实度及槽底土质情况。如发现漏桩、桩位偏差过大、桩头及槽底土质松软等质量问题，应采取补救措施。

基槽开挖检验的重点是桩顶密实度及槽底土质情况。由于柱锤冲扩桩法施工工艺的特点是冲孔后自下而上成桩，即由下往上对地基进行加固处理，由于顶部上覆压力小，容易造成桩顶及槽底土质松动，而这部分又是直接持力层，因此应加强对桩顶特别是槽底以下 1m 厚范围内土质的检验，检验方法可采用轻便触探进行。桩位偏差不宜大于 1/2 桩径，桩径负偏差不宜大于 100mm，桩数应满足设计要求。

③石灰桩法。

a. 石灰桩法概述。石灰桩法是指由生石灰与粉煤灰等掺合料拌和均匀，在孔内分层夯实形成竖向增强体，并与桩间土组成复合地基的地基处理方法。

（a）工法简介。石灰桩是指桩体材料以生石灰为主要固化剂的低黏结强度桩，属低强度和桩体可压缩的柔性桩。

石灰桩的桩体材料由生石灰（块状或粉状）和掺合料（粉煤灰、炉渣、火山灰、矿渣、黏性土等常用掺合料以及少量附加剂如石膏、水泥等）组成。掺合料可因地制宜选用上述材料中的某一种。附加剂仅在为提高桩体强度或在地下水渗透速度较大时采用。

早期的石灰桩采用纯生石灰作桩体材料，当桩体密实度较差时，常出现桩中心软化，即所谓的"糖心"现象。20 世纪 80 年代初期，我国已开始在石灰桩中加入火山灰、粉煤灰等掺合料。实践证明掺合料可以充填生石灰的空隙，有效发挥生石灰的膨胀挤密作用，还可节约生石灰。同时含有活性物质（SiO_2、Al_2O_3）的掺合料有利于提高桩身强度。80 年代末期，随着应用石灰桩的单位的增多，有的将使用掺合料的桩叫作"二灰桩""双灰桩"等。按照最早使用掺合料的江苏、浙江、湖北等地以及国外的习惯，考虑命名的科学性，在此仍将上述桩叫作石灰桩。

石灰桩使用大量的掺合料，而掺合料不可能保持干燥，掺合料与生石灰混合后很快发生吸水膨胀反应，在机械施工中极易堵管。所以日本采用旋转套管法施工时，桩体材料仍为纯生石灰，未加掺合料的石灰桩造价高，桩体强度偏低。

我国是研究应用石灰桩最早的国家。在 20 世纪 50 年代初期，天津地区已开展了石灰桩的研究。其目的是利用生石灰吸水膨胀挤密桩间土的原理加固饱和软土或淤泥。尔后很多大专院校、科研、设计及施工单位相继进行了石灰桩的研究和应用。1987 年建设部下达了石灰桩成桩工艺及设计计算的重点研究课题计划，由湖北省建筑科学研究设计院、中国建筑科学研究院地基所、江苏省建筑设计院承担课题研究。经过系统的室内大型模拟试验、现场测试，对石灰桩的作用机理、承载特性以及计算方法进行了较为全面地研究、分析和总结。提出了石灰桩水下硬化的机理及复合地基加固层的减载效应等新观点，根据石灰桩复合地基变形场的性状提出了承载力及变形的计算方法,进一步完善了石灰桩复合地基的理论与实践。

目前,全国已有包括台湾在内的近 20 个省市自治区有石灰桩研究应用的历史,用石灰桩处理地基的建(构)筑物超过 1000 栋。石灰桩还用于既有建筑物地基加固、路基加固、大面积堆载场地加固以及基坑边坡工程之中,取得了良好的社会效益和经济效益,是一项具有我国特色的地基处理工艺。

石灰桩法具有如下的技术特点:

ⓐ能使软土迅速固结,对淤泥等超软土的加固效果独特。

ⓑ可大量使用工业废料,社会效益显著。

ⓒ造价低廉。

ⓓ设备简单,可就地取材,便于推广。

ⓔ施工速度快。

(b)加固机理。

石灰桩的加固机理分为物理和化学两个方面。

物理方面有成孔中挤密桩间土、生石灰吸水膨胀挤密桩间土、桩和地基土的高温效应、置换作用、桩对桩间土的遮拦作用、排水固结作用以及加固层的减载效应。

化学方面有桩身材料的胶凝反应、石灰与桩周土的化学反应(离子化作用、离子交换—水胶联结作用、固结反应、碳酸化反应等)。

所谓加固层的减载效应,是指以石灰桩的轻质材料(掺合料为粉煤灰时桩身材料饱和重度为 $14kN/m^3$ 左右)置换重度大的土,使加固层自重减轻,减少了桩底下卧层顶面的附加压力。此种特性在深厚的软土中具有重要意义,此时石灰桩可能做成"悬浮桩"而沉降小于其他地基处理工艺。

所谓桩对桩间土的遮拦作用,系指由于密集的石灰桩群对桩间土的约束,使桩间土整体稳定性和抗剪强度增加,在荷载作用下不易发生整体剪切破坏,复合土层处于不断地压密过程,复合地基具有很高的安全度。同时由于土对石灰桩的约束,使石灰桩身抗压强度增大,在桩身产生较大压缩变形时不破坏,桩顶应力随荷载增大呈线性增大。荷载试验表明,桩身压缩量为桩长的 4%,膨胀变形为桩直径的 2.5% 时,桩身未产生破坏。综上所述:

(c)石灰桩对软弱土的加固作用主要表现在以下几个方面:

ⓐ成孔挤密——其挤密作用与土的性质有关。在杂填土中,由于其粗颗粒较多,故挤密效果较好;黏性土中,渗透系数小的,挤密效果较差。

ⓑ吸水作用——实践证明,1kg 纯氧化钙消化成为熟石灰可吸水 0.32kg。对石灰桩桩体,在一般压力下吸水量为 65%～70%。根据石灰桩吸水总量等于桩间土降低的水总量,可得出软土含水量的降低值。

ⓒ膨胀挤密——生石灰具有吸水膨胀作用,在压力为 50～100kPa 时,膨胀量为 20%～30%。膨胀的结果使桩周土挤密。

ⓓ发热脱水——1kg 氧化钙在水化时可产生 280 卡热量,桩身温度可达 200℃～

300℃。使土产生一定的气化脱水,从而导致土中含水量下降、孔隙比减小、土颗粒靠拢挤密,在所加固区的地下水位也有一定的下降,并促使某些化学反应形成,如水化硅酸钙的形成。

ⓔ离子交换——软土中钠离子与石灰中的钙离子发生置换,改善了桩间土的性质,并在石灰桩表层形成一个强度很高的硬层。

以上这些作用,使桩间土的强度提高、对饱和粉土和粉细砂还改善了其抗液化性能。

ⓕ置换作用——软土为强度较高的石灰桩所代替,从而增加了复合地基承载力,其复合地基承载力的大小,取决于桩身强度与置换率大小。

(d)适用范围。石灰桩法适用于处理饱和黏性土、淤泥、淤泥质土、素填土和杂填土等地基;用于地下水位以上的土层时,宜增加掺合料的含水量并减少生石灰用量,或采取土层浸水等措施。

石灰桩与灰土桩不同,可用于地下水位以下的土层,用于地下水位以上的土层时,如土中含水量过低,则生石灰水化反应不充分,桩身强度降低,甚至不能硬化。此时采取减少生石灰用量和增加掺合料含水量的办法,经实践证明是有效的。

石灰桩不适用于地下水下的砂类土。

b. 石灰桩法施工。

(a)桩身材料配比。对重要工程或缺少经验的地区,施工前应进行桩身材料配合比、成桩工艺及复合地基承载力试验。桩身材料配合比试验应在现场地基土中进行。

石灰桩可就地取材,各地生石灰、掺和料及土质均有差异,因此在无经验的地区应进行材料配比试验。由于生石灰膨胀作用,其强度与侧限有关,条件允许时,配比试验宜在现场地基土中进行。

(b)桩身填料要求。

ⓐ石灰材料应选用新鲜生石灰块,有效氧化钙含量不宜低于70%,粒径不应大于70mm,含粉量(即消石灰)不宜超过15%。

生石灰块的膨胀率大于生石灰粉,同时生石灰粉易污染环境。为了使生石灰与掺合料反应充分,应将块状生石灰粉碎,其粒径30～50mm为佳,最大不宜超过70mm。

ⓑ掺合料应保持适当的含水量,使用粉煤灰或炉渣时含水量宜控制在30%左右。掺合料含水量过少则不易夯实,过大时在地下水位以下易引起冲孔(放炮)。

石灰桩身密实度是质量控制的重要指标,由于周围土的约束力不同,配比也不同,桩身密实度的定量控制指标难以确定,桩身密实度的控制宜根据施工工艺的不同凭经验控制。无经验的地区应进行成桩工艺试验确定密实度的施工控制指标。可在成桩7～10d时用轻便触探(N_{10})进行对比检测。

(c)施工工艺。石灰桩施工可采用洛阳铲或机械成孔。机械成孔分为沉管和螺旋钻成孔。成桩时可采用人工夯实、机械夯实、沉管反插、螺旋反压等工艺。填料时必须分段压(夯)实,人工夯实时每段填料厚度不应大于400mm。管外投料或人工成孔填料时应采取措施减小地下水渗入孔内的速度,成孔后填料前应排除孔底积水。

要求桩身填料充盈系数 $\beta \geqslant 1.5 \sim 2.0$ ($\beta = \dfrac{\text{实际填料量}}{\text{桩孔体积}}$)。具体要求如下:

a)沉管法。采用沉管灌注桩机(振动或打入式),分为管外投料法和管内投料法。

ⓐ管外投料法系采用特制活动钢桩尖,将套管带桩尖振(打)入土中至设计标高,拔管时活动桩尖自动落下一定距离,使空气进入桩孔,避免产生负压堵孔。将套管拔出后分段填料,用套管反插使桩料密实。此种施工方法成桩深度不宜大于8m,桩径的控制较困难。

ⓑ管内投料法适用于饱和软土区,其工艺流程类似沉管灌注桩,需使用预制桩尖,而且桩身材料中掺合料的含水量应很小,避免和生石灰反应膨胀堵管,或者采用纯生石灰块。

ⓒ管内夯击法采用"建新桩"式的管内夯击工艺。在成孔前将管内填入一定数量的碎石,内击式锤将套管打至设计深度后,提管,冲击出管内碎石,分层投入石灰桩料,用内击锤分层夯实。内击锤重1~1.5t,成孔深度不大于10m。

b)长螺旋钻法。采用长螺旋钻机施工,螺旋钻杆钻至设计深度后提钻,除掉钻杆螺片之间的土,将钻杆再插入孔内,将拌和均匀的石灰桩料堆在孔口钻杆周围,反方向旋转钻杆,利用螺旋将孔口桩料输送入孔内,在反转过程中钻杆螺片将桩料压实。

利用螺旋钻机施工的石灰桩质量好,桩身材料密实度高,复合地基承载力可达200kPa以上,但在饱和软土或地下水渗透严重孔壁不能保持稳定时,不宜采用。

c)人工洛阳铲成孔法。利用特制的洛阳铲,人工挖孔、投料夯实,是湖北省建筑科学研究设计院试验成功并广泛应用的一种施工方法。由于洛阳铲在切土、取土过程中对周围土体扰动很小,在软土甚至淤泥中均可保持孔壁稳定。

这种简易的施工方法避免了振动和噪声,能在极狭窄的场地和室内作业,大量节约能源,特别是造价很低,工期短,质量可靠,适用的范围较大。

人工洛阳铲挖孔法主要受到深度的限制,一般情况下桩长不宜超过6m,穿过地下水下的砂类土及塑性指数小于10的粉土则难以成孔。当在地下水位以下或穿过杂填土成孔时需要熟练的工人操作。

ⓐ施工方法。

成孔:利用图1-13所示两种洛阳铲人工成孔,孔径随意。当遇杂填土时,可用钢钎将杂物冲破,然后用洛阳铲取出。当孔内有水时,熟练的工人可在水下取土,并保证孔径的标准。洛阳铲的尺寸可变,软土地区用直径大的,杂填土及硬土时用直径小的。

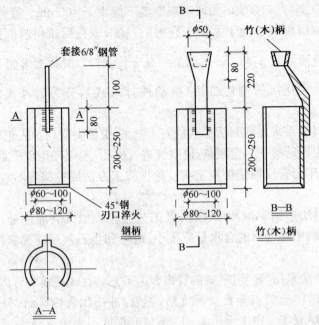

图 1-13　洛阳铲构造

填料夯实:已成的桩孔经验收合格后,将生石灰和掺合料用斗车运至孔口分开堆放。准备工作就绪后,用小型污水泵(功率 1.1kW,扬程 8~10m)将孔内水排干。立即在铁板上按配合比拌和桩料,每次拌和的数量为 0.3~0.4m 桩长的用料量,拌匀后填入孔内,用图 1-14 所示铁夯夯击密实。

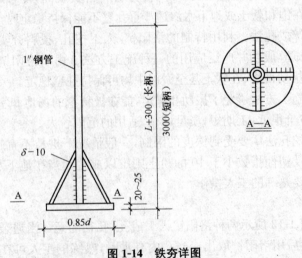

图 1-14　铁夯详图

夯实时,3 人持夯,加力下击,夯重在 30kg 左右即可保证夯击质量。夯过重则使用不便。也可改用小型卷扬机吊锤或灰土桩夯实机夯实。

ⓑ工艺流程。定位→人工洛阳铲成孔→孔径孔深检查→孔内抽水→孔口拌和桩料→下料→夯实→再下料→再夯实……→封口填土→夯实。

ⓒ技术安全措施:在成孔过程中一般不宜抽排孔内水,以免塌孔;每次人工夯击次数不少于10击,从夯击声音可判断是否夯实;每次填料厚度不宜大于40cm;孔底泥浆必须清除,可采用长柄勺挖出,浮泥厚度不得大于15cm,或夯填碎石挤密;填料前孔内水必须抽干。遇有孔口或下部土层往孔内流水时,应采取措施隔断水流,确保夯实质量;桩顶应高出基底标高10cm左右。

为保证桩孔的标准,用图1-15所示的量孔器逐孔进行检查验收。量孔器柄上带有刻度,在检查孔径的同时,检查孔深。

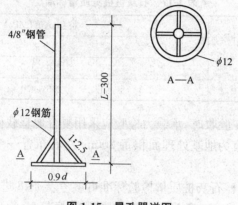

图1-15 量孔器详图

c. 质量检验标准。

(a)石灰桩质量控制。

ⓐ石灰桩施工检测宜在施工7～10d时进行;竣工验收检测宜在施工28d后进行。

石灰桩加固软土的机理分为物理加固和化学加固两个作用,物理作用(吸水、膨胀)的完成时间较短,一般情况下7d以内均可完成。此时桩身的直径和密度已定型,在夯实力和生石灰膨胀力作用下,7～14d桩身已具有一定的强度。而石灰桩的化学作用则速度缓慢,桩身强度的增长可延续3年甚至5年。考虑到施工的需要,目前将一个月龄期的强度视为桩身设计强度,7～10d龄期的强度为设计强度的60%左右。

龄期7～10d时,石灰桩身内部仍维持较高的温度(30℃～50℃),采用静力触探检测时应考虑温度对探头精度的影响。

ⓑ施工检测可采用静力触探、动力触探或标准贯入试验。检测部位为桩中心及桩间土,每两点为一组。检测组数不少于总桩数的15%。

在取得载荷试验与静力触探检测对比经验的条件下,也可采用静力触探估算复合地基承载力。关于桩体强度的确定,可取$0.1p_s$为桩体比例极限,这是经过桩体取样在试验机上做抗压试验求得比例极限与原位静力触探p_s值对比的结果。但仅适用于掺合料为粉煤灰、炉渣的情况。

地下水以下的桩底存在动水压力，夯实也不如桩的中上部，因此其桩身强度较低。桩的顶部由于覆盖压力有限，桩体强度也有所降低。因此石灰桩的桩体强度沿桩长变化，中部最高，顶部及底部较差。

试验证明当底部桩身具有一定强度时，由于化学反应的结果，其后期强度可以提高，但当 $7\sim10d$ 比贯入阻力很小（p_s 值小于 $1MPa$）时，其后期强度的提高有限。

石灰桩桩身质量检验标准参见表 1-17。

p_s 值不合格的桩，参考施工记录确定补桩范围，在施工结束前完成补桩，如用 N_{10} 轻便触探检验，以每 10 击相当于 $p_s=1MPa$ 按上表换算。

表 1-17　石灰桩桩身质量标准

天然地基承载力标准值 f_{ak}（kPa）	桩身 p_s 值（MPa）		
	不合格	合格	良
$f_{ak}<70$	<2.0	2.0～3.5	3.5 以上
$f_{ak}>70$	<2.5	2.5～4.0	4.0 以上

ⓒ石灰桩地基竣工验收时，承载力检验应采用复合地基载荷试验。

ⓓ载荷试验数量宜为地基处理面积每 $200m^2$ 左右布置一个点，且每一单体工程不应少于 3 点。

（b）质量检验标准。石灰桩质量检验标准可参考表 1-18 进行。

表 1-18　石灰桩质量检验标准

项目	序号	检查项目	允许偏差或允许值		检查方法
			单位	数值	
主控项目	1	地基承载力	设计要求		按规定的方法
	2	石灰及掺和料质量	设计要求		检查产品合格证，抽样送检
	3	桩长	mm	±200	测桩孔深或沉管长度
	4	桩身密实度	设计要求		静力或动力触探
一般项目	1	桩位偏差	mm	施工 50，验收 0.5d	用钢尺量
	2	桩孔直径	mm	±20	用钢尺量
	3	垂直度	%	1.5	用经纬仪测桩管或垂球
	4	混合料含水量（与设计值比）	%	±2	抽样检验
	5	填料量	%	≥95	实际用量与计算用量比

④水泥土搅拌法。

a. 水泥土搅拌法概述。

（a）工法简介。以水泥作为固化剂的主剂，通过特制的深层搅拌机械，将固化剂和地基土强制搅拌,使软土硬结成具有整体性、水稳定性和一定强度桩体的地基处理方法。水泥土搅拌法分为深层搅拌法和粉体喷搅法。

深层搅拌法是使用水泥浆作为固化剂的水泥土搅拌法。简称湿法。

粉体喷搅法是使用干水泥粉作为固化剂的水泥土搅拌法。简称干法。

水泥土搅拌法是适用于加固饱和黏性土和粉土等地基的一种方法。它是利用水泥等材料作为固化剂通过特制的搅拌机械,就地将软土和固化剂(浆液或粉体)强制搅拌,使软土硬结成具有整体性、水稳性和一定强度的水泥加固土,从而提高地基土强度和增大变形模量。根据固化剂掺入状态的不同。它可分为浆液搅拌和粉体喷射搅拌两种。前者是用浆液和地基土搅拌,后者是用粉体和地基土搅拌。

水泥浆搅拌法最早在美国研制成功,称为 Mixed-in-Place Pile(简称 MIP 法),国内 1977 年由冶金部建筑研究总院和交通部水运规划设计院进行了室内试验和机械研制工作,于 1978 年底制造出国内第一台 SJB-1 型双搅拌轴中心管输浆的搅拌机械。并由江阴市江阴振冲器厂成批生产(目前 SJB-2 型加固深度可达 18m)。1980 年初在上海宝钢三座卷管设备基础的软土地基加固工程中首次获得成功。1980 年初天津市机械施工公司与交通部一航局科研所利用日本进口螺旋钻孔机械进行改装,制成单搅拌轴和叶片输浆型搅拌机,1981 年在天津造纸厂蒸煮锅改造扩建工程中获得成功。

粉体喷射搅拌法最早由瑞典人 Kjeld Paes 于 1967 年提出了使用石灰搅拌桩加固 15m 深度范围内软土地基的设想,并于 1971 年瑞典 Linden-Alima 公司在现场制成第一根用石灰粉和软土搅拌成的桩,1974 年获得粉喷技术专利,生产出的专用机械,其桩径 500mm、加固深度 15m。我国由铁道部第四勘测设计院于 1983 年用 DPP-100 型汽车钻改装成国内第一台粉体喷射搅拌机,并使用石灰作为固化剂,应用于铁路涵洞加固。1986 年开始使用水泥作为固化剂,应用于房屋建筑的软土地基加固。1987 年铁四院和上海探矿机械厂制成 GPP-5 型步履式粉喷机,成桩直径 500mm,加固深度 12.5m。当前国内粉喷机的成桩直径一般在 500~700mm,深度一般可达 15m。

水泥土搅拌法加固软土技术具有其独特优点:

ⓐ最大限度地利用了原土。

ⓑ搅拌时无振动、无噪声和无污染,可在密集建筑群中进行施工,对周围原有建筑物及地下沟管影响很小。

ⓒ根据上部结构的需要,可灵活地采用柱状、壁状、格栅状和块状等加固形式。

ⓓ与钢筋混凝土桩基相比,可节约钢材并降低造价。

(b)适用范围。

ⓐ水泥土搅拌法分为深层搅拌法(以下简称湿法)和粉体喷搅法(以下简称干法)。水泥土搅拌法适用于处理正常固结的淤泥与淤泥质土、粉土、饱和黄土、素填土、黏性土以及无流动地下水的饱和松散砂土等地基。当地基土的天然含水量小于

30%(黄土含水量小于 25%)、大于 70%或地下水的 pH 值小于 4 时不宜采用干法。冬期施工时,应注意负温对处理效果的影响。

ⓑ水泥土搅拌法用于处理泥炭土、有机质土、塑性指数 I_P 大于 25 的黏土、地下水具有腐蚀性时以及无工程经验的地区,必须通过现场试验确定其适用性。

ⓒ有经验地区也可采用石灰固化剂。石灰固化剂一般适用于黏土颗粒含量大于 20%,粉粒及黏粒含量之和大于 35%,黏土的塑性指数大于 10,液性指数大于 0.7,土的 pH 值为 4～8,有机质含量小于 11%,土的天然含水量大于 30%的偏酸性的土质加固。

b. 水泥土搅拌法施工。

(a)施工设备。深层搅拌机械按固化剂的状态不同分为浆液深层搅拌桩机和粉体喷射深层搅拌桩机,根据搅拌轴数分为单轴和多轴深层搅拌桩机。

(b)施工前准备工作。

ⓐ水泥土搅拌法施工现场事先应予以平整,必须清除地上和地下的障碍物。遇有明浜、池塘及洼地时应抽水和清淤,回填黏性土料并予以压实,不得回填杂填土或生活垃圾。

ⓑ水泥土搅拌桩施工前应根据设计进行工艺性试桩,数量不得少于 2 根。当桩周为成层土时,应对相对软弱土层增加搅拌次数或增加水泥掺量。

(c)施工步骤。水泥土搅拌法施工步骤由于湿法和干法的施工设备不同而略有差异。其主要步骤为:

ⓐ搅拌机械就位、调平;施工中应保持搅拌机底盘水平和导向架垂直,搅拌桩的垂直偏差不得超过 1%;桩位放线定位偏差不得大于 20～50mm。

ⓑ预搅下沉至设计加固深度。

ⓒ边喷浆(粉)、边搅拌提升直至预定的停浆(灰)面。

ⓓ重复搅拌下沉至设计加固深度。

ⓔ根据设计要求,喷浆(粉)或仅搅拌提升直至预定的停浆(灰)面。

ⓕ关闭搅拌机械。

在预(复)搅下沉时,也可采用喷浆(粉)的施工工艺,但必须确保最后一次喷浆后全桩长上下至少再重复搅拌一次。

(d)施工具体要求。

a)竖向承载搅拌桩施工时,停浆(灰)面应高于桩顶设计标高 300～500mm。在开挖基坑时,应将搅拌桩顶端施工质量较差的桩段用人工挖除。

b)搅拌头翼片的枚数、宽度与搅拌轴的垂直夹角、搅拌头的回转数、提升速度应相互匹配,以确保加固深度范围内土体的任何一点均能经过 20 次以上的搅拌。

深层搅拌机施工时,搅拌次数越多,则拌和越为均匀,水泥土强度也越高,但施工效率就降低。试验证明,当加固范围内土体任一点的水泥土经过 20 次以上的拌和,基本上就能达到相对均匀。每遍搅拌次数由下式计算:

$$N = \frac{h\cos\beta \sum Z}{V} \cdot n$$

式中 h ——搅拌叶片的宽度(m)。

β ——搅拌叶片与搅拌轴的垂直夹角(°)。

$\sum Z$ ——搅拌叶片的总枚数。

n ——搅拌头的回转数(rev/min)。

V ——搅拌头的升降速度(m/min)。

c)湿法。

ⓐ所使用的水泥应过筛,制备好的浆液不得离析,泵送必须连续。拌制水泥浆液的罐数、水泥和外掺剂用量以及泵送浆液的时间等应有专人记录;喷浆量及搅拌深度必须采用经国家计量部门认证的监测仪器进行自动记录。

由于搅拌机械通常采用定量泵输送水泥浆,转速大多又是恒定的,因此灌入地基中的水泥量完全取决于搅拌机喷浆的提升速度和复喷次数,施工过程中不能随意变更,并应保证水泥浆能定量不间断供应。采用自动记录是为了最大程度的降低人为因素影响施工质量,由于固化剂从灰浆泵到达搅拌机械的出浆口需通过较长的输浆管,必须考虑水泥浆到达桩端的泵送时间。一般可通过试成桩确定其输送时间。

ⓑ搅拌机喷浆提升的速度和次数必须符合施工工艺的要求,并应有专人记录。

搅拌桩施工记录是检查搅拌桩施工质量和判明事故原因的基本依据,因此对每一延米的施工情况均应如实及时记录,不得事后回忆补记。

施工中要随时检查自动计量装置的制桩记录,对每根桩的水泥用量、成桩过程(下沉、喷浆提升和复搅等时间)进行详细检查,质检员应根据制桩记录,对照标准施工工艺,对每根桩进行质量评定。喷浆提升速度不宜大于 0.5m/min。

ⓒ当水泥浆液到达出浆口后,应喷浆搅拌 30s,在水泥浆与桩端土充分搅拌后,再开始提升搅拌头,以确保搅拌桩底与土体充分搅拌均匀,达到较高的强度。

ⓓ搅拌机预搅下沉时不宜冲水,当遇到硬土层下沉太慢时,方可适量冲水,但应考虑冲水对桩身强度的影响。

ⓔ凡成桩过程中,由于电压过低或其他原因造成停机使成桩工艺中断时,应将搅拌机下沉至停浆点以下 0.5m,等恢复供浆时再喷浆提升继续制桩;凡中途停止输浆 3h 以上者,将会使水泥浆在整个输浆管路中凝固,因此必须排清全部水泥浆,清洗管路。

ⓕ壁状加固时,相邻桩的施工时间间隔不宜超过 24h(水泥土终凝前)。如间隔时间太长,与相邻桩无法搭接时,应采取局部补桩或注浆等补强措施。

d)干法。

ⓐ水泥土搅拌法(干法)喷粉施工机械必须配置经国家计量部门确认的具有能瞬时检测并记录出粉量的粉体计量装置及搅拌深度自动记录仪。

ⓑ搅拌头每旋转一周，其提升高度不得超过 16mm。

ⓒ当搅拌头到达设计桩底以上 1.5m 时，应立即开启喷粉机提前进行喷粉作业。当搅拌头提升至地面下 500mm 时，喷粉机应停止喷粉。

固化剂从料罐到喷灰口有一定的时间延迟，严禁在没有喷粉的情况下进行钻机提升作业。

ⓓ成桩过程中因故停止喷粉，应将搅拌头下沉至停灰面以下 1m 处，待恢复喷粉时再喷粉搅拌提升。如此操作是为了防止断桩。

ⓔ需在地基土天然含水量小于 30% 土层中喷粉成桩时，应采用地面注水搅拌工艺。

如不及时在地面浇水，将使水泥土水化不完全，造成桩身强度降低，有条件时也可采用预先浸水增湿。

(e)施工中常见问题及处理。水泥土搅拌桩施工中常见问题及处理方法见表1-19。

表 1-19　施工中常见问题和处理方法

常见问题	发生原因	处理方法
预搅下沉困难，电流值高，电机跳闸	①电压偏低 ②土质硬，阻力太大 ③遇大石块、树根等障碍物	①调高电压 ②适量冲水或浆液 ③挖除障碍物
搅拌机下不到预定深度，但电流不高	土质黏性大，搅拌机自重不够	增加搅拌机自重或开动加压装置
喷浆未到设计桩顶面（或底部桩端）标高，集料斗浆液已排空	①投料不准确 ②灰浆泵磨损漏浆 ③灰浆泵输浆量偏大	①重新标定投料量 ②检修灰浆泵 ③重新标定灰浆输浆量
喷浆到设计位置集料斗中剩浆液过多	①拌和加水过量 ②输浆管路部分阻塞	①重新标定拌浆用水量 ②清洗输浆管路
输浆管堵塞爆裂	①输浆管内有水泥结块 ②喷浆口球阀间隙太小	①拆洗输浆管 ②使喷浆口球阀间隙适当
搅拌钻头和混合土同步旋转	①灰浆浓度过大 ②搅拌叶片角度不适宜	①重新标定浆液水灰比 ②调整叶片角度或更换钻头

c. 质量检验标准。

(a)质量控制。

a)施工结束后，应检查桩体强度、桩体直径及地基承载力。

b)进行强度检验时，对承重水泥土搅拌桩应取 90d 后的试件；对支护水泥土搅拌桩应取 28d 后的试件。

c)水泥土搅拌桩的施工质量检验可采用以下方法：

ⓐ成桩 7d 后，采用浅部开挖桩头，深度宜超过停浆（灰）面下 0.5m，目测检查搅拌的均匀性，量测成桩直径。检查量为总桩数的 5%。本条措施属自检范围。各施工

机组应对成桩质量随时检查,及时发现问题,及时处理。开挖检查仅仅是浅部桩头部位,目测其成桩大致情况。

b)成桩后 3d 内,可用轻型动力触探(N_{10})检查每米桩身的均匀性。检验数量为施工总桩数的 1%,且不少于 3 根。

d)竖向承载水泥土搅拌桩地基竣工验收时,承载力检验应采用复合地基载荷试验和单桩载荷试验。载荷试验必须在桩身强度满足试验荷载条件时,并宜在成桩 28d 后进行。检验数量为桩总数的 0.5%～1%,且每项单体工程不应少于 3 点。

e)经触探和载荷试验检验后对桩身质量有怀疑时,应在成桩 28d 后,用双管单动取样器钻取芯样,制成试块,做抗压强度检验,进行桩身实际强度测定。为保证试块尺寸,钻孔直径不宜小于 108mm。

检验数量为施工总桩数的 0.5%,且不少于 3 根。

f)对相邻桩搭接要求严格的工程,应在成桩 15d 后,选取数根桩进行开挖,检查搭接情况。

g)基槽开挖后,应检验桩位、桩数与桩顶质量,如不符合设计要求,应采取有效补强措施。

(b)质量检验标准。水泥土搅拌桩地基质量检验标准应符合表 1-20 的规定。

表 1-20　水泥土搅拌桩地基质量检验标准

项	序	检查项目	允许偏差或允许值		检查方法
			单位	数值	
主控项目	1	水泥及外掺剂质量	设计要求		查产品合格证书或抽样送检
	2	水泥用量	参数指标		查看流量计
	3	桩体强度	设计要求		按规定办法
	4	地基承载力	设计要求		按规定办法
一般项目	1	机头提升速度	m/min	≤0.5	量机头上升距离及时间
	2	桩底标高	mm	±200	测机头深度
	3	桩顶标高	mm	+100/−50	水准仪(最上部 500mm 不计入)
	4	桩位偏差	mm	<50	用钢尺量
	5	桩径		<0.04 d	用钢尺量,d 为桩径
	6	垂直度	%	≤1.5	经纬仪
	7	搭接	mm	>200	用钢尺量
	8	水灰比	设计要求		测浆液比重

注:表中桩位偏差<50mm 过于严格,作为竣工验收标准建议采用 100～200mm。

⑤高压喷射注浆法(旋喷桩法)

a. 高压喷射注浆法概述。高压喷射注浆法是指用高压水泥浆通过钻杆由水平方向的喷嘴喷出,形成喷射流,以此切割土体并与土拌和形成水泥土加固体的地基处理方法。

高压喷射注浆法 20 世纪 60 年代后期创始于日本,它是利用钻机把带有喷嘴的注浆管钻进至土层的预定位置后,以高压设备使浆液或水成为 20～40MPa 的高压射流从喷嘴中喷射出来,冲击破坏土体,同时钻杆以一定速度渐渐向上提升,将浆液与土粒强制搅拌混合,浆液凝固后,在土中形成一个固结体。

我国于 1975 年首先在铁道部门进行了单管法的试验和应用,1977 年冶金部建筑研究总院在宝钢工程中首次应用三重管法喷射注浆获得成功,1986 年该院又开发成功高压喷射注浆的新工艺——干喷法,并取得国家专利。至今,我国在土建工程中广泛应用了高压喷射注浆法。

b. 施工。

(a)施工设备。高压喷射注浆施工的主要机具包括钻孔机械和喷射注浆设备两大类。对不同的喷射方式,所使用的施工机具类型和数量也不同。表 1-21 为国内高压喷射注浆法的主要施工机具一览表。

表 1-21　为国内高压喷射注浆法的主要施工机具一览表

序号	设备名称	常用型号	主要性能	施工方法				
				单管	二重管	三重管	多重管	多孔管
1	钻机	XY 系列,SH－30,SPJ－300,GJ－150,GQ－80,76 型振动钻机,GD－2 型旋喷钻机		○	○	○	○	○
2	高压泥浆泵	SNC－H300 水泥注浆车,Y－2 型液压泵,PP－120 型注浆泵	泵量 80～230L/min,泵压 20～30MPa					○
3	高压水泵	3D2-S,3XB,3W－6B,3W－7B	泵量 80～250L/min,泵压 20～40MPa				○	○
4	空气压缩机	YV－3/8,ZWY－6/7,W－9/7,LGY20－10/7,BH－6/7	风量 3～10m³/min,风压 0.7～0.8MPa		○	○		○
5	普通泥浆泵	BW 系列,SGB 系列,HB80,YGB5－10,WJG80	泵量 90～150L/min,泵压 2～7MPa			○	○	○
6	泥浆搅拌机	NJ－600,WJ80,JS300,JJS－2B,JJS－10,ZJ－400,WJG80		○	○	○	○	○
7	真空泵						○	○

续表 1-21

序号	设备名称	常用型号	主要性能	施工方法				
				单管	二重管	三重管	多重管	多孔管
8	单管			○				
9	二(重)管				○			
10	三(重)管					○		
11	多重管						○	
12	多孔管							○
13	超声波传感器						○	
14	高压胶管		$\phi19\sim\phi22mm$	○	○	○	○	○

（b）施工要点。

a）准备工作。

ⓐ施工前，应对照设计图纸核实设计孔位处有无妨碍施工和影响安全的障碍物。如遇有上水管、下水管、电缆线、煤气管、人防工程、旧建筑基础和其他地下埋设物等障碍物影响施工时，则应与有关单位协商清除或搬移障碍物或更改设计孔位。

ⓑ施工前应检查注浆材料配比及高压喷射设备性能。

b）施工步骤。

高压喷射注浆的全过程为钻机就位、钻孔、置入注浆管、高压喷射注浆和拔出注浆管冲洗等基本工序。

ⓐ钻机就位。钻机安放在设计的孔位上并应保持垂直，施工时旋喷管的允许倾斜度不得大于 1.5%。

ⓑ钻孔。单管旋喷常使用 76 型旋转振动钻机，钻进深度可达 30m 以上，适用于标准贯入击数小于 40 的砂土和黏性土层。

ⓒ贯入喷射管。贯入喷射管是将喷管插入地层预定的深度。使用 76 型振动钻机钻孔时，插管与钻孔两道工序合二为一，即钻孔完成时插管作业同时完成。如使用地质钻机，钻孔完毕必须拔出岩芯管，并换上旋喷管插入到预定深度。在插管过程中，为防止泥沙堵塞喷嘴，可边射水、边插管，水压力一般不超过 1MPa。若压力过高，则易将孔壁射塌。

ⓓ喷射作业。当喷射注浆管贯入土中，喷嘴达到设计标高时，即可喷射注浆。在喷射注浆参数达到规定值后，随即分别按旋喷、定喷或摆喷的工艺要求，提升喷射管，由下而上喷射注浆。当注浆管不能一次提升完成而需分数次卸管时，卸管后喷射的搭接长度不得小于 100mm，以保证固结体的整体性。

ⓔ拔管和冲洗。喷射施工完毕后，应把注浆管等机具设备冲洗干净，管内机内不得残存水泥浆。通常把浆液换成水，在地面上喷射，以便把泥浆泵、注浆管和软管内

的浆液全部排除。

　　ｆ)移动机具。将钻机等机具设备移到新孔位上。

　　c)施工技术参数。高压喷射注浆的施工参数应根据土质条件、加固要求通过试验或根据工程经验确定,并在施工中严格加以控制。常用的高压喷射注浆技术参数见表1-22。

表 1-22　通常采用的高压喷射注浆技术参数

技术参数		单管法	二重管法	三重管法
水	压力(MPa)	—	—	20～30
	流量(L/min)	—	—	80～120
	喷嘴孔径(mm)	—	—	2～3.2
	喷嘴个数	—	—	1～2
空气	压力(MPa)		0.7	0.5～0.7
	流量(m³/min)		1～2	0.5～1
	喷嘴间隙(mm)		1～2	1～3
浆液	压力(MPa)	20	20	0.5～3
	流量(L/min)	80～120	80～120	70～150
	喷嘴孔径(mm)	2～3	2～3	8～14
	喷嘴个数	2	1～2	1～2
注浆管	提升速度(cm/min)	20～25	10～20	7～14
	旋转速度(r/min)	约20	10～20	11～18
	外径(mm)	42、50	42、50、75	75、90

　　(c)质量控制。

　　a)施工结束后,应检验桩体强度、平均直径、桩身中心位置、桩体质量及承载力等。桩体质量及承载力检验应在施工结束后28d进行。

　　b)高压喷射注浆可根据工程要求和当地经验采用开挖检查、取芯(常规取芯或软取芯)、标准贯入试验、载荷试验或围井注水试验等方法进行检验,并结合工程测试、观测资料及实际效果综合评价加固效果。

　　c)检验点应布置在下列部位:

　　ⓐ有代表性的桩位。

　　ⓑ施工中出现异常情况的部位。

　　ⓒ地基情况复杂,可能对高压喷射注浆质量产生影响的部位。

　　检验点的数量为施工孔数的1%,并不应少于3点。

　　质量检验宜在高压喷射注浆结束28d后进行。

　　d)竖向承载旋喷桩地基竣工验收时,承载力检验应采用复合地基载荷试验和单桩载荷试验。

载荷试验必须在桩身强度满足试验条件时,并宜在成桩 28d 后进行。检验数量为桩总数的 0.5%～1%,且每项单体工程不应少于 3 点。

(d)质量检验标准。高压喷射注浆地基质量检验标准应符合表 1-23 的规定。

表 1-23 高压喷射注浆地基质量检验标准

项	序	检查项目	允许偏差或允许值		检查方法
			单位	数值	
主控项目	1	水泥及外掺剂质量	符合出厂要求		查产品合格证书或抽样送检
	2	水泥用量	设计要求		查看流量表及水泥浆水灰比
	3	桩体强度或完整性检验	设计要求		按规定方法
	4	地基承载力	设计要求		按规定方法
一般项目	1	钻孔位置	mm	≤50	用钢尺量
	2	钻孔垂直度	%	≤1.5	经纬仪测钻杆或实测
	3	孔深	mm	±200	用钢尺量
	4	注浆压力	按设定参数指标		查看压力表
	5	桩体搭接	mm	>200	用钢尺量
	6	桩体直径	mm	≤50	开挖后用钢尺量
	7	桩身中心允许偏差		≤0.2d	开挖后桩顶下 500mm 处用钢尺量,d 为桩径

第二章 砌 体 工 程

第一节 砖砌体工程

一、砌筑用砖

砌筑用砖系指以黏土、工业废料或其他地方资源为主要原料,以不同工艺制造的,用于砌筑承重和非承重构件的砖。

(1)烧结普通砖

烧结普通砖根据尺寸偏差、外观质量、泛霜和石灰爆裂分为优等品、一等品、合格品三个质量等级。优等品砖应无泛霜;一等品砖不允许出现中等泛霜现象;合格品砖不允许出现严重泛霜现象。优等品砖不允许出现最大破坏尺寸大于 2mm 的爆裂区域;一等品砖最大破坏尺寸大于 2mm,且小于等于 10mm 的爆裂区域,每组样砖不准多于 15 处,大于 10mm 的爆裂区域不准出现;合格品砖最大破坏尺寸大于 2mm 且小于等于 15mm 的爆裂区域,每组样砖不准多于 15 处,其中大于 10mm 的不很多于 7 处,不准出现最大破坏尺寸大于 15mm 的爆裂区域。其外观质量见表 2-1;烧结普通砖的尺寸偏差见表 2-2。

表 2-1　烧结普通砖外观质量　　　　　　　　　　(mm)

项　　　目		优等品	一等品	二等品
两条面高差度	不大于	2	3	5
变曲	不大于	2	3	5
杂质突出高度	不大于	2	3	5
缺棱掉角的三个破坏尺寸	不得同时大于	15	20	30
裂纹长度	不大于			
a. 大面上宽度方向及其延伸到条面的长度		70	70	110
b. 大面上长度方向及其延伸到顶面的长度或条顶面上水平裂纹的长度		100	100	150
完整面	不得少于	一条面和一顶面	一条面和一顶面	—
颜色		基本一致	—	—

注:凡有下列缺陷之一者,不能称为完整面:

1)缺损在条面或顶面上造成的破坏尺寸同时大于 10mm×10mm;

2)条面或顶面上裂纹宽度大于 1mm,其长度超过 30mm;

3)压陷、粘底、焦花在大面、条面上的凹陷或凸出超过 2mm,区域尺寸同时大于 20mm×30mm。

表 2-2 烧结普通砖的尺寸偏差 （mm）

公称尺寸	优等品		一等品		合格品	
	样本平均偏差	样本极差≤	样本平均偏差	样本极差≤	样本平均偏差	样本极差≤
240	±2.0	8	±2.5	8	±3.0	8
115	±1.5	6	±2.0	6	±2.5	7
53	±1.5	4	±1.6	5	±2.0	6

（2）烧结多孔砖

烧结多孔砖根据尺寸偏差、外观质量、强度等级和物理性能分为优等品、一等品和合格品三个等级,烧结多孔砖的构造如图 2-1,烧结多孔砖的孔洞见表 2-3,其外观质量指标见表 2-4,其尺寸允许偏差见表 2-5。

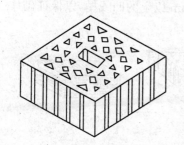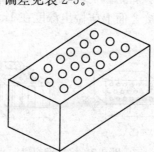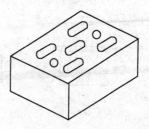

图 2-1 烧结多孔砖

表 2-3 烧结多孔砖孔洞规定 （mm）

圆孔直径	非圆孔内切圆直径	手抓孔
≤22	≤15	(30~40)×(75~85)

表 2-4 烧结多孔砖外观质量(mm)

项 目		优等品	一等品	二等品
颜色(一条面和一顶面)		基本一致	—	—
完整面	不得少于	一条面和一顶面	一条面和一顶面	—
缺棱掉角的三个破坏尺寸	不得同时大于	15	20	30
裂纹长度	不大于			
a. 大面上深入孔壁 15mm 以上宽度方向及其延伸到条面的长度		80	100	120
b. 大面上深入孔壁 15mm 以上长度方向及其延伸到顶面上的长度		80	120	140
c. 条顶面上的水平裂纹		100	120	140
杂质在砖面上造成的突出高度		3	4	5
欠火砖和酥砖		不允许		

表 2-5　烧结多孔砖尺寸允许偏差　　　　　　　（mm）

尺　　寸	尺寸允许偏差		
	优等品	一等品	合格品
240、190	±4	±5	±7
115	±3	±4	±5
90	±2	±4	±4

（3）烧结空心砖

烧结空心砖如图 2-2 所示，是以黏土、页岩、煤矸石为主要原料，经焙烧而成的，主要用于非承重部位。烧结空心砖的长度有 240mm、290mm；宽度有 140mm、180mm、190mm；高度有 90mm、115mm。壁的厚度应大于 10mm，肋的厚度应大于 7mm。这种砖的孔的尺寸较大，数量较少，孔形多为矩形条孔，孔洞率一般在 30% 以上。在与砂浆等黏结材料的接合面上应做出深度在 1mm 以上的凹线槽，以保证砌体的黏结强度。

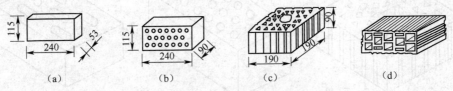

图 2-2　烧结空心砖

烧结空心砖密度分为 800、900、1100 三个级别，密度级别见表 2-6，每个密度级别根据孔洞及其排数、尺寸偏差、外观质量、强度等级和物理性能分为优等品、一等品和合格品三个等级，其尺寸允许偏差见表 2-7；其外观质量见表 2-8。

表 2-6　烧结空心砖密度级别

密度级别	5 块密度平均值（kg/m³）
800	≤800
900	801～900
1100	901～1100

表 2-7　烧结空心砖尺寸偏差　　　　　　　（mm）

尺　　寸	尺寸允许偏差		
	优等品	一等品	合格品
＞200	±4	±5	±7
200～100	±3	±4	+±5
＜100	±3	±4	±4

（4）粉煤灰砖

粉煤灰砖根据外观质量、强度、抗冻性和干燥收缩分为优等品（A），一等品（B），

合格品(C)。外观质量见表 2-9。粉煤灰砖的干燥收缩值:优等品应不大于 0.60mm/
m,一等品应不大于 0.75mm/m,合格品应不大于 0.85mm/m。

表 2-8　烧结空心砖外观质量　　　　　　　　　　　　　　(mm)

项　　目		优等品	一等品	二等品
弯曲	不大于	3	4	5
缺棱掉角的三个破坏尺寸	不得同时大于	15	30	40
未贯穿裂纹长度　　　　　　　不大于				
a. 大面上宽度方向及其延伸到条面上的长度		不允许	100	140
b. 大面上长度方向或条面上水平方向的长度		不允许	120	160
贯穿裂纹长度　　　　　　　　不大于				
a. 大面上宽度方向及其延伸到条面上长度		不允许	60	80
b. 壁、肋沿长度方向、宽度方向及其水平方向的长度		不允许	60	80
肋、壁内残缺长度　　　　　　不大于		不允许	60	80
完整面　　　　　　　　　　　不少于		一条面和一顶面	一条面和一顶面	—
欠火砖和酥砖		不允许		

注:凡有下列缺陷之一者,不能称为完整面:

　　1)缺损在条面或顶面上造成的破坏尺寸同时大于 20mm×30mm;

　　2)条面或顶面上裂纹宽度大于 1mm,其长度超过 70mm;

　　3)压陷、粘底、焦花在大面、条面上的凹陷或凸出超过 2mm,区域尺寸同时大于 20mm×30mm

表 2-9　粉煤灰砖外观质量

项　　目		指　　标		
		优等品	一等品	合格品
(1)尺寸允许偏差　不超过(mm)				
长度		±4	±3	±4
宽度		±3	±3	±4
高度		±3	±3	±3
(2)对应高度差　　不大于(mm)		1	2	3
(3)每一缺棱掉角的最小破坏尺寸　不大于(mm)		10	15	25
(4)完整面　　　　不少于		两条面和一顶面或二顶面和一条面	一条面和一顶面	一条面和一顶面
(5)裂纹长度　　　不大于(mm)				
a. 大面上宽度方向的裂纹(包括延伸到条面上的长度)		30	50	70
b. 其他裂纹		50	70	100
层裂		不允许		

二、砌筑施工工艺

(1)砖墙砌筑的组砌形式

一块砖有三个两两相等的面,最大的面叫作大面,较细长的一面叫条面,短的一面叫丁面。砖砌入墙体后,条面朝向操作者的叫顺砖,丁面朝向操作者的叫丁砖。

普通砖墙厚度有半砖、一砖、一砖半和二砖等,用普通黏土砖砌筑的砖墙,其组砌形式通常有一顺一丁、三顺一丁和梅花丁等如图2-3所示。烧结多孔砖宜采用一顺一丁、梅花丁和全顺的砌筑形式如图2-4所示,上下皮垂直灰缝相互错开1/4砖长。

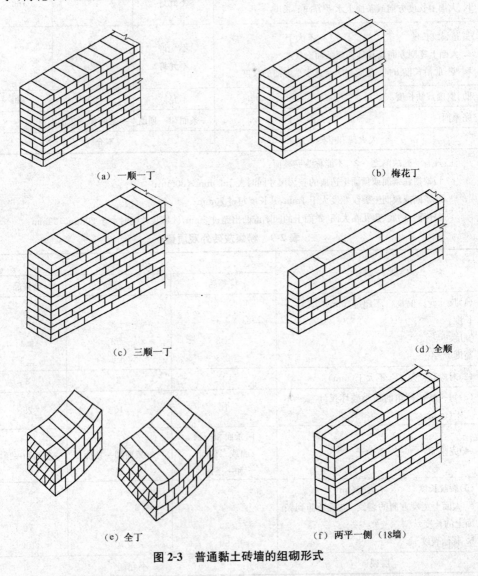

(a) 一顺一丁　　　　　　　　　　(b) 梅花丁

(c) 三顺一丁　　　　　　　　　　(d) 全顺

(e) 全丁　　　　　　　　　(f) 两平一侧（18墙）

图2-3　普通黏土砖墙的组砌形式

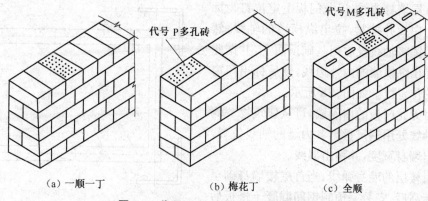

（a）一顺一丁　　　　（b）梅花丁　　　　（c）全顺

图 2-4　代号 P 和 M 的多孔砖砌筑形式

①一顺一丁砌法。也称满丁满条组砌法，由一皮顺砖、一皮丁砖组砌而成，上下皮之间竖向灰缝都相互错开 1/4 砖长。这种砌法整体性较好且砌筑效率较高，是最常用的一种组砌形式。

②三顺一丁砌法。三顺一丁砌法是采用三皮顺砖间隔一皮丁砖的组砌方法。上下皮顺砖搭接半砖长，丁砖与顺砖搭接 1/4 砖长，同时要求山墙与檐墙的丁砖层不在同一皮砖上，以利于错缝搭接。

这种砌法砌筑效率高，墙面易平整，多用于混水墙。

③梅花丁砌法。是在同一皮砖上采用两块顺砖夹一块丁砖的砌法，上下两皮砖的竖向灰缝错开 1/4 砖长。这种砌法整体性较好，灰缝整齐美观，但砌筑效率较低。

④其他砌法

a. 全顺砌法。全部采用顺砖砌筑，每皮砖上下搭接 1/2 砖长，适用于半砖墙的砌筑。

b. 全丁砌法。全部采用丁砖砌筑，每皮砖上下搭接 1/4 砖长，适用于圆形烟囱与窨井的砌筑。

c. 两平一侧砌法。当设计要求砌 180mm 或 300mm 厚砖墙时，可采用此砌法，即连砌两皮顺砖或丁砖，然后贴一层侧砖（条面朝下）。丁砖层上下皮搭接 1/4，顺砖层上下皮搭接 1/2 砖长。每砌两皮砖以后，将平砌砖和侧砖里外互换，即可组成两平一侧砌体。

（2）砖砌体砌筑工艺过程

砖砌体砌筑工艺过程包括找平、放线、摆砖、立皮数杆，盘角、挂线、砌砖和清理等工序。

①找平放线。在砌筑首层或楼层墙体之前，应先将基础防潮层或楼面上的灰砂泥土等杂物清理干净，并用水泥砂浆或豆石混凝土找平，使墙底面标高符合设计要求，上下层外墙应无明显接缝。找平后，即可进行墙身放线。

首层墙身放线，以龙门板上定位钉为标志拴上白线并挂紧，拉出纵横墙的轴线，然后用吊锤将轴线投放到基础顶面上，并据此轴线弹出纵横墙的内外边线，然后标出门窗洞口的位置线。如图2-5所示。

对无龙门板的内隔墙，可从建筑物一侧外墙轴线处用钢尺量出各内墙的轴线位置，再量出墙身宽度，并弹出墨线。

对楼层的墙身弹线，当首层楼墙身砌至设计标高后，安装完预制钢筋混凝土楼板后或现浇钢筋混凝土楼板达到设计强度75%后，在砌二层砖墙前应将轴线、标高由首层引测到二层，并应保证以上各层墙身轴线重合。

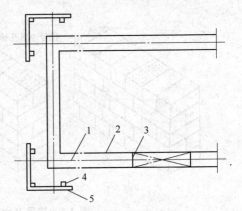

图2-5　墙身放线
1. 轴线　2. 内墙边线　3. 窗口位置线
4. 龙门柱　5. 龙门板

龙门板上的轴线应用经纬仪引测到首层外墙面做出标记。用水准仪把龙门板上的±0.00线引测到内、外墙角，并在墙面+0.50m处画出水平线称其为50线。二层或二层以上的各层轴线，可用经纬仪或线锤将首层墙上的轴线投测到各楼层上，再用钢尺量出各道墙宽边线，并弹出墨线；各层的门窗洞口和窗间墙一般也从下层用线锤吊上来，使上下各层对齐，保持在同一垂直线上。楼层轴线的引测，如图2-6所示。

②立皮数杆。皮数杆是画有洞口标高、砖行、灰缝厚、插铁埋件、过梁、楼板位置的木杆。经验线符合设计图纸尺寸要

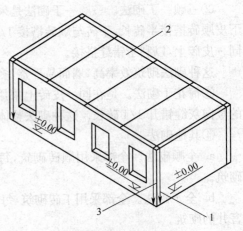

图2-6　楼层轴线的引测
1. 线锤　2. 等二层楼板　3. 轴线

求，应根据标高立皮数杆。皮数杆一般设置在墙的转角及纵横墙交接处，间距宜在15m以内，如图2-7所示。

皮数杆应钉于木桩上或绑在已扎好钢筋的构造柱上，皮数杆需用水准仪统一竖立，要求垂直、标高准确，同一道墙上的皮数杆在同一平面内。对照图纸核对皮数杆上的皮厚、窗台、门窗过梁、圈梁、雨篷、楼板等标高位置准确无误后，方可进行砌筑施工。

③摆砖撂底。是指在放线的基面上按选定的组砌方式用干砖试摆，使墙的砌筑保证门窗洞口和墙垛等处符合砖的模数，满足上下搭接错缝的要求，减少砍砖数量，

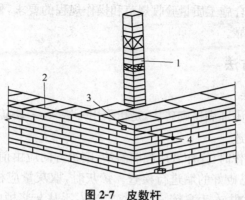

图 2-7　皮数杆

1. 皮数杆　2. 准线　3. 竹片　4. 铁钉

保证灰缝均匀,组砌得当。摆砖一般在房屋外纵墙方向摆顺砖,在山墙方向摆顶砖,从一个大角摆到另一个大角,在转角的位置处为了错缝应采用七分头,顺着顺砖排列。砖与砖间留 10mm 缝隙。

④盘角挂线。皮数杆通常立在墙角等部位,墙角砖层厚度与皮数杆相吻合且双向垂直是墙体质量的必要保证,为此,砌墙先从墙角开始,按标准要求先砌起几皮砖,俗称把大角或立头角,即盘角。盘角用的砖要整齐方正,七分头规整一致,头角垂直,砌砖时放平摆正。做到"三层一吊,五层一靠",及时检查校正。盘角后,经检查垂直,即可把准线挂在墙角处,此墙边准线是作为砌筑中间墙体的依据,以保证墙面平整。一般二四墙采用单面挂线,三七墙可采用单面或双面挂线,四九墙以上则应采用双面挂线。

准线应挂在墙角处,挂线时两端应固定拴牢且绷紧。为防止准线过长塌线,可在中间垫一块腰线砖。挂线及腰线砖如图 2-8 所示。在砌筑工程中,要经常检查有无砌体抗线(线向外拱)或塌腰以及风吹等因素导致的准线偏离,发现后要及时纠正,保证准线正确的位置。每砌完一皮砖后,由两端把大角的人逐皮往上起线。

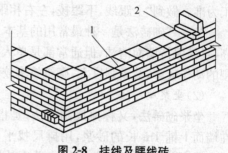

图 2-8　挂线及腰线砖

1. 小线　2. 腰线砖

⑤砌砖。砌砖经长期砌砖实践,已经总结出成熟的技术经验,被称为"二三八一"砌砖法即二种步法、三种身法、八种铺浆法和一种挤浆动作。这种砌砖法促使砌砖动作实现科学化、标准化,从而达到降低劳动强度,提高砌筑质量和效率的目的。

⑥勾缝。勾缝是砌清水墙的最后一道工序,具有保护墙面和增加墙面美观的作用。内墙面可采用砌筑砂浆随砌随勾缝,称为原浆勾缝;外墙面应待砌完整个墙体后,再用细砂拌制 1∶1.5 的水泥砂浆或加色砂浆勾缝,称加浆勾缝。

砌体的砌筑要符合施工质量验收规范和操作规程的要求，做到横平竖直，灰浆饱满、上下错缝、接槎可靠。

三、砌砖操作方法

(1)"三一"砌砖法

三一砌砖法又称满铺满挤砌砖法，是指采用一铲灰、一块砖、一挤揉的砌砖方法。具体操作顺序如下所述。

①铲灰取砖。操作时，操作者应顺墙斜站，砌筑方向应由前向后或由左至右退着砌，这样便于对前边已砌好的墙进行检查。铲灰时，取灰量应根据灰缝厚度，以够砌筑一块砖的需要量为准，右手拿铲，左手拿砖，当右手从灰浆桶中铲起一铲灰时，左手顺手取一块砖。

②铺灰。铺灰手法是甩浆，即将大铲上的灰准确地甩在要砌砖的位置上，甩浆有正手甩浆和反手甩浆。

甩浆法甩出砂浆的厚度应使摊铺面积正好能砌一块砖，不要铺得超过已砌完的砖太多，否则先铺的灰由于砖吸水分会变稠，不利于下一块砖揉挤。砌完砖应将灰缝缩入墙内10～12mm，即所说砌缩口灰，砂浆不铺到边，预留出勾缝深度。

③挤揉。当砂浆铺好后，左手拿砖在离已砌好的砖30～40mm处，开始平放并将砖稍稍蹭着灰面，把灰挤一点到砖顶头的立缝里，然后把砖揉一揉。顺手用大铲把挤出墙面上的灰刮起来，甩到前面立缝中或灰桶中。这些动作要连贯、快速。揉砖的目的，是使砂浆饱满并与砖更好地黏结，并同时摆正。砂浆稀或铺得薄时砖要轻揉；砂浆稠或铺得厚时则要用力揉，可前后或左右揉，将砖揉到上齐准线下跟砖棱，把砖摆正为准。做到"上跟线，下跟棱，左右相跟要对平"。

"三一"砌砖法是一种最常用的基本手法，该法灰缝饱满，黏结好，整体性好，强度高，且易保持墙面清洁，但通常都是单人操作，操作过程要取砖、铲灰、铺灰、转身、弯腰的动作较多，劳动强度大，砌筑效率较低。

(2)坐浆砌砖法

坐浆砌砖法，又称摊尺砌砖法，是指先在墙面上铺1m长的砂浆，用摊尺找平，然后在铺设好的砂浆上砌砖的一种方法，如图2-9所示。

坐浆砌砖法的步骤为：

通常使用瓦刀，操作时用灰勺和大铲舀砂浆，并均匀地倒在墙上，然后左手拿摊尺靠在墙的边棱上，右手用瓦刀把砂浆刮平。砌砖时左手拿砖，右手用瓦刀在砖的

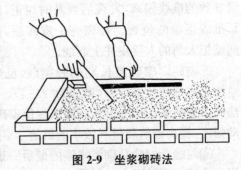

图 2-9　坐浆砌砖法

头缝处打上砂浆，随即砌上砖并压实。砌完一段铺灰长度后，将瓦刀放在最后砌完的砖上，转身再舀灰，如此逐段铺砌。每次砂浆摊铺长度应看气温高低、砂浆种类及砂浆稠度而定，不宜超过 1m，否则会影响砂浆与砖的黏结力。

（3）刮浆砌砖法

刮浆砌砖法是指在砌砖时，先用瓦刀将砂浆打在砖黏结面上和砖的灰缝处，然后将砖用力按在墙上的方法。

刮浆法有两种手法，一种是刮满刀灰，将砖底满抹砂浆；另一种是将砖底四边刮上砂浆，而中间留空，此种方法因灰浆不易饱满，降低砌体强度。故砌砖时一般应采用满刀灰刮浆法。

刮浆法具体操作方法：通常使用瓦刀，操作时右手拿瓦刀，左手拿砖，先用左手正手拿砖用瓦刀把砂浆刮在砖的侧面，然后再左手反手拿砖用瓦刀抹满砖的大面，并在另一侧刮上砂浆，要刮布均匀，中间不要留有空隙，四周可以稍厚一些，中间稍薄些。与墙上已砌好的砖接触的头缝即碰头灰也要刮上砂浆。当砖块刮好砂浆后，放在墙上，挤压至准线平齐。如有挤出墙面的砂浆须用瓦刀刮下填入头缝内。

这种方法砌筑的砖墙因砂浆刮得均匀，灰缝饱满，所以砖墙质量较好，但工效较低，通常仅用于铺砌砂浆有困难的部位，如砌平拱、弧拱、窗台虎头砖、花墙、炉灶、空斗墙等。

（4）砖砌体质量要求及保证措施

砖砌体的质量要求可用十六字概括为：横平竖直、砂浆饱满、组砌得当、接槎可靠。

①横平竖直。横平，即要求每一皮砖必须在同一水平面上，每块砖必须摆平。为此，首先应将基础或楼面抄平，砌筑时严格按皮数杆层层挂水平准线并要拉紧，每块砖按准线砌平。

竖直，即要求砌体表面轮廓垂直平整，且竖向灰缝垂直对齐。因而在砌筑过程中要随时用线锤和托线板进行检查，做到"三皮一吊、五皮一靠"，以保证砌筑质量。

②砂浆饱满。砂浆的饱满程度对砌体强度影响较大。砂浆不饱满，一方面造成砖块间黏结不紧密，使砌体整体性差，另一方面使砖块不能均匀传力。水平灰缝不饱满会引起砖块局部受弯、受剪而致断裂，所以为保证砌体的抗压强度，要求水平灰缝的砂浆饱满度不得小于 80%。竖向灰缝的饱满度对一般以承压为主的砌体的强度影响不大，但对砌体抗剪强度有明显影响。因而对于受水平荷载或偏心荷载的砌体，饱满的竖向灰缝可提高砌体的抗横向能力。况且竖缝砂浆饱满可避免砌体透风、漏水，且保温性能好。施工时竖缝宜采用挤浆或加浆方法，不得出现透明缝，严禁用水冲浆灌缝。

③组砌得当。为保证砌体的强度和稳定性，各种砌体均应按一定的组砌形式砌筑。其基本原则是上下错缝、内外搭砌，错缝长度一般不应小于 60mm，并避免墙面和内缝中出现连续的竖向通缝，同时还应考虑砌筑方便和少砍砖。

④接槎可靠。接槎是指先砌筑的砌体与后砌筑的砌体之间的接合。接槎方式合理与否对砌体的整体性影响很大,特别在地震区,接槎质量将直接影响到房屋的抗震能力,故应给予足够的重视。

砌基础时,内外墙的砖基础应同时砌起。如因特殊情况不能同时砌起时,应留置斜槎,斜槎的长度不应小于斜槎高度。

⑤砖砌筑操作要领概括为:"横平竖直,注意选砖,灰缝均匀,砂浆饱满,上下错缝,咬槎严密;上跟线,下跟棱,不游丁,不走缝"。还要注意以下注意事项。

a. 润砖。常温下,应在砌筑前 1~2d 浇水润砖,以各面浸入深度 15mm 为宜,太干的砖会过多的吸收砂浆的水分,不仅难于操作,还会降低砌筑强度;湿砖表面水分过多,表面的水膜增加砂浆水分,增大砂浆流动性,砌砖后灰缝过薄,且砂浆容易流淌,降低砌筑强度,影响墙面美观。

b. 选砖。同批砖外观质量有优劣,同一砖四面的颜色平整度也不完全相同,应该根据砌体部位不同,选配适宜的砖面。清水墙选砖尤为重要。应选取规格一致,颜色相同,光滑方整的砖面放在外面,方可保证墙面整齐美观。

选砖的要领是:"执一备二眼观三"。具体操作是用手掌托起砖块,在掌上旋转或翻转,观察和选定完好的砖面,用于所砌墙体部位。同时,在取砖时,对第二、三块砖也应预选。

c. 放砖。砖块在墙面上必须平整均匀,严禁倾斜,砌筑时应均匀水平的放置砖块,避免形成鱼鳞墙,影响美观。

d. 跟线穿墙。砌砖一定要跟线,要遵循"上跟线,下跟棱,左右相跟要对平"的口诀,即砖的上棱边应距线 1mm 左右,下棱边要与下皮已砌的砖棱平,左右前后位置要准确。

穿墙是指从上面第一块砖往下穿看到底,每皮砖都要在同一平面上,如有出入,及时修理纠正。

e. 自检。一般砌三层砖要用线锥吊大角,五皮砖用靠尺检查墙面垂直平整度,即所谓的"三层一吊、五层一靠"。

当砌到一步架时,要用托线板全面检查垂直及平整度,墙体大角应绝对垂直平整,若有偏差,及时纠正,严禁砸撬墙体。

f. 及时划缝。砌清水墙应随砌随划缝,划缝深度为 8~10mm,划缝应深浅一致,划缝完后用笤帚清扫干净,混水墙应随砌随刮净舌头灰。

g. 保持清洁,文明操作。铺灰挤浆时应保持墙面清洁,切勿掉、扔砖头,随时收起落地灰,做到活完脚底清。

四、各类砖砌体施工

砖砌体是由砖与砂浆组砌而成的,以烧结普通砖使用最为广泛。下面主要讨论烧结普通砖(以下简称砖)砌体的组砌方法。

（1）砖基础施工

①砖基础的组成。砖基础是用砖与砂浆组砌而成，由墙基和大放脚两部分组成。墙基与墙身同厚。大放脚可分为等高式和间隔式两种砌筑形式，如图 2-10 所示。等高式是每两皮一收，每边各收进 6cm，即 1/4 砖长。间隔式也称为不等高式，是两皮一收与一皮一收相间隔，每边也各收进 6cm，即 1/4 砖长。

大放脚的底宽由设计确定。大放脚各皮的宽度应为半砖长的整数倍（包括灰缝）。

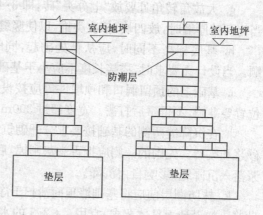

图 2-10 砖基础示意图

在大放脚下面为基础垫层，垫层一般用灰土、碎砖三合土或混凝土等。墙基顶面为防潮层，位置在底层室内地面以下一皮砖处。

②砖基础的组砌。

a. 砌筑前，应先将基础垫层表面的砂浆和杂物清除干净，并浇水湿润。基础垫层表面如有局部不平，高差超过 20mm 时应用细石混凝土找平，不得仅用砂浆找平，并用水准仪进行抄平，检查垫层顶面是否与设计标高相符合。

b. 砌筑基础前，必须用钢尺校核放线尺寸，允许偏差不应超过表 2-10 的规定。

表 2-10 放线尺寸的允许偏差

长度 L、宽度 B(m)	允许偏差(mm)	长度 L、宽度 B(m)	允许偏差(mm)
L(或 B)≤30	±5	60<L(或 B)≤90	±15
30<L(或 B)≤60	±10	L(或 B)>90	±20

c. 用方木或角钢制作的皮数杆应设在转角处、交接处及有高差的地方，并进行抄平，使杆上所示±0 的标高线与设计的±0 标高相一致。基础皮数杆上应标明大放脚的皮数、退台、基础底标高、顶标高以及防潮层的位置等。

d. 撂底也叫排砖，是在砌筑基础前，先用干砖试摆，以确定排砖方法和错缝位置。排砖撂底后，可按皮数杆先在转角及交接处砌部分砖，每次砌筑高度不应超过 5 皮，然后再在其间拉线砌中间部分，砌转角及交接处砖时应随砌随靠平吊直，并应拉通线，240mm 厚墙采用单面挂线，370mm 以上墙则采用双面挂线，以确保基础砌体横平竖直。挂线时，尽量不要用皮数杆作为挂线杆。

e. 大放脚最下一皮砖及每个台阶的最上一皮砖应丁砌，即退台的每个台阶上面一皮砖宜为顶砖，这样传力好，砌筑及回填土时，不易将退台砖碰掉。

f. 大放脚部分一般采用一顺一丁砌法，竖缝错开 1/4 砖长，十字及丁字接头处要隔皮砌通。

g. 大放角转角处要放"七分头"砖,即 3/4 砖,当为一砖半厚墙时,放三块七分头;当为两砖厚墙时,放四块;依次类推,以使竖缝上、下错开。

h. 基底标高不同时,应从低处砌起,同时要经常拉线检查,以保证砌体平直通顺。当设计无要求时,搭接长度不应小于基础扩大部分的高度。

i. 基础上的预留洞口和预埋件等应按设计的标高和位置在砌筑时留置或预埋,位置要准确,不得事后打凿。宽度超过 300mm 的洞口,应设拱或过梁。

j. 在沉降缝两侧的基础按要求分开砌筑,缝的宽度要一致,缝中不能落入杂物如砂浆和废砖。先砌的一侧应把舌头灰刮掉,后砌的一侧应采用缩口灰的方法,避免砂浆落入沉降缝,影响自由沉降。

k. 抹防潮层前应将基础墙顶面清扫干净并将活动砖修好,洒水湿润随即抹防水砂浆。如设计无具体要求,宜用 1∶2.5 的水泥砂浆加适量的防水剂铺设,其厚度一般为 20mm,位置在底层室内地坪以下一皮砖处,即离底层室内地面下 60mm 处。也可用 60mm、C20 细石混凝土做防潮层,或用 120～240mm、C20 混凝土地梁代防潮层。

l. 基础大放脚砌至墙身时,应拉线检查轴线及边线,确保基础墙身位置正确,同时要对照皮数杆的砖层及标高,如出现高低差时,应在水平灰缝中逐渐调整,使墙体层数与皮数杆一致。

m. 砌完基础后,应及时回填,基础墙两侧的回填土应同时进行,否则未填土一侧应加支撑;回填土运输时,禁止在墙顶上推车运土,以免损坏墙顶。回填土的施工,应符合施工质量验收规范的要求。

(2)实心砖墙

①砌筑前的准备。

a. 砌筑前,先将砌筑部位清理干净,洒水湿润。

b. 根据放出的墙身中心线及边线排砖撂底。

c. 在墙体转角处及交接处立皮数杆,间距不超过 15m。

d. 砌墙前应先盘角,每次盘角砌筑高度不超过 5 皮,并及时吊靠,发现偏差及时纠正。

e. 盘角砌筑完成后,才可正式挂线砌墙。砌一砖厚及以下墙,可单面挂线,其余必须双面挂线。

②砌筑时的注意事项。

a. 砌砖操作方法宜采用"三一"砌砖法,即"一铲灰、一块砖、一挤揉",采用铺浆法操作时,铺浆长度不得超过 750mm;气温超过 30℃时,铺浆长度不得超过 500mm。

b. 砖砌体水平灰缝砂浆饱满度不得低于 80%,竖向灰缝宜采用挤浆或加浆方法,使其砂浆饱满,严禁用水冲浆灌缝。

c. 砖墙转角处,每皮砖均需加砌七分头砖。当采用一顺一丁砌筑形式时,七分头砖的顺面方向依次砌顺砖,丁面方向依次砌丁砖。

d. 砖墙的丁字交接处,横墙的端头隔皮加砌七分头砖,纵墙隔皮砌通。当采用一顺一丁砌筑形式时,七分头砖丁面方向依次砌丁砖。

e. 砖墙的十字交接处,应隔皮纵横墙砌通,交接处内角的竖缝应上下相互错开1/4砖长。

f. 每层承重墙的最上一皮砖,应用整砖丁砌,在梁或梁垫下面及挑檐、腰线等处,也应用整砖丁砌。

g. 宽度小于1m的窗间墙,应选用整砖砌筑,半砖和破损的砖应分散使用在受力较小的墙体中,小于1/4砖块体积的碎砖不能使用。

h. 搁置预制梁、板的砌体顶面应找平,安装时应坐浆。当设计无具体要求时,应采用1:5.5的水泥砂浆。

i. 墙体工作段的分段位置,宜设在伸缩缝、沉降缝、防震缝、构造柱或门窗洞口处。相邻工作段的高度差,不得超过一个楼层的高度,也不宜大于4m。砌体临时间断处的高度差,不得超过一步脚手架的高度。

j. 伸缩缝、沉降缝、防震缝中,不得夹有砂浆、碎砖和其他杂物。穿过变形缝的管道应有补偿装置。

k. 房屋相邻部分高差较大时,应先砌高层部分,以尽量减少可能发生的墙体变形。

l. 尚未施工楼板或屋面的墙或柱,当可能遇到大风时,其允许自由高度不得超过表2-11的规定。如超过表中限值时,必须采用临时支撑等有效措施。

表 2-11　墙和柱的允许自由高度

墙(柱)厚 (cm)	墙和柱的允许自由高度(m)					
	砌体容重＞1600kg/m³ (石墙、实心砖墙)			砌体容重 1300～1600kg/m³ (空心砖墙、空斗墙)		
	风载(10N/m³)			风载(10N/m³)		
	30 (大致相当于7级风)	40 (大致相当于8级风)	60 (大致相当于9级风)	30 (大致相当于7级风)	40 (大致相当于8级风)	60 (大致相当于9级风)
19	—	—	—	1.4	1.1	0.7
24	2.8	2.1	1.4	2.2	1.7	1.1
37	5.2	3.9	2.6	4.2	3.2	2.1
49	8.6	6.5	4.3	7.0	5.2	3.5
62	14.0	10.5	7.0	11.4	8.6	5.71

注:1)本表适用于施工处相对标高(H)在10m范围内的情况。如10m<H≤15m,15m<H≤20m时,表中的允许自由高度应分别乘以0.9、0.8的系数;如H>20m时,应通过抗倾覆验算确定其允许自由高度。

2)当所砌筑的墙有横墙或其他结构与其连接,而且间距小于表列限值的2倍时,砌筑高度可不受本表的限制。

③保证整体性的措施。砖墙的转角处和交接处应同时砌筑。对不能同时砌筑而又必须留置的临时间断处,应砌成斜槎,斜槎长度不应小于斜槎高度的2/3,如图2-11所示。如留斜槎确有困难,除转角处外,也可留直槎,但必须做成阳槎,并加设拉结筋,拉结筋的数量为每120mm增厚放置1根$\phi6$的钢筋,间距沿墙高不得超过500mm,埋入长度从墙的留槎处算起,每边均不应小于500mm,末端应有90°弯钩,如图2-12所示。抗震设防地区建筑物的临时间断处不得留直槎。

隔墙与承重墙或柱不同时砌筑而又不留成斜槎时,可从承重墙或柱中引出阳槎,或于墙或柱的灰缝中预埋拉结筋,其做法与直槎相同,但每道墙不得少于2根。

框架结构房屋的填充墙,应与框架中的预埋筋拉结,隔墙和填充墙的顶面一皮砖宜用侧砖斜砌挤紧。

墙体抗震拉结筋的位置、规格、数量、间距、长度、弯钩等均应按设计要求留置,不得错放漏放。

④烧结空心砖砌体。空心砖墙应侧砌,其孔洞呈水平方向,上下皮垂直灰缝相互错开1/2砖长。空心砖墙底部宜砌3皮烧结普通砖如图2-13所示。

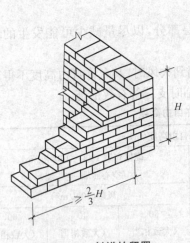

图 2-11　斜槎的留置

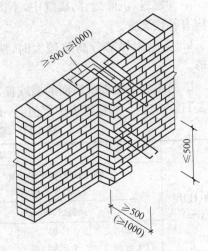

图 2-12　拉结钢筋的设置

空心砖墙与烧结普通砖交接处,应以普通砖墙引出不小于240mm长与空心砖墙相接,并与隔2皮空心砖高在交接处的水平灰缝中设置$2\phi6$钢筋作为拉结筋,拉结钢筋在空心砖墙中的长度不小于空心砖长加240mm如图2-14所示。

空心砖墙的转角处,应用烧结普通砖砌筑,砌筑长度角边不小于240mm。

空心砖墙砌筑不得留置斜槎或直槎,中途停歇时,应将墙顶砌平。在转角处、交接处,空心砖与普通砖应同时砌起。

空心砖墙中不得留置脚手眼,不得对空心砖进行砍凿。

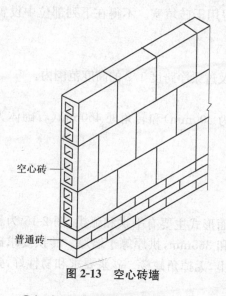

图 2-13 空心砖墙

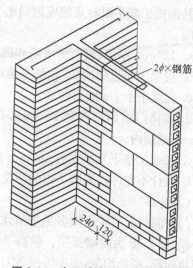

图 2-14 空心砖墙与普通砖墙交接

⑤门窗洞口及窗间墙砌法。当墙体砌到窗台标高时,应对立好的窗框进行检查。如窗框为后塞口时,应在墙面上按图画出分口线,留置窗洞。

砌窗间墙应拉通线,对称砌筑,并注意顶顺咬合,避免通缝。当先立门窗框时,墙与门窗框应留 3mm 缝隙,并把门窗框上下走头砌入墙中卡紧,将门窗固定。当门窗为后塞口时,应在两边墙中砌入防腐木砖,门窗洞口两侧的预埋木砖,应先做好防腐处理;埋置时应小头在外,大头在内;洞口高度在 1.2m 以内时,每边放 2 块;洞口高度在 1.2~2m 时,每边放 3 块;高度在 2~3m 时,每边放 4 块。预埋木砖的部位一般在距洞口上下边四皮砖处的中间均匀分布。钢门窗安装的预留孔、硬架支撑,暖卫管道均应按设计要求预留,不得事后剔凿。窗间墙应高出门窗上口 10mm,以防安装过梁后下沉压推。

安装完过梁后,拉通线砌窗上墙。当每一楼层的墙体砌完后,砖墙应处于同一标高上,楼板下的砖应砌一皮顶砖层。

⑥窗台的砌法。窗台的做法,如为预制钢筋混凝土窗台板时,可抹水泥砂浆后铺设,若为砖砌窗台则用顶砖挑出,在窗洞口下皮开始砌筑。

若用侧砖挑出,则应在窗洞口下两皮开始砌窗台。窗台砌砖应过分口线 60~120mm,挑出墙面 60mm,出檐砖的立缝要打碰头灰。

窗台砌虎头砖时,先把窗台两边的虎头砖砌上,然后拉一根小线再砌内侧砖。虎头砖向外砌成斜坡,里面比外面高出 20~30mm,以利于排水。

⑦脚手眼。采用单挑脚手架时,小横杆(也称六尺杠子)的一端要搭入砖墙上,故在砌墙时,必须预先留出脚手眼。脚手眼一般从 1.5m 高处开始预留,水平间距为 1m,孔眼的尺寸上下各为一丁砖,中间为一顺砖,呈十字形,深度为一砖。孔眼的上面再砌三皮砖,用以保护砌好的砖。钢管单排脚手眼,可留一丁砖大小。

补砌施工脚手眼时灰缝应饱满密实,不得用干砖填塞。不得在下列部位中设置脚手眼:

　　a. 120mm 厚墙、料石清水墙和独立柱。

　　b. 过梁上与过梁成 60°角的三角形范围及过梁净跨度 1/2 的高度范围内。

　　c. 宽度小于 1m 的窗间墙。

　　d. 砌体门窗洞口两侧 200mm(石砌体为 300mm)和转角处 450mm(石砌体为 600mm)范围内。

　　e. 梁或梁垫下及其左右 500mm 范围内。

　　f. 设计不允许设置脚手眼的部位。

（3）砖拱

门窗洞口上的砖砌拱多见于清水墙,立面形式主要有平拱和弧拱,图 2-15 为斜砖平拱、图 2-16 为砖砌弧拱。拱高 240mm 和 365mm,拱厚等于墙厚。砖拱要求砖的规格标准,颜色均匀,强度等级 MU7.5 以上,无掉角缺棱。砂浆要求和易性好,强度等级 M5 以上。

砖平拱主要有立砖平拱和斜砖平拱两种。

①立砖平拱的两端没有坡度,砌墙至拱脚时,退出 20～30mm 的错台,在拱底处支设模板,模板中部应有 1%的起拱。砖的块数必须为单数,并在模板上画出砖和灰缝的位置和宽度,砌时挂线,从两边对称向中间挤砌,每块砖要对准模板上的画线,中间的最后一块砖应两面抹灰,向下挤放。

②斜砖平拱砌筑方法基本同立砖平拱,只是拱脚两边的墙端砌成 1∶4～1∶5 斜度的斜面,灰口为上宽下窄的楔形,拱顶灰缝宽度不大于 15mm,拱底灰口宽度不小于 5mm。

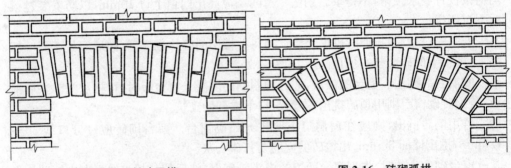

图 2-15　斜砖平拱　　　　　　　　图 2-16　砖砌弧拱

③砖弧拱构造与砖平拱相同,但外形呈圆弧形。砌筑时从两侧向中间砌,灰缝呈上宽下窄的放射状,拱顶灰缝宽度不大于 25mm,拱底灰缝宽度不小于 5mm;若采用加工好的楔形砖砌筑,灰缝厚度应上下一致,控制在 8～10mm。砖拱底部的模板,应在砂浆达到其设计强度的 50%以上时,才能拆除。

（4）钢筋砖过梁的砌法

当砖砌的门窗洞口平口时，搭放支撑胎模，中间起拱 1%，洒水湿润，上铺 30mm 厚的 1：3 水泥砂浆层，把钢筋埋入砂浆中，钢筋两端弯成直角弯钩向上伸入墙内不小于 240mm，并置于浆缝内。第一皮应砌成顶砖，每砌完一皮砖应用稀砂浆灌缝，使砂浆密实饱满。当砂浆强度达到设计强度 50% 以上时方可拆除过梁底模。

在过梁范围内，砖的强度等级不低于 MU10，砂浆的强度等级不低于 M5，砌筑形式宜用一顺一顶或梅花丁，钢筋直径应由计算确定。水平间距应不大于 120mm，一般不宜少于 2φ6 钢筋。构造如图 2-17 所示。

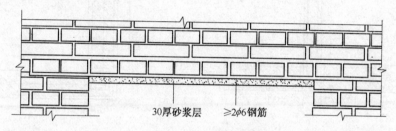

30厚砂浆层　≥2φ6钢筋

图 2-17　钢筋砖过梁

（5）钢筋混凝土构造柱的施工

砌筑砖墙时，应在设计规定的部位预留构造柱的豁槎，称为马牙槎。按结构构造规定每个马牙槎沿高度方向的尺寸不宜超过 300mm（5 皮砖高），每个马牙槎退进应不小于 60mm 如图 2-18 所示，故可留五进五退的大马牙槎。

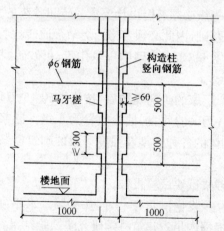

φ6钢筋　构造柱竖向钢筋

马牙槎　≥60

500

500

≤300

楼地面

1000　1000

图 2-18　砖墙的马牙槎布置

构造柱必须牢固地生根于基础或圈梁上，砌筑墙体时应保证构造柱截面尺寸，构造柱最小截面可采用 240mm×180mm。纵向钢筋可采用 4φ12 的钢筋；箍筋间距不宜大于 250mm，且在柱上下端宜适当加密。

构造柱与圈梁连接处，构造柱的纵筋应穿过圈梁，保证构造柱纵筋上下贯通。

砖墙与构造柱连接处,应按要求砌入拉结钢筋,拉结钢筋的数量为每 120mm 墙厚放置一根 φ6 钢筋,间距沿墙高不得超过 500mm,每边伸入墙内均不应小于 1000mm,且钢筋末端应做成 90°弯钩如图 2-19 所示。

构造柱在浇筑混凝土前,应清除干净钢筋上的干砂浆块,清除柱内碎砖杂物,支好模板,分层浇筑混凝土,并振捣密实。构造柱的混凝土强度等级不应低于 C20,钢筋宜用 HRB 钢筋,钢筋混凝土保护层厚度宜为 20mm,且不小于 15mm。

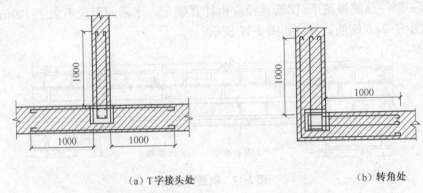

（a）T字接头处　　　　　　　　　　　　（b）转角处

图 2-19　砖墙与构造柱水平拉结钢筋的布置

五、砖砌体质量控制与检验

(1)主控项目

①砖和砂浆的强度等级必须符合设计要求。砖和砂浆的强度等级符合设计要求是保证砌体受力性能的基础,因此必须合格。烧结普通砖检验批数量的确定,应参考砌体检验批划分的基本数量(250m³ 砌体);多孔砖、灰砂砖、粉煤灰砖检验批数量的确定均按产品标准决定。

抽检数量:每一生产厂家的砖到现场后,按烧结砖 15 万块、多孔砖 5 万块、灰砂砖及粉煤灰砖 10 万块各为一验收批,抽检数量为 1 组。砂浆试块检验数量:每一检验批且不超过 250m³ 砌体的各种类型及强度等级的砌筑砂浆,每台搅拌机至少抽检一次。

检验方法:查砖和砂浆试块试验报告。

②砌体水平灰缝的砂浆饱满度不得小于 80%。水平灰缝砂浆饱满度不小于 80% 的规定沿用已久,根据四川省建筑科学研究院试验结果,当水泥混合砂浆水平灰缝饱满度达到 73.6% 时,则可满足设计规范所规定的砌体抗压强度值。有特殊要求的砌体,指设计中对砂浆饱满度提出明确要求的砌体。

抽检数量:每检验批抽查不应少于 5 处。

检验方法:用百格网检查砖底面与砂浆的黏结痕迹面积。每处检测 3 块砖,取其平均值。

③砖砌体的转角处和交接处应同时砌筑，严禁无可靠措施的内外墙分砌施工。对不能同时砌筑而又必须留置的临时间断处应砌成斜槎，斜槎水平投影长度不应小于高度的2/3。砖砌体转角处和交接处的砌筑和接槎质量，是保证砖砌体结构整体性能和抗震性能的关键之一。

抽检数量：每检验批抽20％接槎，且不应少于5处。

检验方法：观察检查。

④非抗震设防及抗震设防烈度为6度、7度地区的临时间断处，当不能留斜槎时，除转角处外，可留直槎，但直槎必须做成凸槎。留直槎处应加设拉结钢筋，拉结钢筋的数量为每120mm墙厚放置1φ6拉结钢筋（120mm厚墙放置2φ6拉结钢筋），间距沿墙高不应超过500mm；埋入长度从留槎处算起每边均不应小于500mm，对抗震设防烈度6度、7度的地区，不应小于1000mm；末端应有90°弯钩，如图2-19所示。对抗震设计烈度为6度、7度地区的临时间断处，允许留直槎并按规定加设拉结钢筋，这主要是从实际出发，在保证施工质量的前提下，留直槎加设拉结钢筋时，其连接性能较留斜槎时降低有限，对抗震设计烈度不高的地区允许采用留直槎加设拉结钢筋是可行的。

多孔砖砌体根据砖规格尺寸，留置斜槎的长高比一般为1：2。

抽检数量：每检验批抽20％接槎，且不应少于5处。

检验方法：观察和尺量检查。

合格标准：留槎正确，拉结钢筋设置数量、直径正确，竖向间距偏差不超过100mm，留置长度基本符合规定。

⑤砖砌体的位置及垂直度允许偏差应符合表2-12的规定。

表2-12　砖砌体的位置及垂直度允许偏差

项次	项目			允许偏差（mm）	检验方法
1	轴线位置偏移			10	用经纬仪和尺检查或用其他测量仪器检查
2	垂直度	每层		5	用2m托线板检查
		全高	≤10m	10	用经纬仪、吊线和尺检查，或用其他测量仪器检查

抽检数量：轴线查全部承重墙柱；外墙垂直度全高查阳角，不应少于4处，每层每20m查一处；内墙按有代表性的自然间抽10％，但不应少于3间，每间不应少于2处，柱不少于5根。

（2）一般项目

①砖砌体组砌方法应正确，上、下错缝，内外搭砌，砖柱不得采用包心砌法。

抽检数量：外墙每20m抽查一处，每处3～5m，且不应少于3处；内墙按有代表性的自然间抽10％，且不应少于3间。

检验方法：观察检查。

合格标准:除符合本条要求外,清水墙、窗间墙无通缝;混水墙中长度大于或等于300mm 的通缝每间不超过 3 处,且不得位于同一面墙体上。

②砖砌体的灰缝应横平竖直,厚薄均匀。水平灰缝厚度宜为 10mm,但不应小于8mm,也不应大于 12mm。灰缝横平竖直,厚薄均匀,既是对砌体表面美观的要求,尤其是清水墙,又有利于砌体均匀传力。

抽检数量:每步脚手架施工的砌体,每 20m 抽查 1 处。

检验方法:用尺量 10 皮砖砌体高度折算。

③砖砌体的一般尺寸允许偏差应符合表 2-13 的规定。砖砌体一般尺寸偏差,虽对结构的受力性能和结构安全性不会产生重要影响,但对整个建筑物的施工质量、经济性、简便性、建筑美观和确保有效使用面积产生影响,故施工中对其偏差也应予以控制。

表 2-13　砖砌体一般尺寸允许偏差

项次	项　目		允许偏差(mm)	检验方法	检验数量
1	基础顶面和楼面标高		±15	用水平仪和尺检查	不应少于 5 处
2	表面平整度	清水墙、柱	5	用 2m 靠尺和楔形塞尺检查	有代表性自然间 10%,但不应少于 3 间,每间不应少于 2 处
		混水墙、柱	8		
3	门窗洞口高、宽(后塞口)		±5	用尺检查	检验批洞口的 10%,但不应少于 5 处
4	外墙上下窗口偏移		20	以底层窗口为准用经纬仪或吊线检查	检验批的 10%,且不应少于 5 处
5	水平灰缝平直度	清水墙	7	拉 10m 线和尺检查	有代表性自然间 10%,但不应少于 3 间,每间不应少于 2 处
		混水墙	10		
6	清水墙游丁走缝		20	吊线和尺检查,以每层第一皮砖为准	有代表性自然间 10%,但不应少于 3 间,每间不应少于 2 处

第二节　混凝土小型空心砌块砌体工程

一、施工准备

小砌块应按现行国家标准混凝土小型空心砌块及出厂合格证进行验收,必要时可现场取样进行检验。装卸小砌块时严禁倾卸丢掷并应堆放整齐。堆放小砌块应符合下列要求:运到现场的小砌块应分规格型号、分强度等级堆放,堆垛上应设标志,堆放现场必须预先夯实平整并做好排水。小砌块的堆放高度不宜超过 1.6m,并不得着地堆放。堆垛之间应保持适当的通道。

施工前,应用钢尺校核房屋的放线尺寸,并按照图纸要求弹好墙体轴线、中心线或墙体边线。砌块砌筑前,应根据建筑物的平面、立面图绘制小砌块排列图如图 2-20 所示,计算出各种规格砌块的数量。排列时应根据小砌块规格、灰缝厚度和宽度、过梁与圈梁的高度、预留洞大小、门窗洞口尺寸、芯柱或构造柱位置、开关管线插座敷设部位等进行对孔错缝搭接排列,并以主规格小砌块为主辅以相应的配套块。

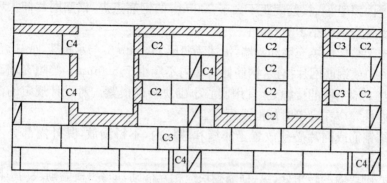

图 2-20 砌块排列图

二、砌块墙体施工

小型砌块的施工方法同砖砌体施工方法一样,主要是手工砌筑。

施工要点:

①砌筑应从转角或定位砌块处开始。

②砌筑时应尽量采用主规格 390mm×190mm×190mm 小砌块,辅以相应的配套块。

③小砌块砌筑应逐块砌筑,随铺随砌,砌体灰缝应横平竖直。水平灰缝需用坐浆法满铺小砌块全部壁肋或多排孔小砌块的封底面;竖向灰缝应将小砌块段面朝上铺满砂浆再上墙挤紧。全部灰缝均应铺填砂浆,水平灰缝的砂浆饱满度不得低于 90%,竖缝的砂浆饱满度不得低于 80%,竖缝凹槽部位应用砌筑砂浆填实,砌筑中不得出现瞎缝、透明缝。砌体的水平灰缝厚度和竖直灰缝宽度应为 10mm,控制在 8～12mm。砌筑时的铺灰长度不得超过 800mm,严禁用水冲浆灌缝。当缺少辅助规格小砌块时,墙体通缝不应超过两皮。

④砌清水墙面应随砌随勾缝,并要求光滑、密实、平整。拉结钢筋或网片必须放置于灰缝和芯柱内,不得漏放,其外露部分不得随意弯折。

⑤小砌块搭接。

ⓐ小砌块墙体砌筑形式必须每皮顺砌,应对孔错缝搭砌,竖缝错开长度应不小于砌块长度的 1/2。个别情况下因设计原因无法对孔砌筑时,可错孔砌筑,搭接长度不应小于 90mm。使用多排孔小砌块砌筑墙体时,无对孔要求,但应错缝搭砌,普通混凝土搭接长度不应小于 90mm,轻骨料混凝土小砌块错缝长度不应小于 120mm。墙

体的个别部位不能满足上述要求时,应在水平灰缝中设置φ4拉结钢筋或钢筋网片,网片两端距离该垂直灰缝各不小于400mm。

ⓑ内外墙必须同时砌筑,纵横墙交错搭接,对于承重墙体的交接处和外墙的转角处要特别注意搭接,以保证房屋的整体性。

ⓒ非承重隔墙不与承重墙(或柱)同时砌筑时,应沿承重墙(或柱)高每隔400mm在水平灰缝内预埋φ4、横筋间距不大于200mm的钢筋点焊,钢筋网片伸入后砌隔墙内与伸出墙外均不应小于600mm。

ⓓ对框架结构的填充墙和隔墙,沿墙高每隔600mm应与承重墙(或柱)预埋钢筋(一般为2φ6)或钢筋网片拉接,钢筋伸入墙内不应小于600mm。当填充墙砌至顶面最后一皮与上部结构的接触处,宜用实心小砌块斜砌楔紧。对设计规定的洞口管道沟槽和预埋件等应在砌筑时预留或预埋。

ⓔ拉结钢筋或网片必须放置于灰缝和芯柱内,不得漏放,其外露部分不得随意弯折。

ⓕ空心砌块墙的转角处,纵、横砌块应相互搭砌,即纵、横墙砌块均应隔皮端面露头。砌块墙的T字交接处,应使横墙砌块隔皮端面露头,为避免出现通缝,纵墙在交接处改砌两块辅助规格小砌块(尺寸为290mm×190mm×190mm,一端开口),所有露端面用水泥砂浆抹平。如图2-21和图2-22所示。

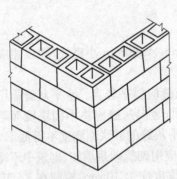

图 2-21　混凝土空心砌块墙转角砌法

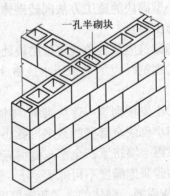

图 2-22　混凝土空心砌块墙 T 字交接处砌法

墙转角处和纵横墙交接处应同时砌筑。墙体临时间断处应设在门窗洞口边并砌成斜槎,斜槎长度不应小于其高度的2/3(一般按一步脚手架高度控制)。如留斜槎有困难,除外墙转角处及抗震设防地区墙体临时间断处不应留直槎外,可从墙面伸出砌成阴阳槎,并沿墙高每三皮砌块,设拉结筋或钢筋网片,接槎部位宜延至门窗洞口。如图2-23所示。

ⓖ在墙体的下列部位,应用C20混凝土填实砌块的孔洞:

ⓐ底层室内地面以下或防潮层以下的砌体。

ⓑ无圈梁的预制楼板支承面下,应采用实心小砌块或用C20混凝土填实一皮

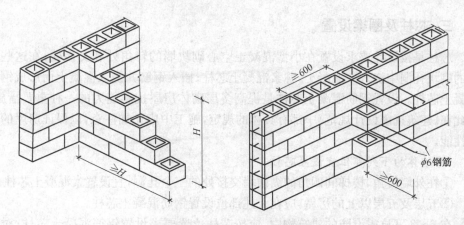

图 2-23   小砌块砌体斜槎和直槎

砌块。

ⓒ墙上现浇混凝土圈梁等构件时,必须把将用作梁底模的一皮小砌块孔洞预先填实 140mm 高的 C20 混凝土或采用实心小砌块。

ⓓ没有设置混凝土垫块的屋架、梁等构件支承面下,高度不应小于 600mm,长度不应小于 600mm 的砌体。

ⓔ挑梁支承面下内外墙交接处,距墙中心线每边不应小于 300mm,高度不应小于 600mm 的砌体。

⑦对设计规定的洞口、管道、沟槽和预埋件等应在砌筑时预留或预埋,不得在已砌筑的墙体打洞和凿槽,在小砌块墙体中不得预留水平沟槽。

⑧水电管线的敷设安装必须按小砌块排列图要求与土建施工的进度密切配合,严禁事后凿槽打洞。

⑨小砌块砌体砌筑时应采用双排外脚手架或里脚手架,墙体内不宜设脚手眼,如必须设置时可用辅助规格 190mm×190mm×190mm 小砌块侧砌,利用其孔洞作脚手眼,砌体完工后用 C15 混凝土填实。但在墙体下列部位不得设置脚手眼:

ⓐ过梁上部,与过梁成 60°角的三角形及过梁跨度 1/2 范围内;

ⓑ宽度不大于 800mm 的窗间墙;

ⓒ梁和梁垫下及左右各 500mm 的范围内;

ⓓ门窗洞口两侧 200mm 内和砌体交接处 400mm 的范围内;

ⓔ设计规定不允许设脚手眼的部位。

⑩墙体施工段的分段位置宜设在伸缩缝、沉降缝、防震缝、门窗洞口或构造柱处。砌体相邻工作段的高度差不得大于一个楼层或 4m。

⑪砌筑高度应根据气温、风压、墙体部位及小砌块材质等不同情况分别控制,常温条件下的日砌筑高度普通混凝土小砌块控制在 1.8m 内,轻骨料混凝土小砌块控制在 2.4m 内。

三、芯柱及圈梁设置

芯柱是按设计要求设置在小型混凝土空心砌块墙的转角处和交接处,在这些部位的砌块孔洞中浇入素混凝土,称素混凝土芯柱;插入钢筋并浇入混凝土而形成钢筋混凝土芯柱。设置钢筋混凝土芯柱是提高多层砌体房屋抗震能力的一种重要措施,为此在《建筑抗震设计规范》中都有具体的规定,施工中应尤加注意,以保证房屋的抗震性能。

(1)墙体的下列部位宜设置芯柱

①在外墙转角、楼梯间四角的纵横墙交接处的三个孔洞,宜设置素混凝土芯柱。

②五层及五层以上的房屋,应在上述部位设置钢筋混凝土芯柱。

在 6～8 度抗震设防的建筑物中,应按芯柱位置要求设置钢筋混凝土芯柱;对医院、教学楼等横墙较少的房屋,应根据房屋增加一层的层数,按表 2-14 的要求设置芯柱。

表 2-14　抗震设防区小砌块房屋芯柱设置要求

房屋层数			设 置 部 位	设 置 数 量
6 度	7 度	8 度		
四、五	三、四	二、三	外墙转角,楼梯间四角;大房间内外墙交接处;隔 15m 或单元横墙与外纵墙交接处	外墙转角,灌实 3 个孔;内外墙交接处,灌实 4 个孔
六	五	四	外墙转角,楼梯间四角;大房间内外墙交接处,山墙与内纵墙交接处,隔开间横墙(轴线)与外纵墙交接处	
七	六	五	外墙转角,楼梯间四角;各内墙(轴线)与外纵墙交接处;8、9 度时,内纵墙与横墙(轴线)交接处和洞口两侧	外墙转角,灌实 5 个孔;内外墙交接处,灌实 4 个孔;内墙交接处,灌实 4～5 个孔;洞口两侧各灌实 1 个孔
	七	六	同上;横墙内芯柱间距不宜大于 2m	外墙转角,灌实 7 个孔;内外墙交接处,灌实 5 个孔;内墙交接处,灌实 4～5 个孔;洞口两侧各灌实 1 个孔

注:外墙转角、内外墙交接处、楼电梯间四角等部位,应允许采用钢筋混凝土构造柱替代部分芯柱。

1)芯柱截面不宜小于 120mm×120mm。

2)芯柱应伸入室外地面下 500mm 或与埋深小于 500mm 的基础圈梁相连。

3)替代芯柱的构造柱,最小截面为 190mm×190mm。

(2)芯柱的构造要求

①芯柱截面不宜小于 120mm×120mm,宜用不低于 C20 的细石混凝土浇灌。

②钢筋混凝土芯柱每孔内插竖筋不应小于 1ϕ10,底部应伸入室内地面下 500mm 或与基础圈梁锚固,顶部与屋盖圈梁锚固。

③芯柱应沿房屋的全高贯通,并与各层圈梁整体现浇,可采用图 2-24 所示的

做法。

④在钢筋混凝土芯柱处,沿墙高每隔600mm 应设 φ4 钢筋网片拉结,每边伸入墙体不小于 600mm 如图 2-25 所示。

(3)小砌块房屋中替代芯柱的钢筋混凝土构造柱应符合的构造要求

①构造柱最小截面可采用 190mm × 190mm,纵向钢筋宜采用 4φ12,箍筋间距不宜大于 250mm,且在柱上下端宜适当加密;7度时超过 5 层、8 度时超过 4 层和 9 度时,构

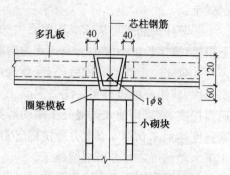

图 2-24　芯柱贯穿楼板的构造

造柱纵向钢筋宜采用 4φ14,箍筋间距不应大于 200mm;外墙转角的构造柱可适当加大截面及配筋。

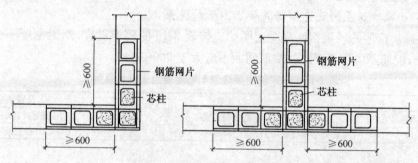

图 2-25　钢筋混凝土芯柱处拉筋

②构造柱与砌块墙连接处应砌成马牙槎,与构造柱相邻的砌块孔洞,6 度时宜填实,7 度时应填实,8 度时应填实并插筋;沿墙高每隔 600mm 应设拉结钢筋网片,每边伸入墙内不宜小于 1m。

③构造柱与圈梁连接处,构造柱的纵筋应穿过圈梁,保证构造柱纵筋上下贯通。

④构造柱可不单独设置基础,但应伸入室外地面下 500mm,或与埋深小于500mm 的基础圈梁相连。

(4)芯柱施工

芯柱混凝土的施工工艺:清除芯孔内杂物→放芯柱钢筋→从底部开口砌块绑扎钢筋→用水冲洗芯孔→封闭底部砌块的开口→孔底浇适量素水泥浆→定量浇灌芯柱混凝土→振捣芯柱混凝土

①芯柱部位宜采用不封底的通孔小砌块,当采用半封底小砌块时,砌筑前必须打掉孔洞毛边。

在楼(地)面砌筑第一皮小砌块时,在芯柱部位,应采用开口小砌块或 U 形小砌块砌筑,以砌出操作孔,在操作孔侧面宜预留连接孔,必须清除芯柱孔洞内的杂物及削掉孔内凸出的砂浆,用水冲洗干净,校正钢筋位置并绑扎或焊接固定后,方可浇灌

混凝土。

②芯柱钢筋应与基础或基础梁中的预埋钢筋连接,上下楼层的钢筋可在楼板面上搭接,搭接长度不应小于 40d(d 为钢筋直径)。

③砌完一个楼层高度后,应连续浇灌芯柱混凝土。每浇灌 400～500mm 高度捣实一次,或边浇灌边捣实。浇灌混凝土前,先注入适量水泥砂浆;严禁灌满一个楼层后再捣实,宜采用插入式混凝土振动器捣实;混凝土坍落度不应小于 50mm。砌筑砂浆强度达到 1.0MPa 以上方可浇灌芯柱混凝土。芯柱施工中应设专人检查,对混凝土灌入量认可之后方可继续施工。

④如采用槽形小砌块作圈梁模壳时,其底部必须留出芯柱通过的孔洞,楼板在芯柱部位应留缺口保证芯柱贯通。

⑤浇捣后的芯柱混凝土上表面,应低于最上一皮砌块表面(上口)50～80mm,以使圈梁与芯柱交接处形成一个暗键或上下层混凝土得以结合密实,加强抗震能力。

(5)小砌块房屋的现浇钢筋混凝土圈梁的设置

小砌块房屋的现浇钢筋混凝土圈梁应按表 2-15 的要求设置,圈梁宽度不应小于190mm,配筋不应少于 4φ12,箍筋间距不应大于 200mm。

表 2-15　小砌块房屋现浇钢筋混凝土圈梁设置要求

墙　　类	设置部位	设置数量
外墙和内纵墙	屋盖处及每层楼盖处	屋盖处及每层楼盖处
内横墙	同上;屋盖处沿所有横墙;楼盖处间距不应大于 7m;构造柱对应部位	同上;各层所有横墙

四、混凝土小型空心砌体质量控制与检验

(1)主控项目

①小砌块和砂浆的强度等级必须符合设计要求。小砌块砌体施工时,小砌块和砂浆的强度等级是砌体力学性能能否满足设计要求的最基本条件。

抽检数量:每一生产厂家,每 1 万块小砌块至少应抽检一组。用于多层以上建筑基础和底层的小砌块抽检数量不应少于 2 组。砂浆试块的抽检数量:每一检验批且不超过 250m³ 砌体的各种类型及强度等级的砌筑砂浆,每台搅拌机应至少抽检一次。

检验方法:查小砌块和砂浆试块试验报告。

②砌体水平灰缝的砂浆饱满度,应按净面积计算不得低于 90%;竖向灰缝饱满度不得小于 80%;竖向缝凹槽部位应用砌筑砂浆填实,不得出现瞎缝、透明缝。小砌块砌体施工时,对砂浆饱满度的要求,严于砖砌体的规定。

抽检数量:每检验批不应少于 3 处。

检验方法:用专用百格网检测小砌块与砂浆黏结痕迹,每处检测 3 块小砌块,取其平均值。

③墙体转角处和纵横墙交接处应同时砌筑。临时间断处应砌成斜槎,斜槎水平

投影长度不应小于高度的 2/3。

抽检数量：每检验批抽 20%接槎，且不应少于 5 处。

检验方法：观察检查。

④砌体的轴线偏移和应符合表 2-16 的规定。

表 2-16　砌块砌体位置及垂直度允许偏差和检验方法

项次	项　　目			允许偏差(mm)	检验方法
1	轴线位置偏移			10	用经纬仪或拉线和尺量检查
2	垂直度	每层		5	用 2m 托线板检查
		全高	≤10m	10	用经纬仪、吊线和尺检查，或用其他测量仪器检查
			>10m	20	

（2）一般项目

①砌体的水平灰缝厚度和竖向灰缝宽度宜为 10mm，但不应大于 12mm，也不应小于 8mm。小砌块水平灰缝厚度和竖向灰缝宽度的规定，与砖砌体一致，这样也便于施工检查。多年施工经验表明，此规定是合适的。

抽检数量：每层楼的检测点不应少于 3 处。

检验方法：用尺量 5 皮小砌块的高度和 2m 砌体长度折算。

②小砌块砌体的一般尺寸允许偏差应符合表 2-17 中的规定。

表 2-17　砌块砌体一般尺寸允许偏差和检验方法

项次	项　　目		允许偏差(mm)	检验方法	检验数量
1	基础顶面或楼面标高		±15	用水准仪和尺量检查	不应少于 5 处
2	表面平整度	清水墙、柱	5	用 2m 靠尺和楔形塞尺检查	有代表性自然间 10%，但不应少于 3 间，每间不应少于 2 处
		混水墙、柱	8		
3	门窗洞口高、宽（后塞口）		±5	用尺检查	检验批洞口的 10%，且不应少于 5 处
4	外墙上下窗口偏移		20	以底层窗口为准，用经纬仪或吊线检查	检验批的 10%，且不应少于 5 处
5	水平灰缝平直度	清水墙	7	拉 10m 线和尺检查	有代表性自然间 10%，但不应少于 3 间，每间不应少于 2 处
		混水墙	10		

第三节　石砌体工程

一、毛石砌筑

毛石砌体应采用铺浆法砌筑。砂浆必须饱满，叠砌面的粘灰面积（即砂浆饱满度）应大于 80%。

毛石砌体宜分皮卧砌，各皮石块间应利用毛石自然形状经敲打修整使能与先砌毛石基本吻合、搭砌紧密；毛石应上下错缝，内外搭砌，不得采用外面侧立毛石中间填心的砌筑方法；中间不得有铲口石（尖石倾斜向外的石块）、斧刃石（尖石向下的石块）和过桥石（仅在两端搭砌的石块），如图 2-26 所示。

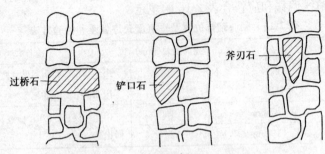

图 2-26　铲口石、斧刃石、过桥石

毛石砌体的灰缝厚度宜为 20～30mm，石块间不得有相互接触现象。石块间较大的空隙应先填塞砂浆后用碎石块嵌实，不得采用先摆碎石块后塞砂浆或干填碎石块的方法。

（1）毛石基础的砌筑

毛石基础是乱毛石或平毛石与水泥混合砂浆或水泥砂浆砌成的基础形式，毛石基础可作为墙下条形基础或柱下条形基础。

砌筑前应检查基槽尺寸和垫层标高，清理槽内杂物，如垫层干燥应洒水润湿。当基底无垫层、基础直接坐落在天然地基上时，基槽底应修理平整。

毛石基础断面形状有矩形、阶梯形和梯形。基础顶面宽度应比墙基宽度大 200mm，既每边宽 100mm。阶梯形基础每阶高度不小于 300mm，每阶伸出宽度不宜大于 200mm，上级阶梯的石块应至少压砌下级阶梯石块的 1/2，相邻阶梯的毛石应相互错缝搭砌如图 2-27 所示。

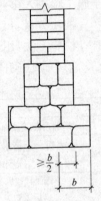

图 2-27　阶梯形毛石基础

毛石基础的转角处、交接处应用较大的平毛石同时砌筑，对不能同时砌筑而又必须留置的临时间断处，应砌成斜槎，斜槎面上不得铺砂浆。临时间断处的高度差不得超过 1.2m。

毛石基础的最上一皮，宜选用较大的毛石砌筑。基础墙中的洞口应预先留出，不得砌后再凿。毛石基础每日的砌筑高度不应超过 1.2m。

为保证砌体整体性，毛石基础必须设置拉结石。拉结石应均匀分布。毛石基础同皮内每隔 2m 左右设置一块。拉结石长度，如基础宽度等于或小于 400mm，应与基础宽度相等；如基础宽度大于 400mm，可用两块拉结石内外搭接，搭接长度不应小于 150mm，且其中一块拉结石长度不应小于基础宽度的 2/3。

（2）毛石墙的砌筑

毛石墙是用乱毛石或平毛石与水泥混合砂浆或水泥砂浆砌成的灰缝不规则的墙

体,厚度应不小于350mm。

砌筑前应根据墙的位置与厚度,在基础顶面上放线,并立皮数杆、挂线。

毛石墙的第一皮,应用较大的平毛石砌筑;转角处和洞口处应用棱角比较整齐、边角是直角的角石砌筑;内外墙丁接处,应用较为平整的长方形石块,并具有合适的尺寸,使其在纵横墙中上下皮能相互咬住槎;每个楼层墙体的最上一皮,宜用较大的毛石砌筑。

整个墙体应分皮砌筑,每皮高大致 300~400mm。每砌一步架,要大致找平一次,砌至楼层高度时,应全面找平,已达到顶面平整。

毛石墙的转角处和交接处应同时砌筑。对不能同时砌筑而又必须留置的临时间断处,应砌成踏步槎。

毛石墙必须设置拉结石。拉结石应均匀分布,相互错开。一般每 0.7m² 墙面至少设置一块,且同皮内拉结石的中距不应大于 2m。拉结石的长度,如墙厚等于或小于 400mm,应与墙厚相等;如墙厚大于 400mm,可用两块拉结石内外搭接,搭接长度不应小于 150mm,且其中一块拉结石长度不应小于墙厚的 2/3。

毛石墙每日砌筑高度,不应超过 1.2m。

(3)毛石和烧结普通砖的组合墙的砌筑

在毛石和烧结普通砖的组合墙中,毛石砌体与砖砌体应同时砌筑,并每隔 4~6 皮砖用 2~3 皮丁砖与毛石砌体拉结砌合,两种砌体间的空隙应用砂浆填满如图 2-28 所示。

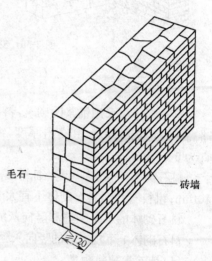

图 2-28 毛石和砖组合墙

毛石墙和砖墙相接的转角处和交接处应同时砌筑。

转角处应自纵墙(或横墙)每隔 4~6 皮砖高度引出不小于 120mm 与横墙(或纵墙)相接如图 2-29 所示。

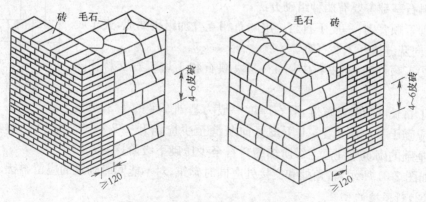

图 2-29 转角处毛石墙和砖墙相接

交接处应自纵墙每隔 4～6 皮砖高度引出不小于 120mm 与横墙相接如图 2-30 所示。

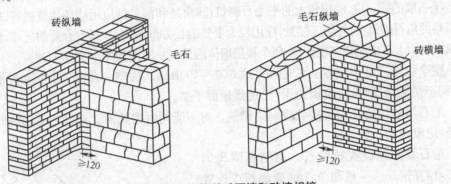

图 2-30　交接处毛石墙和砖墙相接

二、料石砌筑

料石砌体应采用铺浆法砌筑,料石应放置平稳,砂浆必须饱满。砂浆铺设厚度应略高于规定灰缝厚度,其高出厚度,细料石、半细料石宜为 3～5mm;粗料石、毛料石宜为 6～8mm。

料石砌体的灰缝厚度,细料石砌体不宜大于 5mm;半细料石砌体不宜大于 10mm;粗料石和毛料石砌体不宜大于 20mm。

料石砌体的水平灰缝和竖向灰缝的砂浆饱满度均应大于 80%。

料石砌体上下皮料石的竖向灰缝应相互错开,错开长度应不小于料石宽度的 1/2。

（1）料石基础的砌筑

是用毛料石或粗料石与水泥混合砂浆或水泥砂浆砌成的基础形式,可作为墙下条形基础或柱下条形基础。其断面形状有矩形和阶梯形,阶梯形基础每阶伸出宽度不宜大于 200mm,见图 2-31。

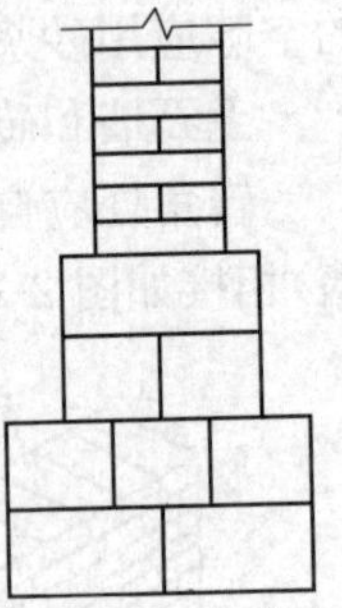

料石基础主要有两种组砌方法:

①丁顺叠砌:一皮丁石与一皮顺石相互叠加组砌而成,先丁后顺,竖向灰缝错开 1/2 石宽。

②丁顺组砌:同皮石中用 1～3 块顺石和 1 块丁石交替相隔砌成。

丁石长度为基础宽度,顺石厚度一般为基础厚度的 1/3,上皮丁石应砌于下皮顺石上,上下皮竖向灰缝至少应错开 1/2 石宽。

图 2-31　料石基础

料石基础的砌筑应注意上级阶梯的料石至少压砌下级阶梯料石的 1/3 如图 2-31 所示,转角处和交接处应同时砌筑,对不能同时砌筑的应留斜槎。

（2）料石墙的砌筑

料石墙是用料石与水泥混合砂浆或水泥砂浆砌成,料石用细料石、半细料石、粗料石和毛料石均可。料石墙组砌形式有全顺砌法、一顺一丁和丁顺组砌,当墙厚等于一块料石宽度时,可采用全顺砌筑形式如图 2-32a 所示;当墙厚等于两块料石宽度时,可采用一顺一丁或丁顺组砌的砌筑形式。一顺一丁是一皮顺石与一皮丁石相隔砌成,上下皮竖缝相互错开 1/2 石宽如图 2-32b 所示;丁顺组砌是同皮内 1~2 块顺石与一块丁石相隔砌成,丁石中距不大于 2m,上皮丁石坐中于下皮顺石,上下皮竖缝相互错开至少 1/2 石宽如图 2-32c 所示。

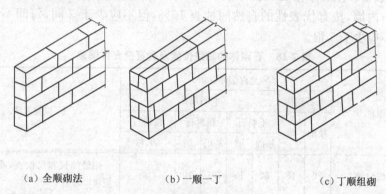

(a) 全顺砌法　　　　　　(b) 一顺一丁　　　　　　(c) 丁顺组砌

图 2-32　料石墙砌筑形式

在料石和毛石或砖的组合墙中,料石砌体和毛石砌体或砖砌体应同时砌筑,并每隔 2~3 皮料石层用丁砌层与毛石砌体或砖砌体拉结砌合。丁砌料石的长度宜与组合墙厚度相同如图 2-33 所示。

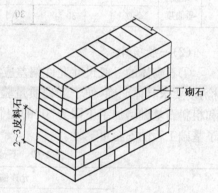

图 2-33　料石和砖的组合墙

三、石砌体工程质量控制与检验

石砌体质量分为合格和不合格两个等级。

石砌体质量合格应符合以下规定:

主控项目应全部符合规定;一般项目应有 80% 及以上的抽检处符合规定,或偏差值在允许偏差范围以内。

(1)主控项目

①石材及砂浆强度等级必须符合设计要求。石砌体是由石材和砌筑砂浆砌筑而成,其力学性能能否满足设计要求,石材及砂浆强度等级起到决定性的作用。

抽检数量:同一产地的石材至少应抽检一组。砂浆试块抽检数量:每一检验批且不超过 $250m^3$ 砌体的各种类型及强度等级的砌筑砂浆,每台搅拌机应至少抽检一次。

检验方法:料石检查产品质量证明书,石材、砂浆检查试块试验报告。

②砂浆饱满度不应小于 80%。砂浆饱满度的大小直接影响石砌体力学性能、整体性和耐久性,因此对石砌体的砂浆饱满度作了规定。

抽检数量:每步架抽查不应少于1处。

检验方法:观察检查。

③石砌体的轴线位置及垂直度允许偏差应符合表2-18的规定。石砌体的轴线位置及垂直度偏差将直接影响结构的安全性,因此有必要把这两项允许偏差列入主控项目。

抽检数量:外墙,按楼层(或4m高以内)每20m抽查1处,每处3延长米,但不应少于3处;内墙,按有代表性的自然间抽查10%,但不应少于3间,每间不应少于2处,柱子不应少于5根。

表2-18　石砌体的轴线位置及垂直度允许偏差

项次	项目		允许偏差(mm)							检验方法
			毛石砌体		料石砌体					
					毛料石		粗料石		细料石	
			基础	墙	基础	墙	基础	墙	墙、柱	
1	轴线位置		20	15	20	15	15	10	10	用经纬仪和尺检查,或用其他测量仪器检查
2	墙面垂直度	每层		20		20		10	7	用经纬仪、吊线和尺检查或用其他测量仪器检查
		全高		30		30		25	20	

(2)一般项目

①石砌体的一般尺寸允许偏差应符合表2-19的规定。检验方法"用水准仪和尺检查"要求具体明确,便于工程质量验收。砌体厚度项目中的毛石基础、毛料石基础和粗料石基础增加了下限为"0"的控制,即不允许出现负偏差,这一规定将大大增加了基础工程的安全可靠性。

表2-19　石砌体的一般尺寸允许偏差

项次	项目		允许偏差(mm)							检验方法
			毛石砌体		料石砌体					
			基础	墙	基础	墙	基础	墙	墙、柱	
1	基础和墙砌体顶面标高		±25	±15	±25	±15	±15	±15	±10	用水准仪和尺检查
2	砌体厚度		+30	+20 −10	+30	+20 −10	+15	+10 −5	+10 −5	用尺检查
3	表面平整度	清水墙、柱	—	20	—	20		10	5	细料石用2m靠尺和楔形塞尺检查,其他用两直尺垂直于灰缝拉2m线和尺检查
		混水墙、柱	—	20	—	20		15	—	
4	清水墙水平灰缝平直度							10		拉10m线和尺检查

抽检数量:外墙,按楼层(4m 高以内)每 20m 抽查 1 处,每处 3 延长米,但不应少于 3 处;内墙,按有代表性的自然间抽查 10%,但不应少于 3 间,每间不应少于 2 处,柱子不应少于 5 根。

②石砌体的组砌形式应符合下列规定:

a. 内外搭砌,上下错缝,拉结石、丁砌石交错设置。

b. 毛石墙拉结石每 0.7m² 墙面不应少于 1 块。

本条规定是为了保证砌体的整体性及砌体内部的拉结作用。

抽检数量:外墙,按楼层(或 4m 高以内)每 20m 抽查 1 处,每处 3 延长米,但不应少于 3 处;内墙,按有代表性的自然间抽查 10%,但不应少于 3 间。

检验方法:观察检查。

第四节 填充砖砌体工程

一、填充墙砌筑用砖及填充墙施工

①当填充墙采用烧结多孔砖、烧结空心砖砌筑时,为了使砂浆和块体之间黏结牢固,应使块材提前 2d 浇水湿润;蒸压加气混凝土砌块砌筑时,应向砌筑面适量浇水。

②砖砌体的灰缝应横平竖直,厚薄均匀,并应填满砂浆,竖缝不得出现透明缝、瞎缝。空心砖、轻骨料混凝土小型空心砌块的砌体灰缝应为 8～12mm;蒸压加气混凝土砌块砌体的水平灰缝厚度及竖向灰缝宽度分别宜为 15mm 和 20mm。

③用轻骨料混凝土小型空心砌块或蒸压加气混凝土砌块砌筑墙体时,墙底部应砌烧结普通砖或多孔砖,或普通混凝土小型空心砌块等,其高度不宜小于 200mm。

④砌体采用烧结空心砖时,其品种、规格必须符合设计要求,砌筑时应上下错缝,蒸压加气混凝土砌块搭砌长度不应小于砌块长度的 1/3;轻骨料混凝土小型空心砌块搭砌长度不应小于 90mm;竖向通缝不应大于 2 皮;转孔方向应符合设计要求,无设计要求时,宜将转孔置于水平位置;管线留置在无设计要求时,可采用弹线定位后凿槽或开槽,不得采用斩砖与留槽。

⑤当填充墙砌至接近梁板底时,应留一定的空隙,在抹灰前采用侧砖或立砖,或砌块斜砌挤紧,其倾斜度宜为 60°左右,砌筑砂浆应饱满。

⑥填充墙与框架柱之间缝隙应采用砂浆填实。

⑦填充墙拉结筋设置:

ⓐ砌筑填充墙时,必须把预埋在柱中的拉结筋砌入墙内,砌入墙内的拉结筋应位置设置正确、平直,其外露部分在施工中不得随意弯折。

ⓑ拉结筋的规格、数量、间距、长度应符合设计要求。如无设计要求,拉结筋沿墙高按不超过@500mm 设置,伸入砖墙的锚固长度为每边不小于 500mm,120mm 厚的

砌体水平方向上设置一根φ6 拉结筋,240mm 厚以上的砌体水平方向设置 2φ6 拉结筋,末段应有 90°弯钩。

ⓒ填充墙与承重墙或柱的交接处,应沿墙高 1m 左右,设置 2φ6 拉结筋,伸入墙内长度不少于 500mm。

二、质量控制与检验

(1)主控项目

砖、砌块和砌筑砂浆的强度等级应符合设计要求。

检验方法:检查砖或砌块的产品合格证书、产品性能检测报告和砂浆试块试验报告。

(2)一般项目

①填充墙砌体一般尺寸的允许偏差应符合表 2-20 的规定。根据填充墙砌体的非结构受力特点出发,将轴线位移和垂直度允许偏差纳入一般项目验收。

抽检数量:

a. 对表中 1、2 项,在检验批的标准间中随机抽查 10%,但不应少于 3 间;大面积房间和楼道按两个轴线或每 10 延长米按一标准间计数。每间检验不应少于 3 处。

b. 对表中 3、4 项,在检验批中抽检 10%,且不应少于 5 处。

表 2-20　填充墙砌体一般尺寸允许偏差

项次	项　　目		允许偏差(mm)	检　验　方　法
1	轴线位移		10	用尺检查
	垂直度	小于或等于 3m	5	用 2m 托线板或吊线、尺检查
		大于 3m	10	
2	表面平整度		8	用 2m 靠尺和楔形塞尺检查
3	门窗洞口高、宽(后塞口)		±5	用尺检查
4	外墙上、下窗口偏移		20	用经纬仪或吊线检查

②蒸压加气混凝土砌块砌体和轻骨料混凝土小型空心砌块砌体不应与其他块材混砌。加气混凝土砌块砌体和轻骨料混凝土小砌块砌体的干缩较大,为防止或控制砌体干缩裂缝的产生,做出"不应混砌"的规定。但对于因构造需要的墙底部、墙顶部、局部门、窗洞口处,可酌情采用其他块材补砌。

抽检数量:在检验批中抽检 20%,且不应少于 5 处。

检验方法:外观检查。

③填充墙砌体的砂浆饱满度及检验方法应符合表 2-21 的规定。填充墙砌体的砂浆饱满度虽直接影响砌体的质量,但不涉及结构的重大安全,故将其检查列入一般

项目验收。

抽检数量：每步架子不少于 3 处，且每处不应少于 3 块。

④填充墙砌体留置的拉结钢筋或网片的位置应与块体皮数相符合。拉结钢筋或网片应置于灰缝中，埋置长度应符合设计要求，竖向位置偏差不应超过一皮高度。此条规定是为了保证填充墙砌体与相邻的承重结构（墙或柱）有可靠的连接。

抽检数量：在检验批中抽检 20%，且不应少于 5 处。

检验方法：观察和用尺量检查。

⑤填充墙砌筑时应错缝搭砌，蒸压加气混凝土砌块搭砌长度不应小于砌块长度的 1/3；轻骨料混凝土小型空心砌块搭砌长度不应小于 90mm；竖向通缝不应大于 2 皮。错缝，即上、下皮块体错开摆放，此种砌法为搭砌，以增强砌体的整体性。

抽检数量：在检验批的标准间中抽查 10%，且不应少于 3 间。

检查方法：观察和用尺检查。

表 2-21　填充墙砌体的砂浆饱满度及检验方法

砌体分类	灰缝	饱满度及要求	检验方法
空心砖砌体	水平	≥80%	采用百格网检查块材底面砂浆的黏结痕迹面积
	垂直	填满砂浆，不得有透明缝、瞎缝、假缝	
加气混凝土砌块和轻骨料混凝土小砌块砌体	水平	≥80%	
	垂直	≥80%	

⑥填充墙砌体的灰缝厚度和宽度应正确。空心砖、轻骨料混凝土小型空心砌块的砌体灰缝应为 8～12mm。蒸压加气混凝土砌块砌体的水平灰缝厚度及竖向灰缝宽度分别宜为 15mm 和 20mm。加气混凝土砌块尺寸比空心砖、轻骨料混凝土小砌块大，故对其砌体水平灰缝厚度和竖向灰缝宽度的规定稍大一些。灰缝过厚和过宽，不仅浪费砌筑砂浆，而且砌体灰缝的收缩也将加大，不利砌体裂缝的控制。

抽检数量：在检验批的标准间中抽查 10%，且不应少于 3 间。

检查方法：用尺量 5 皮空心砖或小砌块的高度和 2m 砌体长度折算。

⑦填充墙砌至接近梁、板底时，应留一定空隙，待填充墙砌筑完并应至少间隔 7d 后，再将其补砌挤紧。填充墙砌完后，砌体还将产生一定变形，施工不当，不仅会影响砌体与梁或板底的紧密结合，还会产生结合部位的水平裂缝。

抽检数量：每验收批抽 10% 填充墙片（每两柱间的填充墙为一墙片），且不应少于 3 片墙。

检验方法：观察检查。

第五节 砌筑砂浆

一、砂浆的制备及性能

(1)砂浆的制备

砂浆现场拌制时,各组分材料应采用重量计量。水泥、有机塑化剂、冬期施工中掺用的氯盐等不超过±2%;砂、石灰膏、粉煤灰、生石灰粉等不超过±5%。其中,石灰膏使用时的用量,应按试配时的稠度与使用的稠度予以调整,即用计算所得的石灰膏用量乘以换算系数,该系数见表2-22。同时还应对砂的含水率进行测定,并考虑其砂浆组成材料的影响。

表2-22 石灰膏不同稠度时的换算系数

石灰膏稠度(mm)	120	110	100	90	80	70	60	50	40	30
换算系数	1.00	0.99	0.97	0.95	0.93	0.92	0.90	0.88	0.87	0.86

水泥砂浆和水泥混合砂浆拌和时间不得少于2min,水泥粉煤灰砂浆和掺加外加剂的砂浆不得少于3min,掺加有机塑化剂的砂浆应为3~5min。砂浆应随拌随用,水泥砂浆应在拌成后3h内用完,水泥混合砂浆则应在4h内用完,如气温超过30℃时,应分别在2h和3h内用完,对掺加缓凝剂的砂浆其使用时间可根据具体情况延长。时间应做强度检验,每一楼层或250m³砌体中的各种标号的砂浆,每台搅拌机应至少检查一次,每次应制作一组试块(每组6块),砂浆标号或配合比变更时,还应制作试块。

(2)建筑砂浆的和易性

①砂浆的流动性。砂浆流动性又称稠度,表示砂浆在重力或外力作用下流动的性能。砂浆流动性的大小用"稠度值"表示,通常用砂浆稠度测定仪测定。砂浆流动性选择可参考表2-23。

表2-23 砌筑砂浆的稠度

项次	砌体种类	砂浆稠度(mm)
1	烧结普通砖砌体	70~90
2	轻骨料混凝土小型砌块砌体	60~90
3	烧结多孔砖、空心砖砌体	60~80
4	烧结普通砖平拱式过梁空斗墙、筒拱普通混凝土小型砌块砌体、加气混凝土砌块砌体	50~70
5	石砌体	30~50

②砂浆的保水性。砂浆保水性是指砂浆能保持水分的能力。即指搅拌好的砂浆在运输、停放、使用过程中,水与胶凝材料及骨料分离快慢的性质。保水性良好的砂

浆水分不易流失,易于摊铺成均匀密实的砂浆层;反之,保水性差的砂浆,在施工过程中容易泌水、分层离析、水分流失,使流动性交坏,不易施工操作;同时由于水分易被砌体吸收,影响水泥正常硬化,从而降低了砂浆黏结强度。

砂浆保水性以"分层度"表示,用砂浆分层度测量仪测定。保水性良好的砂浆,其分层度值较小,一般分层度以 10～20mm 为宜,在此范围内砌筑或抹面均可使用。对于分层度为 0 的砂浆,虽然保水性好,无分层现象,但往往胶凝材料用量过多,或砂过细,致使砂浆干缩较大,易发生干缩裂缝,尤其不宜做抹面砂浆;分层度大于 20mm 的砂浆,保水性不良,不宜采用。砌筑砂浆的分层度不应大于 30mm。

(3)砂浆的强度

①砂浆的强度等级。砂浆的强度等级是边长 70.7mm 试块在标准养护条件下,28d 龄期的抗压强度,分 M15、M10、M7.5、M5、M2.5 五个等级。

②试块取样。施工中进行砂浆试验取样时,应在搅拌机出料口、砂浆运送车或砂浆槽中至少从 3 个不同部位随机集取。

每一楼层或 250m³ 砌体中的各种强度等级的砂浆,每台搅拌机应至少检查一次,每次至少应制作一组试块(每组 6 块)。如砂浆强度等级或配合比变更时,还应制作试块。基础砌体可按一个楼层计。

③强度要求。

a. 同品种、同强度等级砂浆各组试块的平均强度不小于 $f_{m,k}$。

b. 任意一组试块的强度不小于 $0.75 f_{m,k}$。

注:砂浆强度按单位工程内同品种、同强度等级砂浆为同一验收批。当单位工程中同品种、同强度等级砂浆按取样规定,仅有一组试块时,其强度不应低于 $f_{m,k}$。具体数值见表 2-24。

表 2-24 砌筑砂浆强度等级

强度等级	龄期 28d 抗压强度(MPa)	
	各组平均值不小于	最小一组平均值不小于
15	15	11.25
M 10	10	7.5
M7.5	7.5	5.63
M5	5	3.75
M2.5	2.5	1.88

二、砂浆配合比计算和确定

砌筑砂浆应满足施工和易性的要求,保证设计强度,还应尽可能节约水泥,降低成本。

砂浆中各种原材料的比例称为砂浆的配合比。砌筑砂浆要根据工程类别及砌体部位的设计要求选择砂浆的标号;再按该标号确定配合比。砂浆的配合比应采用质量比,并应最后由试验确定。如砂浆的组成材料(胶凝材料、掺合料、集料)有变更,其配合比应重新确定。

(1)水泥混合砂浆配合比计算

水泥砂浆配合比计算,应按下列步骤进行:

①计算砂浆试配强度 $f_{m,0}$。砂浆的试配强度应按下式计算:

$$f_{m,0} = f_2 + 0.645\sigma$$

式中　$f_{m,0}$——砂浆的试配强度,精确至 0.1MPa;

　　　f_2——砂浆抗压强度平均值,精确至 0.1MPa;

　　　σ——砂浆现场强度标准差,精确至 0.01MPa。

当有统计资料时,砂浆现场强度标准差 σ 应按下式计算:

$$\sigma = \sqrt{\frac{\sum_{i=1}^{n} f_{m,i}^2 - n\mu f_m^2}{n-1}}$$

式中　$f_{m,i}$——统计周期内同一品种砂浆第 i 组试件的强度(MPa);

　　　μf_m——统计周期内同一品种砂浆 n 组试件强度的平均值(MPa);

　　　n——统计周期内同一品种砂浆试件的总组数,$n \geqslant 25$。

当不具有近期统计资料时,砂浆现场强度标准差 σ 可按表 2-25 取用。

表 2-25　砂浆强度标准差 σ 选用值　　　　　　　　(MPa)

施工水平	砂浆强度等级					
	M2.5	M5	M7.5	M10	M15	M20
优良	0.50	1.00	1.50	2.00	3.00	4.00
一般	0.62	1.25	1.88	2.50	3.75	5.00
较差	0.75	1.50	2.25	3.00	4.50	6.00

②计算水泥用量 Q_c。每立方米砂浆中的水泥用量,应按下式计算:

$$Q_c = \frac{1000(f_{m,0} - \beta)}{\alpha \times f_{ce}}$$

式中　Q_c——每立方米砂浆的水泥用量,精确至 1kg;

　　　$f_{m,0}$——砂浆的试配砂浆,精确至 0.1MPa;

　　　f_{ce}——水泥的实测强度,精确至 0.1MPa;

　　　α、β——砂浆的特征系数,其中 $\alpha = 3.03$,$\beta = 15.09$。

在无法取得水泥的实测强度值时,可按下式计算 f_{ce}:

$$f_{ce} = \gamma_c \times f_{ce,k}$$

式中　$f_{ce,k}$——水泥强度等级对应的强度值;

　　　γ_c——水泥强度等级值的富余系数,该值应按实际统计资料确定。无统计

资料时 γ_c 可取 1.0。

③计算掺加料用量 Q_D。水泥混合砂浆的掺加料用量应按下式计算：

$$Q_D = Q_A - Q_c$$

式中　Q_D——每立方米砂浆的掺加料用量，精确至 1kg；石灰膏、黏土膏使用时的稠度为 120mm±5mm；

Q_c——每立方米砂浆的水泥用量，精确至 1kg；

Q_A——每立方米砂浆中水泥和掺加料的总量，精确至 1kg；宜在 300~350kg。

④确定砂用量 Q_s。每立方米砂浆中的砂用量，应按干燥状态（含水率小于 0.5%）的堆积密度值作为计算值（kg）。含水率为 0 的过筛净砂，每立方米砂浆用 0.9m³ 砂子，含水率为 2% 的中砂，每立方米砂浆中的用砂量为 1m³。含水率大于 2% 的砂，应酌情增加用砂量。

⑤选用用水量 Q_s。每立方米砂浆中的用水量，根据砂浆稠度等要求可选用 240~310kg。用水量中不包括石灰膏或黏土膏中的水。当采用细砂或粗砂时，用水量分别取上限或下限；砂浆稠度小于 70mm 时，用水量可小于下限；施工现场气候炎热或干燥季节，可酌量增加用水量。通过试拌，以满足砂浆的强度和流动性要求来确定用水量。

（2）水泥砂浆配合比选用

水泥砂浆材料用量可按表 2-26 选用。

表 2-26　每立方米水泥砂浆材料用量　　　　　（kg）

砂浆强度等级	每立方米砂浆水泥用量	每立方米砂浆砂用量	每立方米砂浆用水量
M2.5、M5	200~230		
M7.5、M10	220~280	1m³ 砂的堆积密度值	270~330
M15	280~340		
M20	340~400		

注：1）此表水泥强度等级为 32.5 级，大于 32.5 级水泥用量宜取下限；

　　2）根据施工水平合理选择水泥用量；

　　3）当采用细砂或粗砂时，用水量分别取上限或下限；

　　4）稠度小于 70mm 时，用水量可小于下限；

　　5）施工现场气候炎热或干燥季节，可酌量增加用水量。

（3）配合比试配、调整与确定

试配时应采用工程中实际使用的材料；应采用机械搅拌。搅拌时间，应自投料结束算起，对水泥砂浆和水泥混合砂浆，不得少于 120s；对掺用粉煤灰和外加剂的砂浆，不得少于 180s。

按计算或查表所得配合比进行试拌时，应测定砂浆拌和物的稠度和分层度，当不能满足要求时，应调整材料用量，直到符合要求为止。然后确定为试配时的砂浆基准配合比。

　　试配时至少应采用三个不同的配合比,其中一个为基准配合比,其他配合比的水泥用量应按基准配合比分别增加及减少 10%。在保证稠度、分层度合格的条件下,可将用水量或掺加料用量作相应调整。

　　对三个不同的配合比进行调整后,应按现行行业标准《建筑砂浆基本性能试验方法》(JGJ 70)的规定成型试件,测定砂浆强度;并选定符合试配强度要求且水泥用量最少的配合比作为砂浆配合比。

第六节　冬季施工

一、砌体工程冬季施工的基本要求

　　①砌体工程的冬期施工方法,有外加剂法、暖棚法和冻结法等。由于掺外加剂砂浆在负温条件下强度可以持续增长,砌体不会发生沉降变形,施工工艺简单,因此砖石工程的冬期施工,应以外加剂法为主。对地下工程或急需使用的工程,可采用暖棚法。对保温、绝缘、装饰等方面有特殊要求的工程可采用冻结法,混凝土小型空心砌块不得采用冻结法施工;加气混凝土砌块承重墙及围护外墙不宜冬期施工。

　　②砌体工程冬期施工,由于气温低给施工带来诸多不便,必须采取一些必要的冬期施工技术措施来确保工程质量,同时又要保证常温施工情况下的一些工程质量要求。所以冬期施工砌体工程的质量验收既要符合本章要求,还要符合《建筑工程施工质量验收规范》各章的要求及国家现行标准《建筑工程冬期施工规程》(JGJ-104)的规定。

　　③砌体工程在冬期施工过程中,只有加强管理和采取必要的技术措施才能保证工程质量符合要求。因此,砌体工程冬期施工应有完整的冬期施工方案。

　　④冬期施工所用材料应符合下列要求:

　　ⓐ石灰膏、电石膏等如遭受冻结,应经融化后方可使用。

　　ⓑ拌制砂浆用砂,不得含有冰块和大于 10mm 的冻结块。

　　ⓒ普通砖、空心砖、灰砂砖、混凝土小型空心砌块、加气混凝土砌块和石材在砌筑前应清除表面污物、冰雪等,不得使用遭水浸和受冻后的砖或砌块。

　　ⓓ砂浆宜优先采用普通硅酸盐水泥拌制,冬期砌筑不得使用无水泥拌制的砂浆。

　　ⓔ拌和砂浆时水的温度不得超过 80℃,砂的温度不得超过 40℃。

　　ⓕ冬期砌筑砂浆的稠度,宜比常温施工时适当增加。可通过增加石灰膏或黏土膏的办法来解决。具体要求如表 2-27。

　　⑤水泥砂浆组成材料的加热温度,也可用表 2-28 进行近似计算。

表 2-27 冬期砌筑砂浆的稠度

砌体种类	稠度(cm)
砖砌体	8～13
人工砌的毛石砌体	4～6
振动的毛石砌体	2～3

表 2-28 水泥砂浆组成材料加热温度计算表

水温 (℃)	砂浆温度(℃) (当砂的含水率为下列数值时)				砂的 温度 (℃)	砂浆温度(℃) (当砂的含水率为下列数值时)				水泥 温度 (℃)	砂浆 温度 (℃)
	0	1%	2%	3%		0	1%	2%	3%		
1	0.44	0.42	0.40	0.38	−10	−4.4	−4.7	−4.8	−5.1	−10	−1.1
10	4.4	4.2	4.0	3.8	−5	−2.0	−2.1	−2.4	−2.6	−5	−0.5
15	6.6	6.3	6.0	5.7	0	0	0	0	0	0	0
20	8.8	8.4	8.0	7.6	5	2.2	2.4	2.6	2.8	5	0.5
25	11.1	10.5	10.0	9.5	10	4.4	4.7	4.9	5.1		
30	13.2	12.6	12.0	11.4	15	6.6	7.1	7.4	8.2		
35	15.6	14.7	14.0	13.3	20	8.8	9.4	9.8	11.2		
40	17.6	16.8	16.0	15.2	25	11.1	11.8	12.2	13.3		
45	19.8	18.9	18.0	17.1	30	13.2	14.1	14.7	15.3		
50	22.0	21.0	20.0	19.0	35	15.6	16.5	27.1	18.4		
55	24.3	23.1	22.0	20.9	40	17.6	18.8	19.6	20.4		
60	26.4	25.2	24.0	22.8							
65	28.7	27.3	26.0	24.7							
70	30.8	29.4	28.0	26.6							
75	33.5	30.4	30.0	28.5							
80	35.2	36.6	32.0	30.4							

⑥水的加热方法,当有供汽条件时,可将蒸汽直接通入水箱,也可用铁桶等烧水;砂子可用蒸汽排管、火坑加热,也可将汽管插入砂内直接送汽。直接通汽需注意砂的含水率的变化。采用蒸汽排管或火坑加热时,可在砂上浇些温水(加水量不超过5％),以免冷热不均,也可加快加热速度。砂不得在钢板上灼炒。水、砂的温度应经常检查,每小时不少于一次。温度计停留在砂内的时间不应少于3min,在水内停留时间不应少于1min。

⑦为了避免砂浆拌和时因砂和水过热造成水泥假凝现象,拌和砂浆宜采用两步投料法。即将水、砂先行搅拌,再加水泥一起拌和。冬季搅拌砂浆的时间应适当延长,一般要比常温期增加0.5～1倍。

⑧冬期施工时,可在砂浆中按一定比例掺入微沫剂,掺量一般为水泥质量的0.005％～0.01％。微沫剂在使用前应用水稀释均匀,水温不宜低于70℃,浓度以

5%～10%为宜,并应在一周内使用完毕,必须采用机械搅拌,拌和时间自投料计起为3～5 min。

⑨砂浆使用温度应符合下列规定:

ⓐ采用掺外加剂法时,不应低于+5℃。

ⓑ采用氯盐砂浆法时,不应低于+5℃。

ⓒ采用暖棚法时,不应低于+5℃。

ⓓ采用冻结法当室外空气温度分别为 0～-10℃、-11℃～-25℃、-25℃以下时,砂浆使用最低温度分别为 10℃、15℃、20℃。

本条规定主要是考虑在砌筑过程中砂浆能保持良好的流动性,从而可保证较好的砂浆饱满度和黏结强度。冻结法施工中砂浆使用最低温度所规定是参照《建筑工程冬期施工规程》(JGJ104-97)而确定的。

砂浆在搅拌后的温度可按下式计算:

$$T_p = [0.9(m_{ce}T_{ce} + 0.5m_1T_1 + m_{sa}T_{sa}) + 4.2T_w(m_w - 0.5m_1 - w_{sa}m_{sa})]$$
$$\div [4.2(m_w + 0.5m_1) + 0.9(m_{ce} + 0.5m_1 + m_{sa})]$$

式中　　　　　T_p——砂浆在搅拌后的温度(℃);

m_w、m_{ce}、m_1、m_{sa}——水、水泥、石灰膏、砂的用量(kg);

T_w、T_{ce}、T_1、T_{sa}——水、水泥、石灰膏、砂的温度(℃);

w_{sa}——砂的含水率。

砂浆在搅拌、运输和砌筑过程中的热损失,可按表 2-29 和表 2-30 所列的数据进行估算。

表 2-29　砂浆搅拌时之热量损失表　　　　　　　　　(℃)

搅拌机搅拌时之温度	10	15	20	25	30	35	40
搅拌时之热损失(设周围温度+5℃)	2.0	2.5	3.0	3.5	4.0	4.5	5.0

注:1)对于掺氯盐的砂浆,搅拌温度不宜超过 35℃。

2)当周围环境温度高于或低于+5℃时,应将此数减或增于搅拌温度中再查表。如环境温度为 0℃,原定搅拌时温度为 20℃,损失应改为 3.5℃。

表 2-30　砂浆运输和砌筑时热量损失表　　　　　　　(℃)

温度差	10	15	20	25	30	35	40	45	50	55
一次运输之损失	—	—	0.60	0.75	0.90	1.00	1.25	1.50	1.75	2.00
砌筑时损失	1.5	2.0	2.5	3.0	3.5	4.0	4.5	5.0	5.5	6.0

注:1)运输损失系按保温车体考虑;砌筑时损失系按"三一"砌砖法考虑。

2)温度差系指当时大气温度与砂浆温度的差值。

⑩采取以下措施减少砂浆在搅拌、运输、存放过程中的热量损失:

ⓐ砂浆的搅拌应在采暖的房间或保温棚内进行,环境温度不可低于 5℃;冬期施工砂浆要随拌随运(直接倾入运输车内),不可积存和二次倒运。

ⓑ在安排冬期施工方案时,应把缩短运距作为搅拌站设置的重要因素之一考虑。当用手推车输送砂浆时,车体应加保温装置,如图 2-34 所示。

ⓒ冬期砂浆应储存在保温灰槽中,如图 2-35 所示。砂浆应随拌随用,砂浆的储存时间对于普通砂浆和掺外加剂砂浆分别不宜超过 15min 或 20min。

ⓓ保温槽和运输车应及时清理,每日下班后用热水清洗,以免冻结。

图 2-34　保温砂浆车　　　　　　　图 2-35　保温砂浆槽

⑪严禁使用已遭冻结的砂浆,不准以热水掺入冻结砂浆内重新搅拌使用,也不宜在砌筑时向砂浆内掺水使用。

⑫普通砖、多孔砖和空心砖在气温高于 0℃ 条件下砌筑时,应浇水湿润。在气温低于、等于 0℃ 条件下砌筑时,可不浇水,但必须增大砂浆稠度。抗震设防烈度为 9 度的建筑物,普通砖、多孔砖和空心砖无法浇水湿润时,如无特殊措施,不得砌筑。

⑬砌砖宜采用"三一砌砖法",即一铲灰、一块砖、一挤揉。若采用铺灰器时,铺灰长度要尽量缩短,防止砂浆温度降低太快。

⑭砖砌体的水平和垂直灰缝的平均厚度不可大于 10mm,个别灰缝的厚度也不可小于 8mm,施工时要经常检查灰缝的厚度和均匀性。

⑮每天收工前,将垂直灰缝填满,上面不铺灰浆,同时用草帘等保温材料将砌体上表面加以覆盖。第二天上班时,应先将砖石表面的霜雪扫净,然后再继续砌筑。

⑯砌毛石基础时,砌体应紧靠槽壁,或在砌筑过程中随时用未冻土、炉渣等填塞沟槽的空隙。

⑰冬期施工砂浆试块的留置,除应按常温规定要求外,尚应增应不少于 2 组与砌体同条件养护的试块,分别用于检验各龄期强度和转入常温 28d 的砂浆强度。

冬期低温施工对砂浆强度影响较大,为了获得砌体中砂浆在自然养护期间的强度,确保砌体工程结构安全可靠,因此有必要增留与砌体同条件养护的砂浆试块。

二、外加剂法

(1)外加剂法的工艺特点

将砂浆的拌和水预先加热,砂和石灰膏在搅拌前也应保持正温,使砂浆经过搅拌、运输,于砌筑时具有 5℃ 以上正温。在拌和水中掺入外加剂如氯化钠、氯化钙或亚硝酸钠,砂浆在砌筑后可以在负温条件下硬化,因此不必采取防止砌体沉降变形的措施。

(2)掺盐砂浆法施工注意事项

①砂浆中的氯盐掺量:可参考表2-31。

表2-31　砂浆中氯盐掺量(占拌和水重%)

项次	氯盐种类	砌体种类	日最低气温(℃)			
			等于或高于—10	—11～—15	—16～—20	—21～—25
1	氯化钠(单盐)	砖、砌块	3	5	7	—
		石	4	7	10	—
2	氯化钠	砖、砌块	—	—	5	7
	氯化钙		—	—	2	3

注:1)掺盐量以无水盐计。

　　2)氯化钠和氯化钙复合时的比例为1:1。

②盐类的掺法:掺盐量以无水氯化钠、氯化钙计。盐类应先溶解于水,然后投入搅拌,加盐量可根据表2-32和表2-33以密度计掌握。如在砂浆中掺加微沫剂时,应先加盐类溶液后再加微沫剂溶液。

表2-32　食盐溶液浓度与密度对照表

无水 NaCl 含量(kg)			20℃时的溶液密度
在1kg溶液中	在1L溶液中	在1kg水中	(g/cm³)
0.01	0.010	0.010	1.0053
0.02	0.020	0.020	1.0125
0.03	0.031	0.031	1.0196
0.04	0.041	0.042	1.0268
0.05	0.052	0.053	1.0340
0.06	0.062	0.064	1.0413
0.07	0.073	0.075	1.0486
0.08	0.084	0.087	1.0559
0.09	0.096	0.099	1.0633
0.10	0.107	0.111	1.0707
0.11	0.119	0.124	1.0782
0.12	0.130	0.136	1.0857
0.13	0.142	0.149	1.0933
0.14	0.154	0.163	1.1008
0.15	0.166	0.176	1.1085

续表 2-32

无水 NaCl 含量(kg)			20℃时的溶液密度
在 1kg 溶液中	在 1L 溶液中	在 1kg 水中	(g/cm³)
0.16	0.179	0.190	1.1162
0.17	0.191	0.205	1.1241
0.18	0.204	0.220	1.1319
0.19	0.217	0.235	1.1398
0.20	0.230	0.250	1.1478
0.21	0.243	0.266	1.1559
0.22	0.256	0.282	1.1639
0.23	0.270	0.299	1.1722
0.24	0.283	0.316	1.1804
0.25	0.297	0.333	1.1888
0.26	0.311	0.351	1.1972

表 2-33 氯化钙溶液浓度与密度对照表

无水 $CaCl_2$ 含量(kg)			20℃时的溶液密度
在 1kg 溶液中	在 1L 溶液中	在 1kg 水中	(g/cm³)
0.01	0.010	0.010	1.0070
0.02	0.020	0.020	1.0148
0.04	0.041	0.042	1.0316
0.06	0.063	0.064	1.0486
0.08	0.085	0.087	1.0659
0.10	0.108	0.111	1.0835
0.12	0.132	0.136	1.1015
0.14	0.157	0.163	1.1198
0.16	0.182	0.190	1.1386
0.18	0.208	0.220	1.1578
0.20	0.236	0.250	1.1775
0.22	0.263	0.282	1.1968
0.24	0.292	0.316	1.2175
0.26	0.322	0.351	1.2382
0.28	0.353	0.389	1.2597
0.30	0.384	0.429	1.2816
0.35	0.468	0.538	1.3373
0.40	0.558	0.667	1.3957

③如设计无特殊要求,砂浆的强度等级应按常温施工时提高一级。

④氯盐对钢筋有腐蚀作用。当用掺盐砂浆砌筑配筋砖砌体时,可参考以下办法对钢筋采取防腐措施:采用掺盐砂浆时,砌体中配置的钢筋及钢预埋件应做防腐处理。采取防腐的做法有:

a. 涂刷沥青漆。其比例为:30 号沥青:10 号沥青:汽油=1:1:2。

b. 涂刷樟丹二道。干燥后就可砌筑,施工时注意表面不可擦伤。

c. 涂刷防锈涂料。其比例为:水泥:亚硝酸钠:甲基硅醇钠:水=100:6:2:30。配制时,先用约三分之二的水溶解亚硝酸钠,在与水泥拌和后再加入甲基硅醇钠,搅拌 3~5min,剩余的水根据稠度情况酌量加入。配好的涂料涂刷在钢筋表面约 1.5mm 厚,待干燥后即可使用。

⑤普通砖在正温度条件下砌筑时,砖应适当浇水湿润,可用喷壶随浇随砌。在负温度下砌筑时砖不浇水,但砖表面的灰砂、冰雪必须清除,并适当增大砂浆稠度。抗震设防烈度为 9 度及 9 度以上的建筑物,普通砖、多孔砖和空心砖均不得以干砖砌筑。

⑥对不适宜掺加氯盐的工程,采用冻结法、暖棚法等方法。

⑦日最低气温低于-20℃时,砌石不宜施工。

⑧冬期施工时,每日砌筑后,应在砌体上表面覆盖保温材料。

⑨掺盐砂浆法的质量要求:

a. 掺盐砂浆的配制,一定按当天气温情况,砌体部位严格控制掺盐量。

b. 掺盐砂浆的出罐温度不宜超过 35℃,使用时最低温度不应小于 5℃。

c. 盐溶液的配制应设专人负责,用比重计随时测定溶液的浓度,掌握不同比重的溶液的盐含量。

d. 不准用增加微沫剂掺量的方法来改善砂浆的和易性,以防增加掺量会降低砂浆强度。

e. 掺盐砂浆应有良好的和易性。

f. 砂浆配比计量要准确,以重量比为主,对水泥、有机塑化剂掺量误差控制在±2%以内;砂、石灰膏、粉煤灰等掺量误差控制在±5%以内。

三、暖棚法

暖棚法如图 2-36 所示,是利用简易结构和廉价的保温材料,将需要砌筑的砌体和工作面临时封闭起来,棚内加热,使砌体在正温条件下砌筑和养护。暖棚法成本高,热效低,劳动效率不高,因此宜少采用。一般在地下工程、挡土墙以及量小又急需使用或局部修复的砌体,可考虑采用暖棚法施工。

暖棚的加热,可优先采用热风装置,如用天然气、焦炭炉等,必须注意安全防火。

用暖棚法施工时,砖石和砂浆在砌筑时的温度均不得低于 5℃,而距所砌结构底面 0.5m 处的气温也不得低于 5℃。主要目的是保证砌体中砂浆具有一定温度有利于其强度增长。

砌体在暖棚内的养护时间,根据暖棚内的温度,按表2-34确定。

表2-34 暖棚法砌体的养护时间

暖棚内温度(℃)	5	10	15	20
养护时间(d)	≥6	≥5	≥4	≥3

砌筑条形基础或类似结构时,暖棚的构造可参考图2-36。

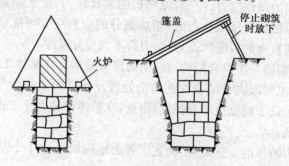

图2-36 暖棚施工示意图

砌体暖棚法施工,近似于常温施工与养护,为有利于砌体强度的增长,暖棚内尚应保持一定的温度。砂浆强度达到强度的30%,即达到了砂浆允许受冻临界强度值,再拆除暖棚时,遇到负温度也不会因其强度损失。表中给出的最少养护期是根据砂浆等级和养护温度与强度增长之间的关系确定的,并限于未掺盐的砂浆,如果施工要求强度有较快增长,可以延长养护时间或提高棚内养护温度以满足施工进度要求。

第七节 砌体加固和裂缝处理

一、砌体结构加固的技术和方法

(1)砌体结构的加固技术

砖砌体结构墙体由砖和砂浆两种脆性材料组成,其变形能力很差。在地震作用下,即使产生不大的层间位移,也会引起墙体开裂,位移稍许加大,墙体抗水平力的能力就会有较大的降低,甚至引起墙局部倒塌。因此,加固的重点应放在增加砌体的变形能力方面,使其既有较高的抗剪强度,又能在砌体出现较大变形时,墙体仍有一定的抗水平力的能力,以保证整体房屋不倒塌。

砖砌体结构房屋的纵、横墙空间整体共同工作,主要依靠楼屋盖等水平传力结构的刚度。如果楼屋盖刚度不大,而抗震墙间距过大,势必不能保证在其平面内较好地传递水平地震力,从而降低整体房屋的抗震能力。因此,加固的重点也应探讨是否有可能增加抗震墙,或采取措施加强平面传力结构的强度和刚度。

　　加固结构的受力性能与一般未经加固的普通结构的受力性能有较大差异。其特点主要体现在：

　　首先，加固结构属二次受力结构，加固前原结构已经载荷受力（即第一次受力），尤其是当结构因承载能力不足而进行加固时，截面应力、应变水平一般都很高。然而，新加部分在加固后并不立即分担荷载，而是在新增荷载，即第二次加载时，才开始受力。这样，整个加固结构在其后的第二次载荷受力过程中，新加部分的应力、应变始终滞后于原结构的累计应力、应变，原结构的累计应力、应变值始终高于新加部分的应力、应变值，原结构达极限状态时，新加部分的应力应变可能还很低，破坏时，新加部分可能达不到自身的极限状态，其潜力得不到充分发挥。

　　其次，加固结构属二次组合结构，新、旧两部分结构存在整体工作共同受力问题。整体工作的关键，主要取决于结合面的构造处理及施工做法。由于结合面混凝土的黏结强度一般远远低于混凝土本身强度，因此，在总体承载力上二次组合结构一般比一次整浇结构要低。

　　加固结构受力特征的上述差异，决定了各类结构加固计算分析和构造处理，不能完全沿用普通结构概念进行设计。

　　加固结构共同工作问题：加固结构受力，尤其是当结构临近破坏时，结合面会出现拉、压、弯、剪等复杂应力，特别是受弯或偏压构件的剪应力，有时相当大。加固结构新、旧两部分整体工作的关键，主要在于结合面能否有效地传递和承担这些应力，而且变形不能过大。结合面传递压力，主要是剪力和拉力。由于黏结强度低，且离散性大，结合面混凝土所具有的黏结抗剪和抗拉能力有时远不能满足受剪和受拉承载力要求，如梁、柱采用后浇混凝土加固时，尚需配置一定数量的贯通结合面的剪切-摩擦筋，利用钢筋所产生的被动剪切-摩擦力来抵抗结合面所出现的剪力和拉力。

　　(2)结构的加固方法

　　结构的加固方法可以分成两大类，即直接加固法和间接加固法。

　　①直接加固法。直接加固法是通过一些技术措施，直接提高构件截面的承载力和刚度等，目前常用的直接加固法有以下几种。

　　a. 加大截面加固法。加大截面加固法是采用与原有构件同类的材料，通过增大截面的面积，提高构件的承载能力和刚度，达到对原构件进行加固的目的。如在原有钢筋混凝土柱的周边，浇筑一层钢筋混凝土围套，通过采取一些有效技术措施保证新旧钢筋混凝土形成整体，这样就可以提高柱的承载能力和刚度。又如在原有钢屋架下弦杆的位置处，增设一根钢拉杆，并采取措施使两者共同工作，达到对屋架下弦进行加固的目的。

　　加大截面加固法是一种传统的加固方法，也是一种非常有效的加固方法。该方法可以用来提高构件的抗弯、抗压、抗剪、抗拉等能力，同时也可以用来修复已经损伤的混凝土截面，提高其耐久性，可以广泛地用于各种构件的加固。但是这种加固方法一般对原有构件的截面尺寸有一定程度的增加,使原有的使用建筑空间变小。另外,由于一般采用传统的施工方法,尤其是对钢筋混凝土结构的加固,施工周期长,对在用建筑的使用环境有较严重的影响。一般在加固期间,建筑是不能正常使用的。

　　b. 外包钢加固法。外包钢加固法是把型钢或钢板等材料包在被加固(钢筋混凝土)构件的外侧,通过外包钢与原有构件的共同作用,提高构件的承载能力和刚度,达到加固的目的。如在钢筋混凝土或砖柱的四角,设置角钢,并用缀板将角钢连成一体,采取一些技术措施保证角钢参与工作,这样就起到了对柱子的加固作用。外包钢加固一般视外包钢与被加固构件的连接情况分为干式外包和湿式外包。对除在构件的端部处,外包钢与被加固构件之间无任何连接或虽然塞有水泥砂浆但不能确保结合面有效传递剪力的外包钢加固构件,称为干式外包加固。此时,外包钢体系和被加固构件独立工作。当在外包钢与被加固构件之间填入胶凝材料,确保结合面有效传递剪力,使外包钢与被加固构件形成整体,共同变形时,这种外包钢加固称为湿式外包加固。

　　外包钢法可在基本不增大原构件尺寸的情况下提高构件的承载力,增强构件的刚度和延性。由于采用型钢材料,施工周期相对较短,占用空间也不大,比较广泛地应用于不允许增大截面尺寸,而又需要较大幅度提高承载力的轴心受压和小偏心受压构件,适用于对混凝土梁、柱、屋架及砖窗间墙的加固。外包钢加固也可以用于受弯构件或大偏心受压构件的加固,但宜采用湿式外包钢加固。但该加固方法的用钢量较大,加固费用较高。

　　c. 外部粘贴加固法。外部粘贴加固是用黏结剂将钢板或纤维增强复合材料等粘贴到构件需要加固的部位上,以提高构件承载力和刚度的一种加固方法。如在钢筋混凝土受弯构件的受拉区粘贴钢板或纤维布,外贴钢板或纤维布起到了受拉钢筋的作用,因此可以提高构件的抗弯能力和刚度。又如在混凝土柱截面周边粘贴封闭钢板或纤维箍,在提高柱抗剪承载能力的同时,还可以约束核心混凝土,提高混凝土的强度和构件的延性。目前外部粘贴加固法主要有粘钢加固法和纤维加固法两种。

　　d. 注浆加固法。注浆加固法是采用压力,把具有较好粘接性能的材料注入被加固构件内部的空隙中,以提高被加固构件的完整性、密实性,提高材料的强度。该方法在混凝土或砌体结构的裂缝等内部缺陷的修复加固以及地基加固中广泛应用。

　　②间接加固法。间接加固法是根据原有结构体系的客观条件,通过一些技术措施,改变结构传力途径,减少被加固构件的荷载效应,目前常用的间接加固法有以下几种:

　　a. 增设构件加固法。增设构件加固法是在原有构件之间增加新的构件,如两榀屋架间加设一榀新屋架,在两根梁之间增加一道新梁,在两根柱子之间增加一个新柱等,以减少原有构件的受荷面积,减少荷载效应,达到结构加固的目的。该方法实施时不破坏原有结构,施工易于操作,但是由于增加了新构件,对原有建筑的建筑功能可能会有影响。所以该方法一般适合于生产厂房或增加构件后不影响使用要求的民用建筑梁柱等的加固。

b. 增设支点加固法。增设支点加固法是在梁、板等构件上增设支点，在柱子、屋架之间增设支撑构件，减少结构构件的计算跨度（长度），减少荷载效应，发挥构件潜力，增加结构的稳定性，达到结构加固的目的。按照支撑结构的受力性能，增设支点加固法分为刚性支点加固法和弹性支点加固法。在刚性支点加固法中，新增支点的变形相对于被加固构件的变形而言非常小，可以近似视为不动支点，例如在梁的中间设置一个支撑柱，该柱通过受压把荷载传递给基础，由于支撑构件受压，所以变形非常小。在弹性支点加固法中，新增支点的变形较大，不能忽略不计。例如在梁的中间，沿其垂直方向设置一道梁，该新加梁通过受弯把荷载传递到两端的支撑结构上，由于支撑构件受弯，变形较大。

c. 增加结构整体性加固法。增加结构整体性加固是通过增设支撑等一些构造措施使多个结构构件形成整体，共同工作。由于整体结构破坏的概率明显小于单个构件，因此在不加固原有构件中任一构件的情况下，整体结构可靠度提高了，达到了结构加固的目的。

d. 改变结构刚度比加固法。改变结构刚度比加固法是对采取一些局部措施，改变原有结构的刚度比，调整结构在荷载作用下的内力分布，改善结构受力状况，达到加固的目的。该方法一般多用于提高结构抗水平作用的能力。

e. 卸载加固法。采用新型轻质材料置换原有建筑分隔和装饰材料，如用轻质墙板置换原有砖隔墙等，通过减少荷载提高结构的可靠性，达到结构加固的目的。

③砌体加固方法。对房屋进行抗震加固，从整体上提高结构的抗震安全性，是提高其抗震能力的最有效的方法。目前，主要的加固的方法有：

a. 灌浆法和喷射修补法。灌浆法包括压力灌浆、化学灌浆等方法，它是用空气压缩机或手持泵将黏合剂灌入墙体裂缝内，将开裂墙体重新黏合在一起。由于黏合剂的强度远大于砌筑砖墙的强度，所以对于开裂不很严重的砌体用灌浆法修补后，承载力可以恢复如初，且较为经济。

b. 钢筋网水泥砂浆面层加固法。它是把需要加固的砖墙表面除去粉刷层后，两面附设 $\phi4\sim\phi8$ 的钢筋网片，然后抹水泥砂浆的加固方法。由于通常对墙体做双面加固，故俗称夹板墙。其优点与钢筋混凝土面层加固法相近，但提高承载力不如前者；适用于砌体墙的加固，有时也用于钢筋混凝土面层加固带壁柱墙时两侧穿墙箍筋的封闭。目前，钢筋网水泥浆法常用于下列情况的加固：

(a)因施工质量差，而使砖墙承载力普遍达不到设计要求。

(b)窗间墙等局部墙体达不到设计要求。

(c)因房屋加层或超载而引起砖墙承载力的不足。

(d)因火灾或地震而使整片墙承载力或刚度不足等。

下述情况不宜采用钢筋网水泥浆法进行加固：

ⓐ孔径大于 15mm 的空心砖墙及厚度为 240mm 的空斗砖墙。

ⓑ砌筑砂浆标号小于 M0.4 的墙体。

ⓒ因墙体严重油污不易消除,不能保证抹面砂浆黏结质量的墙体。

c. 钢筋混凝土面层加固法。其优点是可以较大幅度提高砖墙的承载能力、抗弯刚度及墙体延性,改变其自振频率,使正常使用阶段的性能得到一定的改善;施工工艺简单、适应性强,砌体加固后承载力有较大提高,并具有成熟的设计和施工经验;适用于原墙没有裂缝并以剪切为主的实心砖墙、多孔(孔径不大于 15mm)空心砖墙和240mm 厚的空斗砖墙。

d. 增设扶壁柱加固法。该法属于加大截面加固法的一种。其优点亦与钢筋混凝土面层加固法相近。

e. 加大截面加固法。主要用于砌体承载能力不足,但砌体尚未压裂,或仅有轻微裂缝,而且要求扩大截面面积情况。一般的独立砖柱、砖壁柱、窗间墙和其他承重墙的承载能力不足时,均可采用此法加固。

f. 外部粘钢加固法。该法属于传统加固方法,是一种用胶粘剂把钢板粘贴在墙体开裂部分的加固方法。常用的胶粘剂以环氧树脂为主。这种加固方法优点是施工简便快速、现场工作量和湿作业少,对生产和生活影响小,几乎不改变构件的外形和内部使用空间,却能大大提高墙体的抗剪承载力和正常使用阶段的性能,受力较为可靠;适用于不允许增大原构件截面尺寸,却又要求大幅度提高截面承载力的砌体的加固。

g. 结构构造性加固法。主要用于砌体承载能力严重不足,砌体碎裂严重可能倒塌的情况。对砌体结构进行构造性加固的方法主要有:

(a)增加横墙:对于空旷房屋增加足够刚度的横墙,其间距不超过《砌体结构设计规范》(GB50003—2001)的规定,将房屋的静力计算方案由弹性改为刚性。

(b)砖柱承重改为砖墙承重:原为砖柱承重的仓库、厂房或大房间,因砖柱承载能力严重不足而改为砖墙承重,成为小开间建筑。

(c)托梁换柱:主要用于独立砖柱承载力严重不足时,先加设临时支撑,卸除砖柱荷载,然后,根据计算确定新砌砖柱的材料强度和截面尺寸,并在柱梁下增设梁垫。

(d)托梁加柱:主要在大梁下的窗间墙承载能力严重不足时使用。其步骤是:首先设临时支撑,然后根据《混凝土结构设计规范》(GB50010—2002)的规定,并考虑全部荷载均由新加的钢筋混凝土柱承担的原则,计算确定所加柱的截面和配筋;部分拆除原有砖墙,接槎口成锯齿形如图 2-37 所示;然后,绑扎钢筋、支模和浇混凝土。此外,还应注意验算地基基础的承载力,若不足则还应扩大基础。

二、加固方法的施工要点

(1)水泥灌浆方法

水泥灌浆主要用于砌体裂缝的补强加固,常用的灌浆方法有重力灌浆和压力灌

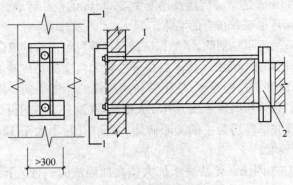

图 2-37 纵横墙局部拉结加固

1. 墙钻孔穿拉杆后用 1∶1 水泥砂浆堵塞；2. C20 细石混凝土

浆两种。

①重力灌浆法。利用浆液自重灌入砌体裂缝中以达到补强的目的。其施工要点：

a. 清理裂缝，形成灌浆通路。

b. 表面封缝，用 1∶2 水泥砂浆（内加促凝剂）将墙面裂缝封闭，形成灌浆空间。

c. 设置灌浆口，在灌浆入口处凿去半块砖，埋设灌浆口如图 2-38 所示。

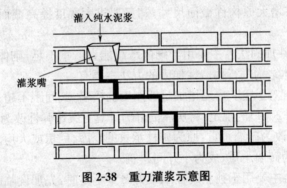

图 2-38 重力灌浆示意图

d. 冲洗裂缝，用灰水比为 1∶10 的纯水泥浆冲洗并检查裂缝内浆液流动情况。

e. 灌浆，在灌浆口灌入灰水比为 3∶7 或 2∶8 的纯水泥浆，灌满并养护一定时间后，拆除灌浆口再继续对补强处局部养护。

效果检验：清华大学的研究人员曾先将砌体试件压裂、灌浆补强后，再对砌体进行压力试验，能达到或超过原砌体强度，效果尚好。

②压力灌浆法。应用灰浆泵把浆液压入裂缝中以达到补强的目的。这种方法通过在实践过程中使用验证修补效果良好。

a. 压力灌浆工艺流程：如图 2-39 所示。

b. 操作要点：

（a）裂缝清理。清理的目的在于形成灌浆通道。

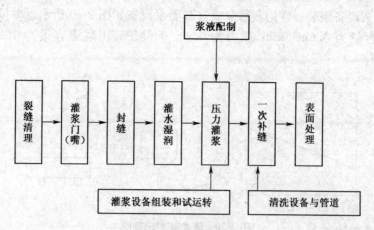

图 2-39　工艺流程

（b）灌浆口（嘴）留设。水泥压力灌浆可通过预留的灌浆口或灌浆嘴进行。灌浆口预留的方法是先用电钻在墙上钻孔，孔直径为 30～40mm，孔深为 10～20mm，冲洗干净；再用长为 40mm 的 1/2 英寸钢管做芯子，放入孔中；然后用 1∶2 或 1∶2.5 水泥砂浆封堵压实抹平，待砂浆初凝后，拔除钢管芯即成灌浆口。灌浆嘴的做法与灌浆口的做法相似，不同的是钢管直径常为 5～10mm，管子预埋后不拔除，即成灌浆嘴。

（c）灌浆口布置。在裂缝端部及交叉处均应留灌浆口，其余灌浆口的间距见表 2-35，当墙厚≥370mm 时，应在墙两面都设灌浆口。

表 2-35　灌浆口间距参考表

裂缝宽度/mm	<1	1～5	>5
灌浆口间距/mm	200～300	300～400	400～500

（d）封缝。清除裂缝附近的抹灰层，冲洗干净后用 1∶2 或 1∶2.5 水泥砂浆封堵裂缝表面，形成灌浆空间。

（e）灌水湿润。在封缝砂浆达到一定强度后，用灰浆泵将水压入灌浆口，压力为 0.2～0.3MPa（也可将自来水直接注入灌浆口），使灌浆通道畅通。

（f）浆液配制。灌浆浆液可参考表 2-36，选用水泥灌浆浆液中需掺入悬浮型外加剂，常用的有 107 胶（聚乙烯醇缩甲醛）和水玻璃等。其目的是提高水泥的悬浮性，延缓水泥沉淀时间，防止灌浆设备及输送系统堵塞。掺加 107 胶还可增强黏结力，但掺量过大，会使灌浆材料的强度降低。配制浆液加 107 胶作外加剂时，先将定量的 107 胶溶于水成溶液，然后用这种溶液拌制灌浆浆液。加水玻璃外加剂时，先拌好纯水泥浆，然后按一定比例加入水玻璃搅拌均匀。

表 2-36　裂缝宽度和浆液种类选用参考表

裂缝宽度/mm	0.3～1.0	1.0～5.0	>5.0
浆液种类	纯水泥稀浆	纯水泥稠浆	水泥混合砂浆

（g）灌浆设备组装。常用灰浆泵或自制灌浆设备如图 2-40 所示。单位时间内空气压缩机容量为 $0.6\mathrm{m}^3/\mathrm{min}$，压力为 $0.4\sim0.6\mathrm{MPa}$，压浆罐容量为 15L 左右，耐压 0.6MPa。

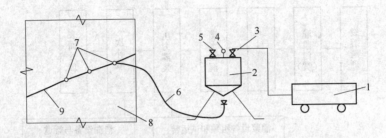

图 2-40　灌浆装置示意图

1. 空气压缩机　2. 压浆罐　3. 进气阀　4. 压力表　5. 进浆口　6. 输送管　7. 灌浆嘴　8. 墙　9. 墙裂缝

（h）压力灌浆。灌浆顺序自下而上进行，压力为 $0.2\sim0.25\mathrm{MPa}$，当附近灌浆口流出浆液或被灌口停止进浆后，方可停灌。当墙面局部漏浆时，可停灌 15min 或用快硬水泥砂浆封堵后再灌。在靠近基础或空心板处灌入大量浆液后仍未灌满时，应增大浆液浓度或停 $1\sim2\mathrm{h}$ 再灌。

（i）二次补灌。全部灌完后，停 30min 再进行二次补灌，提高灌装密实度。

（j）表面处理。封堵灌浆口或拆除（切断）灌浆嘴，表面清理抹平。

（2）扶壁柱加固

扶壁柱加固法是工程中最常用的砖墙加固方法，这种方法能提高砖墙的承载力和稳定性。根据使用材料的不同，扶壁柱加固法分为砖扶壁柱法和混凝土扶壁柱法两种。

①砖扶壁柱法

加固工艺及构造：

常用的砖扶壁柱形式如图 2-41 所示，其中图 2-41a 和图 2-41b 表示单面增设的砖扶壁柱，图 2-41c 和图 2-41d 表示双面增设的砖扶壁柱。

增设的扶壁柱与原砖墙的连接，可采用插筋法和挖镶法。

a. 插筋法。插筋法的连接情况见图 2-41 中的 a，b，c。具体做法如下：

（a）将新、旧砌体间的粉刷层剥去，并冲洗干净。

（b）在砖墙的灰缝中打入 ϕ^b4 或 ϕ^b6 的连接插筋；如果打入插筋有困难，可用电钻钻孔，然后将插筋打入。插筋的水平间距应小于 120mm，见图 2-41a 所示，竖向间距以 $240\sim300\mathrm{mm}$ 为宜，如图 2-41c 所示。

（c）在开口边绑扎 ϕ^b3 的封口筋如图 2-41c 所示。

（d）用 M5～M10 的混合砂浆，MU7.5 级以上的砖砌筑扶壁柱。扶壁柱的宽度不应小于 240mm，厚度不应小于 125mm。在砌至楼板底或梁底时，应采用膨胀水泥砂浆补塞最后 5 层水平灰缝,以保证补强砌体有效地发挥作用。

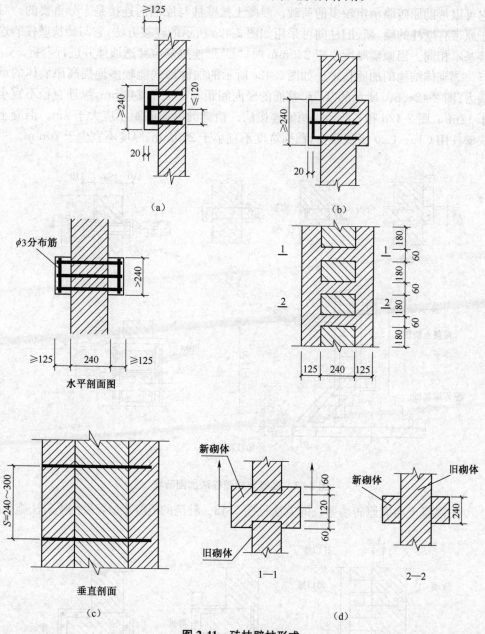

图 2-41 砖扶壁柱形式

b. 挖镶法。挖镶法的连接情况如图 2-41d 所示。具体做法是:先将墙上的顶砖挖去,然后在砌两侧新壁柱时,将"镶砖"镶入。在旧墙内镶砖时,灰浆中最好掺入适量膨胀水泥,以保证镶砖与旧墙之间上下顶紧。砖扶壁柱的间距及数量,由计算确定。

②混凝土扶壁柱加固。加固工艺及构造：混凝土扶壁柱的形式如图 2-42 所示，它可以帮助原砖墙承担较多的荷载。混凝土扶壁柱与原墙的连接是十分重要的。对于原带有壁柱的墙，新、旧柱间可采用如图 2-42a 所示的连接方法，它与砖扶壁柱的连接基本相同。当原墙厚度小于 240mm 时，"U"形连接筋应穿透墙体并进行弯折。

③砌体结构的加固技术。如图 2-42e 所示的加固形式能较多地提高原墙体的承载力；图 2-42a、b、c 所示的"U"形箍筋的竖向间距不应大于 240mm，纵筋直径不宜小于 12mm；图 2-42d 和 e 所示为销键连接法。销键的纵向间距不应大于 1m。混凝土扶壁柱用 C15～C20 级混凝土，截面宽度不宜小于 250mm，厚度不宜少于 70mm。

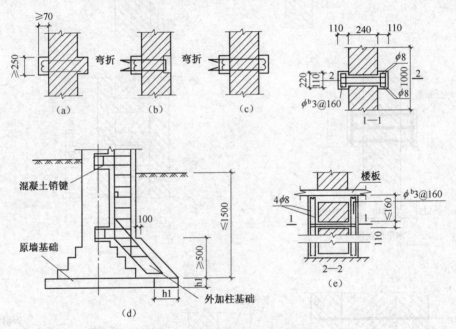

图 2-42　混凝土扶壁柱法加固砖墙

用混凝土加固原砖墙壁柱的方法见图 2-43。补浇的混凝土最好采用喷射法施工。

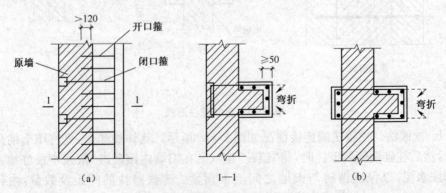

图 2-43　混凝土加固砖墙扶壁柱

为了减小现场工作量,对图 2-43a 所示的原砖墙壁柱的加固,可采用 2 个开口箍和 1 个闭口箍间隔放置的办法。开口箍应插入原墙砖缝内,深度不小于 120mm,闭口箍在穿过墙体后再弯折。当插入箍筋有困难时,可先用电钻钻孔,再将箍筋插入。纵筋的直径不得小于 8mm。

(3)钢筋网水泥砂浆加固

①加固工艺及构造。钢筋网水泥浆法加固砖墙,是指把需加固的砖墙表面除去粉刷层后,两面附设 $\phi 4 \sim \phi 8$ 的钢筋网片,然后喷射砂浆(或细石混凝土)的加固方法如图 2-44、图 2-45 所示。由于通常对墙体做双面加固,所以加固后的墙俗称为夹板墙。夹板墙可以较大幅度地提高砖墙的承载力、抗侧刚度以及墙体延性。

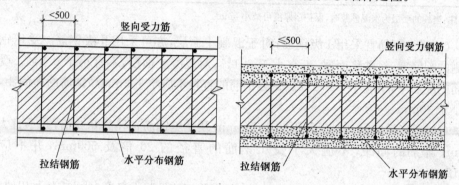

图 2-44　钢丝网水泥法加固的砖墙

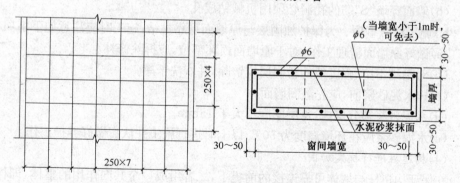

图 2-45　钢筋网水泥砂浆加固窗间墙

a. 构造要求:

(a)采用水泥砂浆面层加固时,厚度宜为 20~30mm;采用钢筋网水泥砂浆面层加固时,厚度宜为 30~45mm;当面层厚度大于 45mm 时,其面层宜采用细石混凝土。

(b)面层水泥砂浆强度等级宜为 M7.5~M15,面层混凝土强度等级宜采用 C15 或 C20。

(c)钢筋网需用 $\phi 4 \sim \phi 6$ 穿墙"S"筋与墙体固定。"S"筋间距不应大于 500mm,对于单面加固的墙体,其钢筋网可用 $\phi 4$ "U"形筋钉入墙内(代替"S"筋),与墙体固定。

为加强钢筋网与墙体的固定，必要时在中间还可以增设φ4 的"U"形筋铁钉钉入墙体砖缝内。

(d)受力钢筋的保护层厚度，不应小于表 2-37 中的数值，受力钢筋距砌体表面的距离，不应小于 5mm。

表 2-37　保护层厚度　　　　　　　　　　　　　　(mm)

构件类别	环 境 条 件	
	室内正常环境	露天或室内潮湿环境
墙	15	25
柱	25	35

注：当柱的面层为水泥砂浆时，保护层厚度可减小 5mm。

(e)受力钢筋宜采用Ⅰ级钢筋；对于混凝土面层，亦可采用Ⅱ级钢筋。受压钢筋一侧的配筋率，对砂浆面层，不宜小于 0.1%；对混凝土面层，不宜小于 0.2%。受拉钢筋的配筋率，不应小于 0.1%。受力钢筋的直径不应小于 8mm。钢筋的净间距，不应小于 30mm。

(f)箍筋(横向筋)的直径，不宜小于 4mm 及受压钢筋直径的 0.2 倍，并不宜大于 6mm。箍筋的间距，不应大于受压钢筋的直径的 20 倍及 500mm，并不应小于 120mm。

(g)钢筋网的横向钢筋遇到门窗洞口时，宜将钢筋沿洞边弯成 90°的直钩加以锚固。

(h)墙面穿墙"S"筋的孔洞必须用机械钻成孔。

b. 施工注意事项。为保护加固层与原墙面可靠黏结，施工时应注意如下事项：

(a)做好原墙面清理工作，对于原墙面损坏部位，应拆除修补。

(b)对黏结不牢、强度低的粉刷层应铲除，并刷洗干净。

(c)抹水泥砂浆前，应先湿润墙面。

(d)水泥砂浆须分层抹，每层厚度不大于 15mm。

(e)水泥砂浆应在环境温度为 50℃ 以上时进行施工并认真做好养护工作。

(4)构造柱进行抗震加固

在保证构造柱与墙体可靠连接的前提下，二者组成一个共同作用的整体，即构造柱墙体，而不是两个构件的组合。

在多层砖房中，由构造柱与圈梁一起形成对墙体的约束作用，可以增大建筑物的延性，防止或延缓建筑物在地震时发生突然倒塌，或减轻建筑物的破坏程度，提高建筑物的抗侧移能力。因而，设置构造柱主要是一种防倒塌措施，并不能保证砖房不出现任何损坏，这是构造柱设计的基本思想。所以，在抗震规范中规定，根据烈度和房屋层数等条件，在砌体结构中须设置钢筋混凝土构造柱作为抗震构造措施，以提高墙体的变形能力。

进行抗震加固设计时，钢筋混凝土构造柱要与圈梁、拉杆形成抗震加固体系。具体措施为：

在横墙与纵墙交接处外边及外墙转角处设构造柱，并用圈梁和拉杆将其拉紧。如加固房屋已有圈梁或为现浇钢筋混凝土楼（屋）盖时，可不再增设钢拉杆和圈梁，但构造柱与原有圈梁或现浇钢筋混凝土楼（屋）盖必须采取可靠拉结。构造柱、拉杆和圈梁正好在三个方向把整个房屋"箍"起来，从而使砖混结构墙体的抗剪强度、变形能力和整体性得到加强。因此，这是一种既有总体，也有局部的加固方法。

一般构造柱应设置在内外墙交接处和外墙转角处（应在同一轴线横墙两端的内外墙交接处同时设置）。并且尽可能对称设置，间距均匀，大小均匀，同时要注意建筑立面的美观以及和周围建筑相协调。

拉杆在整个体系中发挥着重要作用，能较好地保证构造柱对墙体的约束作用，进行内力重分布，阻止砌体开裂变形，从而提高墙体的变形能力和抗倒塌能力。拉杆是通过拉住构造柱起作用，因而拉杆拉力不应超过一根外加柱的抗剪能力，为充分发挥外加柱的作用，设计拉杆时，应尽量使拉杆与一根外加柱的抗剪能力相匹配。

加固墙体的抗剪强度验算可按抗震设计规范的规定进行计算。地震荷载的计算公式和参数均与抗震设计规范相同，只是安全系数可按鉴定标准有关规定选取。

对加固房屋，如能做到外加构造柱、圈梁、拉杆等构件与墙体有牢固的拉结，保证直至破坏时，柱与墙不脱开，则构造柱与新建房屋的构造柱相比，可以起到相同的作用，因此构造柱等构件与墙体的联结措施是十分关键的环节。早期加固工程中，构造柱大都采用钢筋混凝土销键与墙连接。但销键的混凝土在施工中很难灌满孔洞，且不易填实，难保质量；又由于做销键要在原砖墙上凿洞，墙体被损伤严重。因此，现在很多加固工程中已采用压浆锚杆技术。不过锚杆的力度有限，难以保证构造柱与墙体的可靠连接。所以，构造柱与墙体如何保证可靠连接，仍是构造柱抗震加固中尚待解决的问题。

（5）结构构造性加固

①材料要求：砌体扩大部分的砖强度等级与原砌体的相同，砂浆强度比原有的提高 1 级且不低于 M2.5。

②连接构造。扩大砌体截面加固法，通常考虑新、旧砌体共同承受荷载。因此，加固效果取决于两者之间的连接状况，常用的连接构造有下述两种：

a. 砖槎连接：原有砌体每隔 4 皮砖高，剔凿出 1 个深为 120mm 的槽，扩大部分砌体与这预留槽连接，新、旧砌体形成锯齿形连接如图 2-46 所示。

b. 钢筋连接：原有砌体每隔 6 皮砖高钻洞或凿开 1 块砖用 M5 砂浆锚固 ϕ6 钢筋，将新、旧砌体连接在一起如图 2-47 所示。

三、砌体裂缝的处理和加固

（1）裂缝类型及其形成的原因分析

砌体结构房屋裂缝的形态与产生的原因有较强的对应关系，大致分为温度收缩裂缝、应力集中裂缝、受力裂缝、地基不均匀沉降引起的裂缝等。

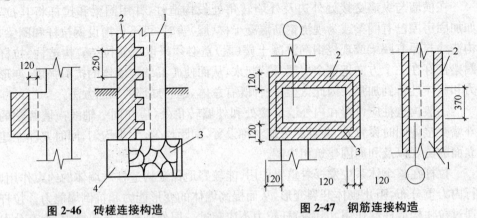

图 2-46　砖槎连接构造　　　　　图 2-47　钢筋连接构造

①温度收缩裂缝。砌体结构温度收缩裂缝因出现的部位不同,其形状也有较大的差异,在内纵墙和内横墙上,如为"升温裂缝",其形状多呈正"八"字形,如为"降温裂缝",其裂缝形状多呈倒"八"字形;在顶层山墙或伸缩缝处的墙体,多数呈水平裂缝,少数为斜向裂缝,且多发生在圈梁下部;在纵墙上多在门窗洞口处,形成斜向、水平裂缝。如图 2-48 所示。

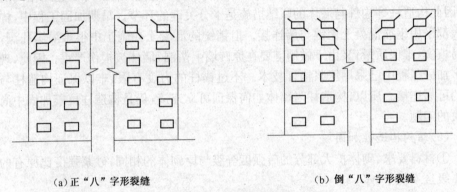

（a）正"八"字形裂缝　　　　　（b）倒"八"字形裂缝

图 2-48　温度裂缝形态

通常砌体结构的温度收缩裂缝与下列因素有关:

a. 砌体结构伸缩缝的最大间距超出了现行规范的规定,导致局部温度应力超限。

b. 砌体结构顶层屋盖(特别是钢筋混凝土屋盖)的保温隔热未达到现行建筑节能设计标准的要求,导致屋盖出现较大的温度差。如在夏季阳光照射下,屋面和墙体之间存在一定的温差。屋面最高温度可达 40℃～50℃,而顶层外墙平均最高温度为 30℃～35℃。屋面和顶层外墙存在 10℃～15℃ 的温差,两者的温差可能引起墙体开裂。

c. 屋盖、楼盖与砌体相互间的约束较大,使得砌体膨胀受阻,造成砌体出现较大的附加温度应力。

d. 两种线膨胀系数差异较大的承重结构体系之间,未留能适应温度变形差的缝隙。

e. 墙体内外或上下之间出现过大的温度差,导致温度应力或温度变形超限。

②应力集中裂缝。此类裂缝多在砌体结构相对薄弱部位出现,如门洞口上部、窗洞口上下部及混凝土大梁下部的墙体上。其裂缝多为斜向,少部分为竖向和水平方向裂缝。实验应力分析表明,在荷载、收缩或温度作用下,在门窗洞口处产生局部应力集中,其主拉应力约呈45°斜向分布,该处拉应力最大值往往超过弹性均匀分布拉应力的2~3倍,当局部应力集中产生的拉应力超过砌体的主拉应力极限值时,就出现了应力集中裂缝。还有一种应力集中裂缝出现在钢筋混凝土大梁下的砌体上,原因是未设梁垫或设置不当,产生局部应力集中,导致砌体出现裂缝。

③受力(应力)裂缝。此类裂缝多出现在轴心或小偏心受压的砖垛或砖柱上,有时也出现在截面较小的承重窗间墙上,且多呈竖向裂缝,有时呈枣核形,严重处砖块断裂,砌体出现剥落现象。这类裂缝产生的主要原因是上部荷载传至砌体上,使得砌体局部受到的压力达到或超过其承载力的极限值,使砌体开裂。导致上述裂缝的原因,通常是由于设计不周、截面过小;功能改变导致超载;砖、砌块或砌筑砂浆强度未达到设计要求;砌筑质量低劣等因素造成的。

④地基不均匀沉降裂缝。一般在建筑物下部,由下往上发展,呈正"八"字、倒"八"字、水平及竖缝。当长条形的建筑物中部沉降过大,则在房屋两端由下往上的倒"八"字形缝,且首先在窗对角处开裂;反之,当两端沉降过大,则形成的两端由下往上的倒"八"字形缝,也首先在窗对角开裂,还可在底层中部窗台处开裂形成由上至下竖缝;当纵横墙交点处沉降过大,则在窗台下角形成上宽下窄的竖缝,有时还有沿窗台下角的水平缝;当外纵横凹凸设计时,由于一侧的不均匀沉降,还可导致在此处产生水平推力而组成力偶,从而导致此交接处的竖缝。

除此之外,还有如混凝土构件变形导致的砌体裂缝。如当挑梁上填充墙、梁相继同步施工致使挑梁挠度过大,其上砌体产生内低外高斜裂缝及外纵墙之间的竖裂缝;当砌体本身承载力不足,如砖柱承载不足时在下部1/3高度处出现的竖裂缝。当砌体构造要求不良,如施工洞留置和拉结筋放置不当造成的洞边缝;施工质量差造成的缝,如砌体通缝、灰缝砂浆不饱满、含水率掌握不当、脚手眼设置不当、砌块组织不当、由混凝土的收缩和施工的缺陷所引起的裂缝,电器和设备专业预埋线管处的裂缝等。这些裂缝形态各异,必须对症防治。

(2)砌体结构裂缝的防治措施

砌体结构裂缝应以预防为主,一旦出现裂缝,应首先判明裂缝产生的原因,然后采取相应的措施来对症防治。

①温度收缩裂缝的防治。控制此类裂缝应遵循下列准则:

a. 首先应按现行国家《建筑节能标准》做好屋面的保温与隔热,以减少温差,从而降低砌体的温度应力,此项措施是控制砌体结构温度裂缝的最根本措施。其次是适当减少水平阻力系数,即适当减少顶板与墙体的约束作用,对减少砌体结构温度应力也有一定效果。例如对非地震区,在顶板圈梁与墙体间设置滑动层,即采用"放"的方法;对地震区可采取加强房屋顶层端部的构造措施:例如加钢筋混凝土抗裂柱、砌体内配筋或加混凝土配筋带以及提高砌筑砂浆强度等,即采用"抗"的措施。

b. 建筑物温度伸缩缝的间距应满足《砌体结构设计规范》(GB50003—2001)第6.3.1条的规定外,宜在建筑物墙体的适当部位设置控制缝,控制缝的间距不宜大于30m。

c. 根据保温层材料不同的膨胀性能及做法,在保温层长向中部及保温层与女儿墙或突出屋面的外墙之间,如水箱间、楼梯间等,应留适当的缝隙,并填塞弹性嵌缝膏。

d. 保温层或隔热层的铺设,宜延伸至挑檐板的尽端。

e. 顶层屋面板下设置现浇混凝土圈梁时,应沿内外墙拉通,房屋两端圈梁下的墙体内宜适当设置水平钢筋。

f. 顶层墙体有门窗等洞口时,在过梁上的水平灰缝内设置2~3道焊接钢筋网片或2ϕ6钢筋,并应伸入过梁两端墙内不小于600mm。

g. 房屋顶层端部墙体内适当增设构造柱。

h. 顶层及女儿墙砂浆强度等级不低于M5。

②应力集中裂缝的防治。控制此类裂缝应遵循下列准则:

a. 在门窗洞口两侧增设抗裂柱,或钢筋混凝土门窗框;对于混凝土小型空心砌块砌体,则在洞口两侧设芯柱。

b. 如为混水墙也可在门窗洞口处设置45°斜向焊接网片或加强钢筋,并用U形筋将斜筋固定在墙体上,再做外抹灰。

c. 支承在墙上的钢筋混凝土大梁下部应设置梁垫。

③受力(应力)裂缝。控制此类裂缝应遵循下列准则:精心设计、精心施工;不得随意改变使用功能和结构受力状态。

④地基不均匀沉降裂缝。

a. 合理设置沉降缝将房屋划分若干个刚度较好的单元,或将沉降不同的部分分隔开一定距离,其间可设置能自由沉降的悬挑结构。

b. 合理地布置承重墙体,应尽量将纵墙拉通,尽量做到不转折或少转折,避免在中间或某些部位断开,使它能起到调整不均匀沉降的作用,同时每隔一定距离设置一道横墙,与内外纵横连接,以加强房屋的空间刚度,进一步调整沿纵向的不均匀沉降。

c. 加强上部结构的刚度和整体性,提高整体的稳定性和整体刚度,减少建筑物端部的门、窗洞口,设置钢筋混凝土圈梁,尤其是要加强地圈梁的刚度。

d. 加强对地基的检测,发现有不良地基应及时妥善处理,然后才能进行基础施工。

e. 房屋体形应力求简单,横墙间距不宜过大。

f. 合理安排施工顺序,宜先建较重单元,后建较轻单元。

⑤其他裂缝的控制准则。

a. 设计时按抗震规范要求设计并适当提高砂浆标号。

b. 施工时严格要求，施工人员需上岗前开碰头会进行技术交底并有上岗证。

c. 建筑材料需合格。

d. 严格按照验收规范进行施工和监督，特别在进行填充墙方面施工时，施工单位和监理单位不能疏忽。

e. 墙体上下温差不能太大，在温差较大暴露于大气中的墙体应设置混凝土配筋带或配筋砖带，遇有窗洞口处可设置钢筋混凝土窗框。总之，砌体结构出现裂缝是一种较为普遍的现象。由于温差和材质因素产生的裂缝较为普遍，而以沉降、超载导致的裂缝产生的危害较大，其危害性和处理方法也不能一概而论，在具体处理时务必正确区分，对症防治，并尽可能做到防患于未然。

(3)砌体裂缝处理与加固

①当裂缝较细、裂缝数量较少，但裂缝已基本稳定时，可采用灌浆加固方法。

②裂缝较宽但数量不多时，可在与裂缝相交的灰缝中，用高强度等级砂浆和细钢筋填缝，也可用块体嵌补法，即在裂缝两端及中部用钢筋混凝土楔子加固。楔子可与墙体等厚，或为墙体厚度的1/2或2/3。如图2-49所示。

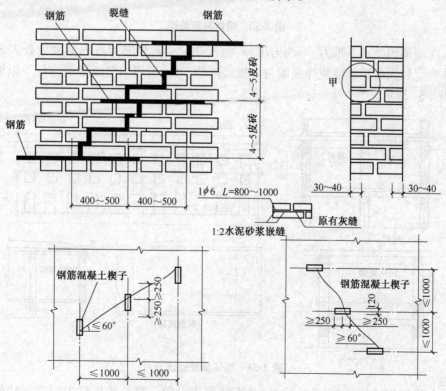

图2-49 墙体裂缝处理一

　　③当裂缝较多时,可在局部钢筋网外抹水泥砂浆予以加固,如图 2-50 所示。钢筋网可用力φ6@100～300(双向)或φ4@100～200,两边钢丝网用φ8@300～600(梅花状)或φ6@200～400 的"S"形钢筋拉结。施工前墙体抹灰应刮干净,抹水泥砂浆前应将砌体抹湿,抹水泥砂浆后应养护至少 7d。

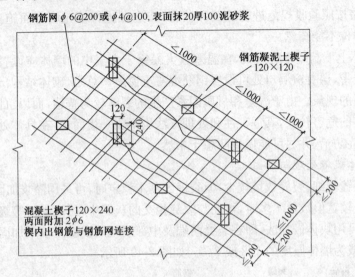

图 2-50　墙体裂缝处理二

　　④墙体因受水平推力、不均匀沉降、温度变化引起伸缩等原因而发生外闪现象,墙体产生较大的裂缝或使外纵墙与内横墙拉结不良,可用钢筋或型钢拉杆予以加固,如图 2-51 所示。

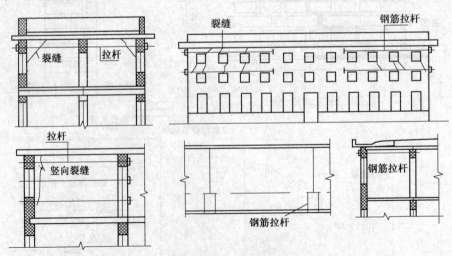

图 2-51　墙体裂缝处理三

　　如采用钢筋拉杆,宜通长拉结,并沿墙两边设置。较长的拉杆中间应加法螺丝,以便拧紧拉杆。拉杆接长时应采用焊接。露在墙外的拉杆或垫板螺帽，可适当处理。拉杆和垫板都要涂防锈漆。在拉结水平层处，可以增设外圈梁，以增强加固效果。钢筋的直径可采用：当一开间加一道拉杆时为 $2\phi16$（房屋进深 $5\sim7m$），$2\phi18$（房屋进深 $8\sim10m$），$2\phi20$（房屋进深 $11\sim14m$）；当每 3 开间加一道拉杆时为 $2\phi22$（房屋进深 $5\sim7m$），$2\phi25$（房屋进深为 $8\sim10m$），$2\phi28$（房屋进深 $11\sim14m$）。

其相应的垫板尺寸可按表 2-38 取值。

表 2-38　垫板尺寸选用表　　　　　　　　　　（mm）

直径	16	18	20	22	25	28
角钢垫板	90×90×8	100×100×10	125×125×10	同左	140×140×12	160×160×14
槽钢垫板	100×48	100×48	120×53	140×58	160×58	同左
方形垫板	80×80×80	90×90×9	100×100×10	110×110×11	130×130×13	140×140×14

⑤墙体开裂比较严重，为了增加房屋的整体刚性，可以在房屋墙体一侧或两侧增设钢筋混凝土圈梁。圈梁采用的混凝土强度等级为 C15～C20，截面面积至少为 120mm×180mm，配筋可采用 $4\phi10\sim4\phi14$，箍筋 $\phi6@200\sim250$；每隔 1.5～2.5m 应有牛腿（或螺栓、锚固件等）伸进墙内与墙拉结好，并承受圈梁自重。浇筑圈梁时应将墙面凿毛、湿水，以加强黏结。具体做法如图 2-52 所示。

⑥对砌体过梁的裂缝，可采取增设钢筋 $2\phi16$，填补高强度砂浆（M10 以上），或增加钢筋混凝土过梁的方法。

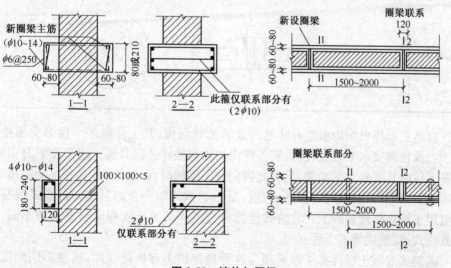

图 2-52　墙体加圈梁

第三章　混凝土和钢筋混凝土工程

第一节　混凝土工程

一、混凝土的拌制

(1)混凝土搅拌机

混凝土搅拌机按其工作原理,可分为自落式和强制式两大类,见表 3-1。

表 3-1　搅拌机的分类

	鼓筒式	锥形反转出料式	锥形倾翻出料式
自落式	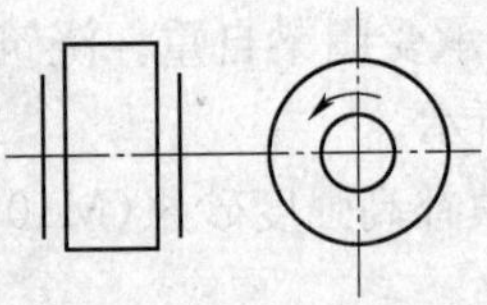	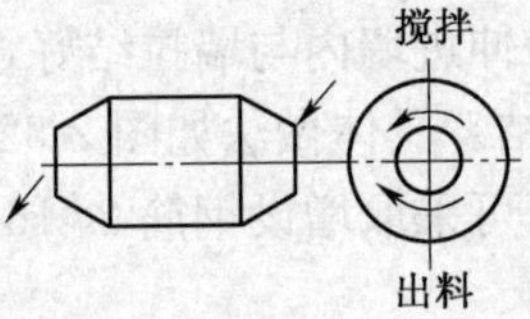	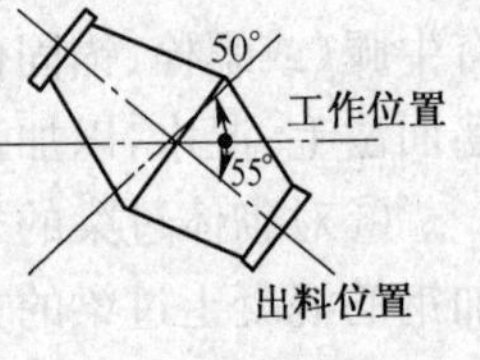
强制式	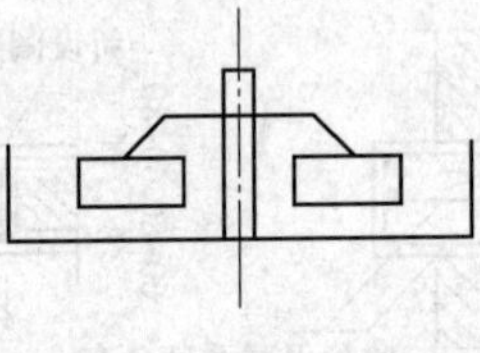	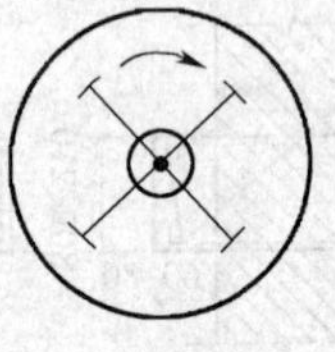	

自落式搅拌机由内壁装有叶片的旋转鼓筒组成,其工作原理为重力交流掺和机理。当搅拌筒绕水平轴旋转时,装入筒内的物料被叶片提升到一定高度后自由落下,物料下落时具有较大的动能,且各物料颗粒下落的时间、速度、落点和滚动距离不同。从而使物料颗粒相互穿插、渗透、扩散,最后达到均匀混合的目的。自落式混凝土搅拌机用于搅拌塑性混凝土。自落式搅拌机按搅拌筒的形状和出料方式的不同,可分为鼓筒式、双锥式等若干种。

强制式混凝土搅拌机工作原理为这种搅拌机中有转动叶片,这些不同角度和位置的叶片转动时通过物料,克服了物料的惯性、摩擦力和黏滞力,强制其产生环向、径向、竖向运动。而叶片通过后的空间又由翻越叶片的物料所充满。这种由叶片强制物产生剪切位移而达到均匀混合的机理,称为剪切搅拌机理。强制式搅拌机分为立轴式与卧轴式。宜于搅拌干硬性混凝土和轻骨料混凝土。

选择搅拌机时要根据工程量大小、混凝土的坍落度、骨料尺寸等而定。既要满足技术上的要求，又要考虑经济效果及节约能源。

搅拌机的主要工艺参数为工作容量。工作容量可以用进料容量或出料容量表示。

进料容量又称为干料容量，是指该型号搅拌机可装入的各种体积之和。搅拌机每次搅拌出混凝土的体积称为出料容量。出料容量与进料容量之比称为出料系数。即

$$出料系数＝出料容量/进料容量$$

出料系数一般取 0.65。

例如 Jl－400A 型混凝土搅拌机，进料容量为 400L，出料容量为 260L，即每次可装入干料体积 400L，每次可搅拌出混凝土 260L，即 $0.26m^3$。

（2）搅拌制度

为了拌制出均匀优质的混凝土，除合理地选择搅拌机外，还必须正确地确定搅拌制度，即一次投料量、搅拌时间和投料顺序等。

①一次投料量。不同类型的搅拌机都有一定的进料容量。搅拌机不宜超载过多，如自落式搅拌机超载 10%，就会使材料在搅拌筒内无充分的空间进行掺和，影响混凝土拌和物的均匀性，并且在搅拌过程中混凝土会从筒中溅出。故一次投料量宜控制在搅拌机的额定容量以下。但亦不可装料过少，否则会降低搅拌机的生产率。施工配料就是根据施工配合比以及施工现场搅拌机的型号，确定现场搅拌时原材料的一次投料量。搅拌时一次投料量要根据搅拌机的出料容量来确定。

按上例，已知条件不变．采用 400L 混凝土搅拌机，求搅拌时的一次投料量。

400L 混凝土搅拌机每次可搅拌混凝土：

$$400×0.65＝260(L)＝0.26(m^3)$$

则搅拌时一次投料量为：

水泥：285×0.26＝74.1(kg)（取 75kg，一袋半水泥）

砂：75×2.35＝176.25(kg)

石子：75×4.51＝338.25(kg)

水：75×0.63－75×2.28×0.03－75×4.47×0.01＝47.25－5.13－3.35＝38.77(kg)

搅拌混凝土时，根据计算出的各组成材料的一次投料量、按重量投料。

②搅拌时间。从原材料全部投入搅拌筒时起到开始卸出时止所经历的时间称为搅拌时间。为获得混合均匀、强度和工作性能都能满足要求的混凝土，所需的最短搅拌时间称最短搅拌时间。混凝土搅拌的最短时间见表 3-2。

表 3-2   混凝土搅拌的最短时间   （s）

混凝土的坍落度（mm）	搅拌机机型	搅拌机容量(L)		
		<250	250~500	>500
不大于 30	自落式	90	120	150
	强制式	60	90	120
大于 30	自落式	90	90	120
	强制式	60	60	90

注：掺有外加剂，搅拌时间应适当延长。

③投料顺序。确定原料投入搅拌筒内的顺序应从提高搅拌质量、减少机械的磨损和混凝土的粘罐现象、减少水泥飞扬、降低电耗以及提高生产率等方面综合考虑。按照原材料加入搅拌筒内的投料顺序的不同，常用的有一次投料法和两次投料法等。

一次投料法是将砂、石、水泥装入料斗，一次投入搅拌机内，同时加水进行搅拌。为了减少水泥的飞扬和粘罐现象。对自落式搅拌机，常采用的投料顺序是：先倒砂子（或石子），再倒水泥，然后倒入石子（或砂子），将水泥夹在砂、石之间，最后加水搅拌。

二次投料法又分为预拌水泥砂浆和预拌水泥净浆法。预拌水泥砂浆法是将水泥、砂和水加入搅拌筒内进行搅拌，成为均匀的水泥砂浆后，再加入石子搅拌成均匀的混凝土。预拌水泥净浆法是先将水泥和水充分搅拌成均匀的水泥净浆后，再加入砂和石子搅拌成混凝土。试验表明，二次投料法的混凝土与一次投料法相比，混凝土强度可提高约 15％。在强度相同的情况下，可节约水泥 15％～20％。

水泥裹砂法又称 SEC 法，是日本研究的混凝土搅拌工艺。采用这种方法拌制的混凝土称 SEC 混凝土，又称造壳混凝土。该法的搅拌程序是：先加一定量的水，将砂表面的含水量调节到某一规定的数值后，再将石子加入与湿砂拌匀，然后将全部水泥投入，与润湿后的砂、石拌和，使水泥在砂、石表面形成一层低水灰比的水泥浆壳（此过程称为"成壳"），最后将剩余的水和外加剂加入，搅拌成混凝土。试验表明，采用 SEC 法制备的混凝土与一次投料法相比较，强度可以提高 20％～30％，混凝土不易产生离析现象，泌水少，工作性好。用裹砂石法搅拌工艺可使混凝土强度提高 10％～20％，或节约水泥 5％～10％。在我国推广这种新工艺，有巨大的经济效益。

二、混凝土的运输

（1）对混凝土运输的要求

混凝土由拌制地点运往浇筑地点有多种运输方法：选用时应根据建筑物的结构特点，混凝土的总运输量与每日所需的运输量，水平及垂直运输的距离，现有设备的情况以及气候，地形与道路条件等因素综合考虑。不论采用何种运输方式，都应满足下列要求：

①在运输过程中应保持混凝土的均匀性，避免产生分离、泌水、砂浆流失、流动性减小等现象。混凝土运至浇筑地点，应符合浇筑时规定的坍落度。

②混凝土应以最少的转载次数和最短的时间，从搅拌地点运至浇筑地点，使混凝土在初凝前浇筑完毕。

③混凝土的运输应保证混凝土的灌筑量。对于采用滑升模板施工的工程和不允许留施工缝的大体积混凝土的浇筑，混凝土的运输必须保证其浇筑工作能连续进行。

（2）混凝土的运输方法

混凝土运输分为地面运输、垂直运输和楼地面运输三种情况。

①混凝土地面运输。如果采用预拌（商品）混凝土，运输距离较远时，多采用自卸汽车或混凝土搅拌运输车。混凝土如来自工地搅拌站，则多用载重 1t 的小型机动翻斗车，近距离亦用双轮手推车，有时也用皮带运输机。

混凝土搅拌运输车是长距离运输混凝土的工具如图 3-1 所示。

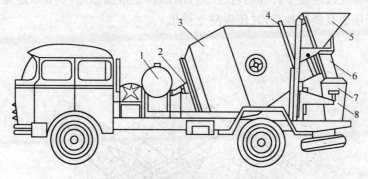

图 3-1 混凝土搅拌运输车外形示意图

1. 水箱　2. 轴承座　3. 搅拌筒　4. 轮圈　5. 进料斗
6. 卸料槽　7. 引料槽　8. 托轮

②混凝土垂直运输。混凝土垂直运输多采用塔式起重机、混凝土泵、快速提升斗和井架等。用塔式起重时，混凝土多放在吊斗中，这样可直接浇筑。

塔式起重机既能完成混凝土的垂直运输，又能完成一定的水平运输，在其工作幅度内，能直接将混凝土从装料地点吊升到浇筑地点送入模板内，中间不需转运，在现浇混凝土工程施工中应用广泛。

采用井架做垂直运输时，常把混凝土装在双轮手推车内推送到井架升降平台上（每次可装 2～4 台手推车），提升到楼层上，再将手推车沿铺在楼面上的跳板推到浇筑地点。

③混凝土楼面运输。混凝土楼面运输一般以双轮手推车为主。也可用小型机动翻斗车，如用混凝土泵，则用布料杆布料。

三、混凝土泵送

混凝土泵是在压力推动下沿管道输送混凝土的一种设备。它能一次连续完成混凝土的水平运输和自由运输,配以布料杆还可以进行混凝土的浇筑。它具有工效高、劳动强度低、施工现场文明等特点,是发展较快的一种混凝土运输方法。泵送混凝土的主要设备有以下几种。

(1)混凝土泵

混凝土泵按其机动性,可分为固定式泵、装有行走轮胎可牵引转移的混凝土泵(拖式混凝土泵)和装在载重汽车底盘上的汽车式混凝土泵。目前一般采用液压柱塞式混凝土泵,如图 3-2 所示。主要由两个液压油缸、两个混凝土缸、分配阀、料斗、Y形连通管及液压系统组成。通过液压控制系统的操纵作用,使两个分配阀交替启闭。液压油缸与混凝土缸相连通,通过液压油缸活塞杆的往复作用,以及分配阀的密切协同动作,使两个混凝土缸轮流交替完成吸入和压送混凝土冲程。在吸入冲程时,混凝土缸筒由料斗吸入混凝土拌和物;在压送冲程时,把混凝土送入 Y 形连通管内,并通过输送配管压送至浇筑地点,并使混凝土排出。

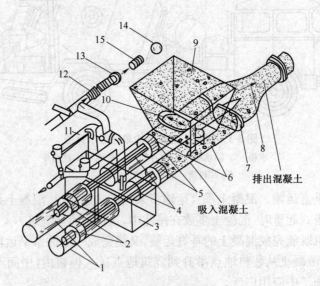

图 3-2　柱塞式混凝土泵工作原理图

1. 液压缸　2. 液压活塞　3. 水箱　4. 活塞杆　5. 混凝土活塞　6. 混凝土缸　7. 排出端竖直片阀
8. Y 形输送管　9. 受料斗　10. 吸入端水平片阀　11. 水洗装置　12. 水洗用高压软管
13. 水洗用法兰　14. 海绵球　15. 清洗塞

(2)混凝土输送管

输送管是混凝土泵送设备的重要组成部分。管道配置与敷设是否合理,直接影响到泵送效率,有时甚至影响泵送作业的顺利完成。泵送混凝土的输送管道由耐磨锰钢无缝钢管制成,包括直管、弯管、接头管及锥形管(过渡管)等各种管件,有时在输送管末端配有软管,以利于混凝土浇筑和布料。

(3)泵送混凝土施工

①在编制施工组织设计和绘制施工总平面图时,应妥善选定混凝土泵或布料杆的合适位置。当与混凝土搅拌运输车配套使用时,要使混凝土搅拌运输车便于进出施工现场,便于就位向混凝土泵喂料,能满足铺设混凝土输送管道的各项具体要求,在整个施工过程中,尽可能减少迁移次数;混凝土泵机的基础应坚实可靠,无坍塌,不得有不均匀沉降,就位后应固定牢靠。

②混凝土泵的输送能力应满足施工速度的要求。混凝土的供应必须保证输送混凝土的泵能连续工作,故混凝土搅拌站的供应能力至少应比混凝土泵的工作能力高约20%。另外,必须考虑混凝土浇筑时间的运输情况,防止因为交通堵塞而造成混凝土无法及时运至的问题。

③输送管道的布置原则是尽量使输送距离最短,故输送管线宜直,转弯宜缓,接头应严密。

④泵送混凝土前,应先泵送清水清洗管道。再按规定程序试泵,待运转正常后再交付使用。启动泵机的程序是:启动料斗搅拌叶片→将润滑浆(水泥素浆)注入料斗→打开截止阀→开动混凝土泵→将润滑浆泵入输送管道→往料斗内装入混凝土并进行泵送。

⑤在泵送作业过程中,要经常注意检查料斗的充盈情况,不允许出现完全泵空的现象,以免空气进入泵内,防止活塞出现干磨现象。

四、混凝土的浇筑

混凝土的浇筑工作包括布料摊平、捣实、抹平修整等工序。浇筑工作的好坏对于混凝土的密实性与耐久性,结构的整体性及构件外形的正确性,都有决定性的影响,因此是混凝土工程施工中保证工程质量的关键性工作。

(1)混凝土浇筑的一般规定

在混凝土浇筑前,应检查模板的标高、位置、尺寸、强度和刚度是否符合要求,接缝是否严密;检查钢筋和预埋件的位置、数量和保护层厚度等,并将检查结果填入隐蔽工程记录表中;清除模板内的杂物和钢筋上的油污;对模板的缝隙和孔洞应予堵严;对木模板应浇水湿润,但不得有积水。

混凝土的浇筑,应由低处往高处分层浇筑。每层的厚度应根据捣实的方法、结构的配筋情况等因素确定,且不应超过表3-3的规定。

在浇筑竖向结构混凝土前,应先在底部填以50～100mm厚与混凝土内砂浆成分相同的水泥砂浆;浇筑中不得发生离析现象;当浇筑高度超过3m时,应采用串筒、溜管或振动溜管使混凝土下落。

表 3-3　　混凝土浇注层厚度　　　　　　　　　（mm）

捣实混凝土的方法		浇筑层的厚度
插入式振捣		振捣器作用部分长度的 1.25 倍
表面振动		200
人工捣固	在基础、无筋混凝土或配备筋稀疏的结构中	250
	在梁、墙板、柱结构中	200
	在配筋密列的结构中	150
轻骨料混凝土	插入式振捣	300
	表面振动（振动时需加荷）	200

在一般情况下，梁和板的混凝土应同时浇筑。较大尺寸的梁（梁的高度大于1m）、拱和类似的结构，可单独浇筑。

在浇筑与柱和墙连成整体的梁和板时，应在柱和墙浇筑完毕后停歇 1～1.5h，使混凝土拌和物初步沉实后，再继续浇筑上面的梁板结构的混凝土。

在混凝土浇筑过程中，应经常观察模板、支架、钢筋、预埋件和颈留孔洞的情况，当发现有变形、移位时，应及时采取措施进行处理。

混凝土浇筑后，必须保证混凝土均匀密实，充满模板整个空间；新、旧混凝土结合良好；拆模后，混凝土表面平整光洁。

为保证混凝土的整体性，浇筑混凝土应连续进行。当必须间歇时，其间歇时间宜缩短，并应在前层混凝土凝结之前将次层混凝土浇筑完毕。间歇的最长时间与所用的水泥品种、混凝土的凝结条件以及是否掺用促凝或缓凝型外加剂等因素有关。而混凝土连续浇筑的允许间歇时间则应由混凝土的凝结时间而定。混凝土运输、浇筑及间歇的全部时间不得超过表 3-4 的规定，若超过时应留设施工缝。

表 3-4　　混凝土运输、浇筑和间歇的允许时间　　　　　（min）

混凝土强度等级	气　　　　温	
	不高于 25℃	高于 25℃
不高于 C30	210	180
高于 C30	180	150

注：当混凝土中掺有促凝或缓凝型外加剂时，其允许时间应根据实验结果确定。

（2）施工缝的留置

如果由于技术上的原因或设备、人力的限制，混凝土的浇筑不能连续进行，中间的间歇时间需超过混凝土的初凝时间，则应留置施工缝。施工缝的留设位置应事先确定。该处新旧混凝土的结合力较差，是结构中的薄弱环节，因此，施工缝宜留置在结构受剪力较小且便于施工的部位。施工缝的留设位置应符合下列规定：

①柱施工缝宜留置在基础的顶面、梁和吊车梁牛腿的下面、无梁楼板柱帽的下面，柱子施工缝位置如图 3-3 所示。

②与板连成整体的大截面梁,施工缝应留置在板底面以下 20～30mm 处。当板下有梁托时,施工缝应留置在梁托下部。

③单向板施工缝可留置在平行于板的短边的任何位置。

④有主次梁的楼板宜顺着次梁方向浇筑,施工缝应留置在次梁跨度的中间 1/3 范围内,有主次梁的楼板施工缝位置如图 3-4 所示。

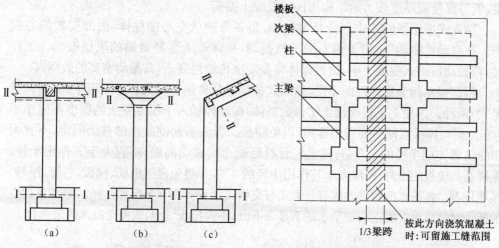

图 3-3　柱子施工缝位置　　　　　图 3-4　有主次梁的楼板施工缝位置

⑤墙施工缝留置在门洞口过梁跨中 1/3 范围内,也可留在纵横墙的交接处。

⑥双向受力板、大体积混凝土结构、拱、穿拱、薄壳、蓄水池、斗仓、多层刚性架及其他结构复杂的工程,施工缝的位置应按设计要求留置。

施工缝所形成的截面应与结构所产生的轴向压力相垂直,以发挥混凝土传递压力好的特性。所以,柱、梁的施工缝截面应垂直于结构的轴线,板、墙的施工缝应与板面、墙面垂直,不得留斜槎。

在施工缝处继续浇筑混凝土时,为避免使已浇筑的混凝土受到外力振动而破坏其内部已形成的凝结结晶结构,必须待已浇筑混凝土的抗压强度不小于 $1.2N/mm^2$ 时才可进行。

继续浇筑前,在已硬化的混凝土表面上,应清除水泥薄膜和松动石子以及软弱混凝土层,并加以充分湿润和冲洗干净,且不得有积水。然后,宜先在施工缝处铺一层水泥浆或与混凝土内成分相同的水泥砂浆,即可继续浇筑混凝土。混凝土应细致捣实,使新旧混凝土紧密结合。

(3)混凝土的捣实

混凝土的振捣分为人工振捣和机械振捣。

人工振捣是利用捣棍或插钎等用人力对混凝土进行夯、插,使之密实成型。只有在采用塑性混凝土,而且缺少机械或工程量不大时才采用人工捣实。

采用机械捣实混凝土,早期强度高,可以加快模板的周转,提高生产率,并能获得高质量的混凝土,应尽可能采用。

振动捣实机械按其工作方式不同可分为内部振动器、表面振动器、外部振动器等几种。

①内部振动器又称插入式振动器,是施工现场使用最多的一种,适用于基础、柱、梁、墙等深度或厚度较大的结构构件的混凝土捣实。

插入式振动器的工作部分是振动棒,是一个棒状空心圆柱体,内部安装偏心振子。在电动机驱动下,由于偏心振子的振动,棒体产生高频微幅的机械振动。工作时,将振动棒插入混凝土中,通过棒体将振动能传给混凝土,其振动密实的效率高。

根据振动棒激振原理的不同,插入式振动器分为偏心轴式和行星滚锥式(简称行星式)两种。为使上下层混凝土结合成整体,振动棒插入下层混凝土的深度不应小于5cm。振动棒插点间距要均匀排列,以免漏振。振实普通混凝土的移动间距,不宜大于振捣器作用半径的1.5倍;捣实轻骨料混凝土的移动间距,不宜大于其作用半径;振捣器与模板的距离,不应大于其作用半径的1/2,并避免碰撞钢筋、模板、芯管、吊环、预埋件等。各插点的布置方式有行列式与交错式两种如图3-5所示。振动棒在各插点的振动时间应视混凝土表面呈水平不显著下沉,不再出现气泡,表面泛出水泥浆为止。

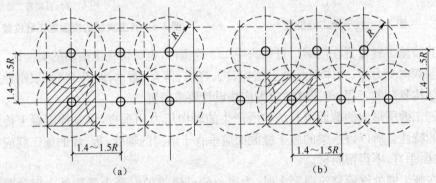

图3-5　内部振捣器振捣混凝土布置示意图
(a)行列式　(b)交错式

②表面振动器又称平板振动器,是由带偏心块的电动机和平板组成。平板振动器是放在混凝土表面进行振捣,适用于振捣楼板、地面、板形构件和薄壳等薄壁构件。

③外部振动器又称附着式振动器,它是直接固定在模板上,利用带偏心块的振动器产生的振动力,通过模板传递给混凝土,达到振实的目的。适用于振捣断面较小或钢筋较密的柱、梁、墙等构件。

(4)大体积混凝土的浇筑

①大体积混凝土的温度裂缝。大体积混凝土的温度裂缝分为两种:表面裂缝和贯穿裂缝。

混凝土随着温度的变化而发生膨胀或收缩,称为温度变形。对大体积混凝土施工阶段来说,裂缝是由于温度变形而引起的,在混凝土浇筑初期,水泥产生大量的水化热,使混凝土的温度很快上升。而大体积混凝土结构物一般断面较厚,且表面散热条件好,热量可向大气中散发;而混凝土内部由于散热条件较差,水化热聚集在内部不易散失,因此产生内外温度差,形成内约束。结果在混凝土内部产生压应力,面层产生拉应力。当拉应力超过混凝土该龄期的抗拉强度时,混凝土表面就会产生裂缝。工程实践表明,混凝土内部的最高温度多数发生在混凝土浇筑后的最初 3~5d。大体积混凝土常见的裂缝大多数是发生在早期的不同深度的表面裂缝。

②防止大体积混凝土裂缝的技术措施。

a. 合理选择混凝土的配合比。尽量选用水化热低的水泥(如矿渣水泥、火山灰水泥等),并在满足设计强度要求的前提下,尽可能减少水泥的用量,以减少水泥的水化热。

b. 骨料。混凝土中粗细骨料级配的好坏,对节约水泥和保证混凝土具有良好的和易性关系很大。粗骨料采用碎石和卵石均可。应采用连续级配或合理的掺配比例。其最大粒径不得大于钢筋最小净距的 3/4。细骨科宜选用中砂或粗砂。对砂、石料的含泥量必须严格控制不超过规定值,否则会增加混凝土的收缩,引起混凝土抗拉强度降低,对混凝土的抗裂不利,因此,石子的含泥量不得超过 1%,砂子的含量不得超过 3%。

c. 外掺加剂的应用。在混凝土掺入外加剂或外掺料,可以减少水泥用量,降低混凝土的温升,改善混凝土的和易性和坍落度,满足可泵性的要求。常用的外加剂有木质素磺酸钙,它属于阴离子表面活性剂,对水泥颗粒有明显的分散效应,并能使水的表面张力降低而引起加气作用。在泵送混凝土中掺入水量 0.2%~0.3% 的外掺加剂,不仅使混凝土的和易性有明显的改善,同时可减少 10% 的拌和水,节约 10% 左右的水泥,从而降低了水化热。在混凝土中掺入少量磨细的粉煤灰(粉煤灰的掺量一般以 15%~25% 为宜),可以减少水泥的用量,并可改善混凝土的和易性,对降低混凝土的水化热有良好的作用,同时还有明显的经济效益。

如在混凝土中掺入适量的微膨胀剂或膨胀水泥,可使混凝土得到补偿收缩,减少混凝土的温度应力。

d. 大体积混凝土的浇筑。应根据整体连续浇筑的要求,结合结构尺寸的大小、钢筋疏密、混凝土供应条件等具体的情况,合理分段分层进行。可选用以下三种方案,如图 3-6 所示。

(a)全面分层。图 3-6a 为全面分层浇筑方案。在整个模板内,将结构分成若干个厚度相等的浇筑层,浇筑区的面积即为结构平面面积。浇筑混凝土时从短边开始,沿长边方向进行浇筑,要求在逐层浇筑过程中,第二层混凝土要在第一层混凝土初凝前浇筑完毕。为此要求每层浇筑都要有一定的速度(称浇筑强度),其浇筑强度可按下式计算:

$$Q = \frac{HF}{T_1 - T_2}$$

式中　Q——混凝土浇筑强度(m^3/h);

　　　H——混凝土分层浇筑时的厚度,应符合表 3-3 的要求(m);

　　　F——混凝土浇筑区的面积(m^2);

　　　T_1——混凝土的初凝时间(h);

　　　T_2——混凝土的终凝时间(h)。

如果按上式计算所得的浇筑强度很大,相应需要配备的混凝土搅拌机和运输、振捣设备量也较大。所以,全面分层方案一般适用于平面尺寸不大的结构。

(b)分段分层。图 3-6b 为分段分层方案。当采用全面分层方案时浇筑强度很大。现场混凝土搅拌机、运输和振捣设备均不能满足施工要求时,可采用分段分层方案。浇筑混凝土时结构沿长边方向分成若干段,分段浇筑。每一段浇筑工作从底层开始,当第一层混凝土浇筑一段长度后,便回头浇筑第二层,当第二层浇筑一段长度后,回头浇筑第二层,如此向前呈阶梯形推进。分段分层方案适于结构厚度不大而面积或长度较大时采用。

(c)斜面分层。图 3-6c 为斜面分层方案。采用斜面分层方案时,混凝土一次浇筑到顶,由于混凝土自然流淌而形成斜面。混凝土振捣工作从浇筑层下端开始逐渐上移。斜面分层方案多用于长度较大的结构。

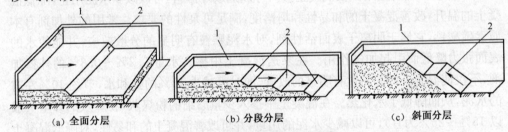

(a)全面分层　　　　　(b)分段分层　　　　　(c)斜面分层

图 3-6　大体积混凝土浇筑方案

1. 模板　2. 浇筑面

e. 根据施工季节的不同,大体积混凝土的施工可分别采用降温法和保温法施工。夏季主要用降温法施工,即在搅拌混凝土时掺入冰水,一般温度可控制在 5℃~10℃。在浇筑混凝土后采用冷水养护降温,但要注意水温和混凝土温度之差不超过 20℃,或采用覆盖材料养护。冬季可以采用保温法施工,利用保温模板和保温材料防止冷空气侵袭,以达到减少混凝土内外温差的目的。

五、混凝土的养护

(1)混凝土的养护方法

混凝土的养护方法很多,常用的是对混凝土试块的标准条件下的养护,对预制构件的热养护,对一般现浇混凝土结构的自然养护。

①混凝土在温度为 20℃±3℃、相对湿度为 90％以上的潮湿环境或水中的条件下进行的养护,称为标准养护。

②为了加速混凝土的硬化过程,对混凝土进行加热处理,将其置于较高温度条件下进行硬化的养护,称为热养护。常用的热养护方法是蒸汽养护。

（2）混凝土的自然养护

混凝土在常温下(平均气温不低于+5℃)采用适当的材料覆盖混凝土,并采取浇水润湿、防风防干、保温防冻等措施所进行的养护,称为自然养护。自然养护分洒水养护和喷涂薄膜养生液养护两种。混凝土的自然养护应符合下列规定:

①应在混凝土浇筑完毕后的 12h 以内对混凝土加以覆盖并保湿养护,当日平均气温低于+5℃时,不得浇水。

②混凝土的浇水养护时间:对采用硅酸盐水泥、普通硅酸盐水泥或矿渣硅酸盐水泥拌制的混凝土,不得少于 7d;对掺用缓凝型外加剂或有抗渗性要求的混凝土,不得少于 14d;采用其他品种水泥时,混凝土的养护时间应根据所采用水泥的技术性能确定。

③浇水次数应能保持混凝土处于润湿状态。混凝土的养护用水应与拌制用水相同。

④采用塑料布覆盖养护时,混凝土敞露的全部表面应覆盖严密,并应保持塑料布内有凝结水。

⑤混凝土强度达到 $1.2N/mm^2$ 前,不得在其上踩踏或安装模板及支架。

六、混凝土工程质量检验

（1）混凝土在拌制、浇筑和养护过程中的质量检查

①首次使用的混凝土配合比应进行开盘鉴定,其工作性能应满足设计要求。开始生产时应至少留置一组标准养护试件做强度试验,以验证配合比。

②混凝土组成材料的用量,每工作班至少抽查两次,要求每盘称量偏差在允许范围之内。

③每工作班混凝土拌制前,应测定砂、石含水率,并根据测试结果调整材料用量,提出施工配合比。

④混凝土的搅拌时间,应随时检查。

⑤在施工过程中,还应对混凝土运输浇筑及间歇的全部时间、施工缓后浇筑的位置、养护制度进行检查。

（2）混凝土强度检查

为了检查混凝土强度等级是否达到设计要求,或混凝土是否已达到拆模、起吊强度及预应力构件混凝土是否达到张拉、放张预应力筋时所规定的强度,应制作试块,做抗压强度试验。

①检查混凝土是否达到设计强度等级。混凝土抗压强度(立方强度)是检查结构

或构件混凝土是否达到设计强度等级的依据。其检查方法是,制作边长为150mm的立方体试块,在温度为20℃±3℃和相对湿度为90%以上的潮湿环境或水中的标准条件下,经28d养护后试验确定。试验结果,作为核算结构或构件的混凝土强度是否达到设计要求的依据。

混凝土试块应用钢模制作,试块尺寸、数量应符合下列规定:

a. 试块的最小尺寸,应根据骨料的最大粒径,按下列规定选定:骨料的最大粒径≤30mm,选用100mm的立方体;骨料的最大粒径≤40mm,选用150mm的立方体;骨料的最大粒径≤60mm,选用200mm的立方体。

b. 当采用非标准尺寸的试块时,应将抗压强度折算成标准试块强度,其折算系数分别为:

边长为100mm的立方体试块—0.95。

边长为200mm的立方体试块—1.05。

c. 用作评定结构或构件混凝土强度质量的试块。应在浇筑地点随机取样制作。检验评定混凝土强度用的混凝土试块组数,应按下列规定留置:

(a)每拌制100盘且不超过100m³的同配合比的混凝土,其取样不得少于一次。

(b)每工作班拌制的同配合比的混凝土不足100盘时,其取样不得少于二次。

(c)当一次连续浇筑超过1000m³时,同一配合比的混凝土每200m³取样不得少于一次。

(d)每一楼层,同一配合比的混凝土,取样不得少于一次。

(e)每次取样应至少留置一组(3个)标准试件。

②检查施工各阶段混凝土的强度。为了检查结构或构件的拆模、出厂、吊装、张拉、放张及施工期间临时负荷的需要,尚应留置与结构或构件同条件养护的试块。试块的组数可按实际需要确定。

③混凝土强度验收评定标准。混凝土强度应分批进行验收。同一验收批的混凝土应由强度等级相同、龄期相同以及生产工艺和配合比基本相同的混凝土组成。每一验收批的混凝土强度,应以同批内全部标准试件的强度代表值来评定。

每组(3块)试块应在同盘混凝土中取样制作,其强度代表值按下述规定确定:

a. 取3个试块试验结果的平均值,作为该组试块的强度代表值。

b. 当3个试块中的最大或最小的强度值与中间值相比超过15%时,取中间值代表该组的混凝土试块的强度。

c. 当3个试块中的最大和最小的强度值与中间值相比均超过中间值的15%时,其试验结果不应作为评定的依据。

根据混凝土生产情况,在混凝土强度检验评定时,按以下三种情况进行:

(a)当混凝土的生产条件在较长时间内能保持一致,且同一品种混凝土的强度变异性能保持稳定时,由连续的三组试块代表一个验收批,其强度同时满足下列要求:

$$m_{f_{cu}} \geqslant f_{cu,k} + 0.7\sigma_0$$

$$f_{cu,min} \geqslant f_{cu,k} - 0.7\sigma_0$$

当混凝土强度等级不高于 C20 时,强度的最小值尚应满足下式要求:

$$f_{cu,min} \geqslant 0.85 f_{cu,k}$$

当混凝土强度等级高于 C20 时,强度的最小值尚应满足下式要求:

$$f_{cu,min} \geqslant 0.9 f_{cu,k}$$

式中　$m_{f_{cu}}$——同一验收批混凝土立方体抗压强度平均值(MPa);

　　　$f_{cu,k}$——混凝土立方体抗压强度标准值(MPa);

　　$f_{cu,min}$——同一验收批混凝土立方体抗压强度最小平均值(MPa);

　　　σ_0——验收批混凝土立方体抗压强度的标准差(MPa),应根据前一检验期内(检验期不应超过 3 个月,强度数据总批数不得小于 15)同一品种混凝土试块的强度数据按下式确定:

$$\sigma_0 = \frac{0.59}{m} \sum \Delta f_{cu,i}$$

式中　$f_{cu,k}$——第 i 批试件立方体抗压强度中最大值与最小值之差;

　　　m——用以确定该验收批混凝土立方体抗压强度标准值的数据总批数。

　　(b)当混凝土的生产条件不能满足上面的规定或在前一个检验期内的同一品种混凝土没有足够的数据用以确定验收混凝土立方体抗压强度标准差时,应由不少于 10 组的试块代表一个验收批,其强度同时满足下列要求:

$$m_{f_{cu}} - \lambda_1 S_{f_{cu}} \geqslant 0.9 f_{cu,k}$$

$$f_{cu,min} \geqslant \lambda_2 f_{cu,k}$$

式中　λ_1、λ_2——合格判定系数,按表 3-5 选用;

　　　$S_{f_{cu}}$——同一验收批混凝土立方体抗压强度的标准差,当 $S_{f_{cu}}$ 的计算值小于 $0.06 f_{cu,k}$ 时,取 $f_{cu,k} = 0.06 S_{f_{cu}}$。

混凝土立方体抗压强度的标准差 $S_{f_{cu}}$ 可按下式计算:

$$S_{f_{cu}} = \sqrt{\frac{\sum f_{cu,i}^2 - n^2 \mu f_{cu}^2}{n-1}}$$

式中　$f_{cu,i}$——第 i 组混凝土抗压强度值(MPa);

　　　n——一个验收批混凝土试块的组数;

　　μf_{cu}——n 组混凝土试件强度的平均值(MPa)。

表 3-5　合格判定系数

试块组数	10~14	15~24	≥25
λ_1	1.70	1.65	1.60
λ_2	0.90	0.85	

（c）对零星生产的预制构件的混凝土或现场搅拌的批量不大的混凝土，可采用非统计法评定，此时，验收批混凝土的强度必须同时满足下列要求：

$$m_{f_{cu}} \geqslant 1.15 f_{cu,k}$$
$$f_{cu,\min} \geqslant 0.95 f_{cu,k}$$

（3）现浇混凝土结构的外观检查

①外观质量的一般规定。

a. 现浇结构的外观质量缺陷，应由监理（建设）单位、施工单位等各方根据其对结构性能和施工性能影响的严重程度，按表 3-6 确定。

表 3-6　现浇结构外观的主要质量缺陷

名　称	现　　象	严 重 缺 陷	一 般 缺 陷
露　筋	构件内钢筋未被混凝土包裹而外露	纵向受力钢筋有露筋	其他钢筋有少量露筋
蜂　窝	混凝土表面缺少水泥砂浆而形成石子外露	构件主要受力部位有蜂窝	其他部位有少量蜂窝
孔　洞	混凝土中孔穴深度和长度均超过保护层厚度	构件主要受力部位有孔洞	其他部位有少量孔洞
夹　渣	混凝土中夹有杂物且深度超过保护层厚度	构件主要受力部位有夹渣	其他部位有少量夹渣
疏　松	混凝土中局部不密实	构件主要受力部位有疏松	其他部位有少量疏松
裂　缝	缝隙从混凝土表面延伸至混凝土内部	构件主要受力部位有影响结构性能或使用功能的裂缝	其他部位有少量不影响结构性能或使用功能的裂缝
连接部位缺陷	构件连接处混凝土缺陷及连接钢筋、连接件松动	连接部位有影响结构传力性能的缺陷	连接部位有基本不影响结构传力性能的缺陷
外形缺陷	缺棱掉角、棱角不直、翘曲不平、飞边凸肋等	清水混凝土构件有影响使用功能或装饰效果的外形缺陷	其他混凝土构件有不影响使用功能的外形缺陷
外表缺陷	构件表面麻面、掉皮、起砂、玷污等	具有重要装饰效果的清水混凝土构件有外表缺陷	其他混凝土构件有不影响使用功能的外表缺陷

b. 现浇结构拆模后，应由监理（建设）单位、施工单位对外观质量和尺寸偏差进行检查，做出记录，并应及时按施工技术方案对缺陷进行处理。

c. 外观质量。现浇结构的外观质量不应有严重缺陷。对已出现的严重缺陷，应由施工单位提出技术处理方案，并经监理（建设）单位认可后进行处理。对经处理的部位，应重新检查验收。

现浇结构的外观质量不宜有一般缺陷。对已出现的一般缺陷，应由施工单位按技术处理方案进行处理，并重新检查验收。

②尺寸偏差。现浇结构不应有影响结构性能和使用功能的尺寸偏差。混凝土设备基础不应有影响结构性能和设备安装的尺寸偏差。

对超过尺寸允许偏差且影响结构性能和安装、使用功能的部位，应由施工单位提出技术处理方案,并经监理(建设)单位认可后进行处理。对经处理的部位,应重新检查验收。

现浇结构和混凝土设备基础拆模后的尺寸偏差应符合表 3-7、表 3-8 的规定。

表 3-7 现浇结构尺寸允许偏差和检验方法

项 目			允许偏差(mm)	检验方法
轴线位置	基础		15	钢尺检查
	独立基础		10	
	墙、柱、梁		8	
	剪力墙		5	
垂直度	层高	≤5m	8	经纬仪或吊线、钢尺检查
		>5m	10	经纬仪或吊线、钢尺检查
	全 高(H)		H/1000 且≤30	经纬仪、钢尺检查
标 高	层 高		±10	水准仪或拉线、钢尺检查
	全 高		±30	
	截 面 尺 寸		+8,−5	钢尺检查
电梯井	井筒长、宽对定位中心线		+25,0	钢尺检查
	井筒全高(H)垂直度		H/1000 且≤30	经纬仪、钢尺检查
	表 面 平 整 度		8	2m 靠尺和塞尺检查
预埋设施中心线位置			10	钢尺检查
			5	
	预留洞中心线位置		15	钢尺检查

注:检查轴线、中心线位置时,应沿纵、横两个方向量测,并取其中的较大值。

表 3-8 混凝土设备基础尺寸允许偏差和检验方法

项 目		允许偏差(mm)	检 验 方 法
坐标位置		20	钢尺检查
不同平面的标高		0,−20	水准仪或拉线、钢尺检查
平面外形尺寸		±20	钢尺检查
凸台上平面外形尺寸		0,−20	钢尺检查
凹穴尺寸		+20,0	钢尺检查
平面水平度	每 米	5	水平尺、塞尺检查
	全 长	10	水准仪或拉线、钢尺检查

续表 3-8

项　目		允许偏差(mm)	检 验 方 法
垂直度	每　米	5	经纬仪或吊线、钢尺检查
	全　长	10	
预埋地脚螺栓	标高(顶部)	+20,0	水准仪或拉线、钢尺检查
	中心距	±2	钢尺检查
预埋地脚螺栓孔	中心线位置	10	钢尺检查
	深　度	+20,0	钢尺检查
	孔垂直度	10	吊线、钢尺检查
预埋活动地脚螺栓锚板	标高	+20,0	水准仪或拉线、钢尺检查
	中心线位置	5	钢尺检查
	带槽锚板平整度	5	钢尺、塞尺检查
	带螺纹孔锚板平整度	2	钢尺、塞尺检查

(4)现浇结构常见外观质量缺陷原因与修理方法

①露筋。露筋是指混凝土内部纵筋或箍筋局部裸露在结构构件表面,产生露筋的原因是:钢筋保护层垫块过少或漏放,或振捣时位移,致使钢筋紧贴模板;结构构件截面小,钢筋过密,石子卡在钢筋上,使水泥浆不能充满钢筋周围,混凝土配合比不当,产生离析,靠模板部位缺浆或漏浆;混凝土保护层太小或保护层处混凝土漏振或振捣不实;木模板未浇水润湿,吸水黏结或拆模过早,以致缺棱、掉角,导致露筋。修整时,对表面露筋,应先将外露钢筋上的混凝土残渣及铁锈刷洗干净后,在表面抹1:2 或 1:2.5 的水泥砂浆,将露筋部位抹平;当露筋较深时,应凿去薄弱混凝土和凸出的颗粒,洗刷干净后,用比原混凝土强度等级高一级的细石混凝土填塞压实,并加强养护。

②蜂窝。蜂窝是指结构构件表面混凝土由于砂浆少,石子多,局部出现酥松,石子之间出现孔隙类似蜂窝状的孔洞,造成蜂窝的主要原因是:材料计量不准确,造成混凝土配合比不当;混凝土搅拌时间不够,未拌和均匀,和易性差,振捣不密实或漏振,或振捣时间不够;下料不当或下料过高,未设串筒,使石子集中,使混凝土产生离析等。如混凝土出现小蜂窝,可用水洗刷干净后,用1:2 或 1:2.5 的水泥砂浆抹平压实;对于较大的蜂窝,应凿去蜂窝处薄弱松散的颗粒,刷洗干净后,再用比原混凝土强度等级提高一级的骨料混凝土填塞,并仔细捣实;较深的蜂窝,如清除困难,可埋压浆管、排气管,表面抹砂浆或灌筑混凝土封闭后,进行水泥压浆处理。

③孔洞。孔洞是指混凝土结构内部有尺寸较大的空隙,局部没有混凝土或蜂窝特别大,钢筋局部或全部裸露。产生孔洞的原因是:混凝土严重离析,砂浆分离,石子

成堆,严重跑浆,又未进行振捣;混凝土一次下料过多、过厚、下料过高,振动器振动不到,形成松散孔洞;在钢筋较密的部位,混凝土下料受阻,或混凝土内掉入工具、木块、泥块、冰块等杂物,混凝土被卡住。混凝土若出现孔洞,应与有关单位共同研究,制定补强方案后方可处理,一般修补方法是将孔洞周围的松散混凝土和软弱浆膜凿除,用压力水冲洗,充分润湿后用比原混凝土强度等级提高一级的细石混凝土仔细浇灌、捣实。为避免新旧混凝土接触面上出现收缩裂缝,细石混凝土的水灰比宜控制在 0.5 以内,并可掺入水泥用量的万分之一的铝粉。

④裂缝。结构构件在施工过程中由于各种原因在结构构件上产生纵向的、横向的、斜向的、竖向的、水平的、表面的、深进的或贯穿的各类裂缝。裂缝的深度、部位和走向随产生的原因而异,裂缝宽度、深度和长度不一,无规律性,有的受温度、湿度变化的影响闭合或扩大。裂缝的修补方法,按具体情况而定,对于结构构件承载力无影响的一般性细小裂缝,可将裂缝部位清洗干净后,用环氧浆液灌缝或表面涂刷封闭;如裂缝开裂较大时,应沿裂缝凿八字形凹槽,洗净后用1:2 或1:2.5的水泥砂浆抹补,或干后用环氧胶泥嵌补:由于温度、干燥收缩、徐变等结构变形变化引起的裂缝,对结构承载力影响不大,可视情况采用环氧胶泥或防腐蚀涂料涂刷裂缝部位,或加贴玻璃丝布进行表面封闭处理;对有结构整体、防水防渗要求的结构裂缝,应根据裂缝宽度、深度等情况,采用水泥压力灌浆或化学注浆的方法进行裂缝修补,或表面封闭与注浆同时使用;严重裂缝将明显降低结构刚度,应根据情况采用预应力加固或用钢筋混凝土围套、钢套箍或结构胶粘剂粘贴钢板加固等方法处理。

第二节　钢筋工程

钢筋的制作与绑扎是钢筋混凝土结构施工中的一个重要的施工步骤,钢筋工也是钢筋混凝土结构施工中的一个重要工种,钢筋材质及制作的质量直接影响到钢筋混凝土结构的工程质量。本章从钢筋的品种和检验、钢筋的加工、钢筋的连接、钢筋的绑扎与安装及钢筋混凝土构件配筋构造要求这几个方面来介绍钢筋工程,使大家对钢筋的制作与绑扎方法能够更好的理解与应用,更好的保证钢筋混凝土结构中钢筋工程的施工质量。

一、钢筋品种和性能

(1)钢筋的品种

①钢筋按生产加工工艺划分。钢筋按生产加工工艺可分两类:热轧钢筋和冷加工钢筋(冷轧带肋钢筋、冷轧扭钢筋、冷拔螺旋钢筋)。

热轧钢筋是经热轧成型并自然冷却的成品钢筋,分为热轧光圆钢筋和热轧带肋钢筋两种。热轧光圆钢筋应符合国家标准《钢筋混凝土用热轧光圆钢筋》(GB 1499.1—2008)的规定。热轧带肋钢筋应符合国家标准《钢筋混凝土用热轧带肋钢筋》(GB1499.2)的规定。冷轧带肋钢筋是热轧圆盘条经冷轧或冷拔减径后在其表面冷轧成三面或二面有肋的钢筋。冷轧带肋钢筋应符合国家标准《冷轧带肋钢筋》(GB13788—2000)的规定。冷轧带肋钢筋的外形如图3-7所示。肋呈月牙形,三面肋沿钢筋横截面周围上均匀分布,其中有一面必须与另两面反向。

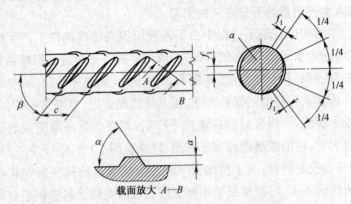

图 3-7　冷轧带肋钢筋表面及截面形状

冷轧扭钢筋是用低碳钢钢筋(含碳量低于0.25%)经冷轧扭工艺制成,这种钢筋具有较高的强度,而且有足够的塑性,与混凝土黏结性能优异,代替 HPB235 级钢筋可节约钢材约 30%。一般用于预制钢筋混凝土圆孔板、叠合板中的预制薄板,以及现浇钢筋混凝土楼板等。冷轧扭钢筋应符合行业标准(冷轧扭钢筋)JG 190—2006 的规定。

冷拔螺旋钢筋是热轧圆盘条经冷拔后在表面形成连续螺旋槽的钢筋。冷拔螺旋钢筋的外形如图3-8所示。冷拔螺旋钢筋生产,可利用原有的冷拔设备,只需增加一个专用螺旋装置与陶瓷模具。该钢筋具有强度适中、握裹力强、塑性好、成本低等优点,

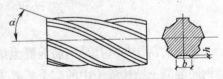

图 3-8　冷拔螺旋钢筋

可用于钢筋混凝土构件中的受力钢筋,以节约钢材;用于预应力空心板可提高延性,改善构件使用性能。

②钢筋按供应方式划分。为便于运输,通常将直径为 6～10mm 的钢筋卷成圆盘,称盘条钢筋;将直径大于 12mm 的钢筋轧成 6～12m 长一根,称直条或定尺钢筋。

③钢筋按强度划分。热轧钢筋的强度等级由原来的Ⅰ级、Ⅱ级、Ⅲ级和Ⅳ级更改为按照屈服强度(MPa)分为 HPB235 级、HRB335 级、HRB400 级及 RRB400 级等,级别越高,其强度及硬度越高,塑性逐级降低。

《混凝土结构设计规范》(GB50010—2011)第 4.2.1 条规定:普通钢筋宜采用热轧带肋钢筋 HRB400 级和 HRB335 级,也可采用热轧光圆钢筋 HPB235 级和余热处

理钢筋 RRB400 级；并在条文说明中提倡用 HRB400 级（即新Ⅲ级）钢筋作为我国钢筋混凝土结构的主力钢筋，但是由于 HRB400 级钢筋的连接费用较高，一度限制了其在实际工程中的使用。由于采用高强度钢筋能够有效地降低钢筋混凝土结构中的钢筋用量，并且随着国家对节能减排的要求越来越高，钢筋混凝土结构采用高强度钢筋已经成为一种趋势，某些省市已经出台政策，限制 HPB235 级及 HRB335 级钢筋的使用，可以预期，在不远的将来 HRB400 级钢筋会得到更为广泛的应用。

④钢筋按直径大小划分。钢筋按直径大小可分为钢丝（直径 3～5mm）、细钢筋（直径 6～10mm）、中粗钢筋（直径 12～20mm）和粗钢筋（直径大于 20mm）。

此外，按钢筋在结构中的作用不同可分为受力钢筋、架立钢筋和分布钢筋。

（2）钢筋的性能

① 钢筋的力学性能。热轧钢筋具有软钢性质，有明显的屈服点，其应力-应变图如图 3-9 所示。从图中可以看出，在应力达到 a 点之前，应力与应变成正比，呈弹性工作状态，a 点的应力值 σ_p 称为比例极限；在应力超过 a 点之后，应力与应变不成比例，有塑性变形，当应力达到 b 点，钢筋到达了屈服阶段，应力值保持在某一数值附近上、下波动而应变继续增加，取该阶段最低点 c 点的应力值称为屈

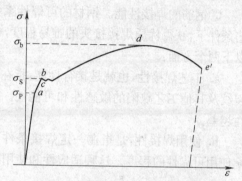

图 3-9　热轧钢筋的应力-应变图

服点 σ_s；超过屈服阶段后，应力与应变又呈上升状态，直至最高点 d，称为强化阶段，d 点的应力值称为抗拉强度（强度极限）σ_b；从最高点 d 至断裂点 e' 钢筋产生颈缩现象，荷载下降，伸长增大，很快被拉断。

钢筋的延性通常用拉伸试验测得的伸长率表示。影响延性的主要因素是钢筋材质。热轧低碳钢筋强度虽低但延性好。随着加入合金元素和碳当量加大，强度提高但延性减小。对钢筋进行热处理和冷加工同样可提高强度，但延性降低。

常用钢筋的力学性能见表 3-9 和表 3-10 所示。

表 3-9　普通钢筋强度标准值　　　　　　　　　　　　　（N/mm²）

种　　类		符　号	d(mm)	f_k
热轧钢筋	HPB235(Q235)	ϕ	8～20	235
	HRB335(20MnSi)	ϕ	6～50	335
	HRB400(25MnSi)	ϕ	6～50	400
	RRB400(40Si2MnV)	ϕ^R	8～40	400

注：1）热轧钢筋直径 d 系指公称直径；

2）当采用直径大于 40mm 的钢筋时，应有可靠的工程经验。

表 3-10　钢筋弹性模量　　　　　　　　(N/mm²)

种　类	E_s
HPB235 级钢筋	$2.1×10^5$
HRB335 级钢筋、HRB400 级钢筋、RRB400 级钢筋、热处理钢筋	$2.0×10^5$
消除应力钢丝、螺旋肋钢丝、刻痕钢丝	$2.05×10^5$
钢绞线	$1.95×10^5$

注:必要时钢绞线可采用实测的弹性模量。

②钢筋的冷弯性能。钢筋冷弯是考核钢筋的塑性指标,也是钢筋加工所需的,钢筋弯折、做弯钩时应避免钢筋裂缝和折断。低强的热轧钢筋冷弯性能较好,强度较高的稍差,冷加工钢筋的冷弯性能最差。

③钢筋的焊接性能。钢材的可焊性系指被焊钢材在采用一定焊接材料、焊接工艺条件下,获得优质焊接接头的难易程度,也就是钢材对焊接加工的适应性。它包括以下两个方面:

a. 工艺焊接性,也就是接合性能,指在一定焊接工艺条件下焊接接头中出现各种裂纹及其他工艺缺陷的敏感性和可能性。这种敏感性和可能性越大,则其工艺焊接性越差。

b. 使用焊接性,是指在一定焊接条件下焊接接头对使用要求的适应性,以及影响使用可靠性的程度。这种适应性和使用可靠性越大,则其使用焊接性越好。

二、钢筋检验

钢筋进场应有出厂质量证明书或实验报告,并按照品种、批号及直径分批验收,验收内容包括钢筋标牌和外观检查,并按照有关规定取样,进行机械性能试验。进场后钢筋在运输和储存时,不得损坏标志,并应根据品种、规格按批分别挂牌堆放,并标明数量。

(1)主控项目

①钢筋进场时,应按现行国家标准《钢筋混凝土用热轧带肋钢筋》(GB 1499.2)等的规定抽取试件作为力学性能检验,其质量必须符合有关标准的规定。

检查数量:按进场的批次和产品的抽样检验方案确定。

检验方法:检查产品合格证、出厂检验报告和进场复验报告。

②对有抗震设防要求的框架结构,其纵向受力钢筋的强度应满足设计要求;当设计无具体要求时,对一、二级抗震等级,检验所得的强度实测值应符合下列规定:

a. 钢筋的抗拉强度实测值与屈服强度实测值的比值不应小于 1.25。

b. 钢筋的屈服强度实测值与强度标准值的比值不应大于 1.3。

检查数量:按进场的批次和产品的抽样检验方案确定。

检验方法:检查产品合格证、出厂检验报告和进场复验报告。

③当发现钢筋脆断、焊接性能不良或力学性能显著不正常等现象时,应对该批钢筋进行化学成分检验或其他专项检验。

（2）一般项目

钢筋应平直、无损伤,表面不得有裂纹、油污、颗粒状或片状老锈。

检查数量:进场时和使用前全数检查。

检查方法:观察。

（3）热轧钢筋检验

热轧钢筋进场时,应按批进行检查和验收。每批由同一牌号、同一炉罐号、同一规格的钢筋组成,重量不大于60t。允许由同一牌号、同一冶炼方法、同一浇注方法的不同炉罐号组成混合批,但各炉罐号含碳量之差不得大于0.02％,含锰量之差不大于0.15％。

①外观检查。从每批钢筋中抽取5％进行外观检查,钢筋表面不得有裂纹、结疤和折叠。钢筋表面允许有凸块,但不得超过横肋的高度,钢筋表面上其他缺陷的深度和高度不得大于所在部位尺寸的允许偏差。

钢筋可按实际重量或公称重量交货。当钢筋按实际重量交货时,应随机抽取10根(6m长)钢筋称重,如重量偏差大于允许偏差,则应与生产厂商交涉,以免损害用户利益。

②力学性能试验。从每批钢筋中任选两根钢筋,每根取两个试件分别进行拉伸试验(包括屈服点、抗拉强度和伸长率)和冷弯试验。

拉伸、冷弯、反弯试验试件不允许进行车削加工。计算钢筋强度时,采用公称横截面面积。反弯试验时,经正向弯曲后的试件应在100℃温度下保温不少于30min,经自然冷却后再进行反向弯曲。当供方能保证钢筋的反弯性能时,正弯后的试件也可在室温下直接进行反向弯曲。

如有一项试验结果不符合规范要求,则从同一批中另取双倍数量的试件重做各项试验。如仍有一个试件不合格,则该批钢筋为不合格品。

对热轧钢筋的质量有疑问或类别不明时,在使用前应做拉伸和冷弯试验。根据试验结果确定钢筋的类别后,才允许使用。抽样数量应根据实际情况确定。这种钢筋不宜用于主要承重结构的重要部位。

余热处理钢筋的检验同热轧钢筋。

（4）冷轧带肋钢筋检验

冷轧带肋钢筋进场时,应按批进行检查和验收。每批由同一钢号、同一规格和同一级别的钢筋组成,重量不大于50t。

①外观检查。每批抽取5％(但不少于5盘或5捆)进行外形尺寸、表面质量和重量偏差的检查。检查结果应符合规范的要求,如其中有一盘(捆)不合格,则应对该批钢筋逐盘或逐捆检查。

②力学性能试验。钢筋的力学性能应逐盘、逐捆进行检验。从每盘或每捆取 2 个试件,1 个做拉伸试验,1 个做冷弯试验。试验结果如有一项指标不符合规范的要求,则该盘钢筋判为不合格;对每捆钢筋,尚可加倍取样复验判定。

(5)冷轧扭钢筋检验

冷轧扭钢筋进场时,应分批进行检查和验收。每批由同一钢厂、同一牌号、同一规格的钢筋组成,重量不大于 10t。当连续检验 10 批均为合格时检验批重量可扩大一倍。

①外观检查。从每批钢筋中抽取 5% 进行外形尺寸、表面质量和重量偏差的检查。钢筋表面不应有影响钢筋力学性能的裂纹、折叠、结疤、压痕、机械损伤或其他影响使用的缺陷。钢筋的压扁厚度和节距、重量等应符合规范的要求。当重量负偏差大于 5% 时,该批钢筋判定为不合格。当仅轧扁厚度小于或节距大于规定值,仍可判为合格,但需降直径规格使用,例如公称直径为 $\phi 14mm$ 降为 $\phi 12mm$。

②力学性能试验。从每批钢筋中随机抽取 3 根钢筋,各取 1 个试件。其中,2 个试件作拉伸试验,1 个试件做冷弯试验。试件长度宜取偶数倍节距,且不应小于 4 倍节距,同时不小于 500mm。当全部试验项目均符合规范的要求,则该批钢筋判为合格。如有一项试验结果不符合规范的要求,则应加倍取样复验判定。

三、钢筋的加工

钢筋的加工过程包括除锈、调直、切断、镦头、弯曲、焊接、机械连接和绑扎等。

(1)钢筋除锈

钢筋的表面应洁净。油渍、漆污和用锤敲击时能剥落的浮皮、铁锈等应在使用前清除干净。在焊接前,焊点处的水锈应清除干净。

钢筋的除锈,一般可通过以下两个途径:一是在钢筋冷拉或钢丝调直过程中除锈,对大量钢筋的除锈较为经济省力;二是用机械方法除锈,此外,还可采用手工除锈(用钢丝刷、砂盘)、喷砂和酸洗除锈等。在除锈过程中发现钢筋表面的氧化铁皮鳞落现象严重并已损伤钢筋截面,或在除锈后钢筋表面有严重的麻坑、斑点伤蚀截面时,应降级使用或剔除不用。

(2)钢筋调直

①钢筋调直机。钢筋调直机的技术性能,见表 3-11。图 3-10 为 GT3/8 型钢筋调直机外形。

表 3-11　钢筋调直机技术性能

机械型号	钢筋直径 (mm)	调直速度 (m/min)	断料长度 (mm)	电机功率 (kW)	外形尺寸(mm) 长×宽×高	机重 (kg)
GT3/8	3～8	40、65	300～6500	9.25	1854×741×1400	1280
GT6/12	6～12	36、54、72	300～6500	12.6	1770×535×1457	1230

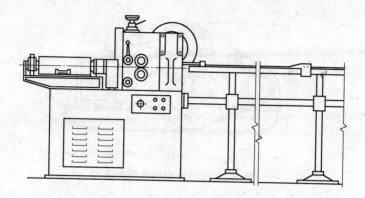

图 3-10　GT3/8 型钢筋调直机

应当注意：冷拔钢丝和冷轧带肋钢筋经调直机调直后，其抗拉强度一般要降低 10%～15%。使用前应加强检验，按调直后的抗拉强度选用。如果钢丝抗拉强度降低过大，则可适当降低调直筒的转速和调直块的压紧程度。

②卷扬机拉直设备。卷扬机拉直设备，如图 3-11 所示。两端采用地锚承力。滑轮组回程采用荷重架，标尺量伸长。该法设备简单，宜用于施工现场或小型构件厂。

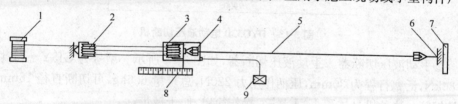

图 3-11　卷扬机拉直设备布置

1. 卷扬机　2. 滑轮组　3. 冷拉小车　4. 钢筋夹具　5. 钢筋
6. 地锚　7. 防护壁　8. 标尺　9. 荷重架

（3）钢筋切断

①钢筋切断机。钢筋切断机的技术性能，见表 3-12。图 3-12 与图 3-13 为钢筋切断机外形。

表 3-12　钢筋切断机技术性能

机械型号	钢筋直径 （mm）	每分钟 切断次数	切断力 （kN）	工作压力 （N/mm²）	电机功率 （kW）	外形尺寸(mm) 长×宽×高	重量 （kg）
GQ40	6～40	40	—		3.0	1150×430×750	600
GQ40B	6～40	40			3.0	1200×490×570	450
GQ50	6～50	30			5.5	1600×690×915	950
DYQ32B	6～32	—	320	45.5	3.0	900×340×380	145

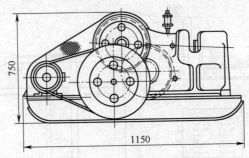

图 3-12　GQ40 型钢筋切断机

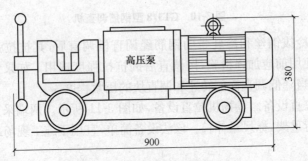

高压泵

图 3-13　DYQ32B 电动液压切断机

②手动液压切断器。手动液压切断器,如图 3-14 所示。型号为 GJ5Y－16,切断力 80kN,活塞行程为 30mm,压柄作用力 220N,总重量 6.5kg,可切断直径 16mm 以下的钢筋。这种机具体积小、重量轻,操作简单,便于携带。

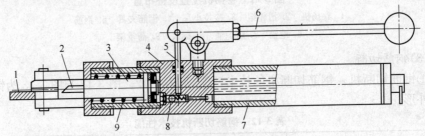

图 3-14　手动液压切断器

1. 滑轴　2. 刀片　3. 活塞　4. 缸体　5. 柱塞　6. 压杆　7. 储油筒　8. 吸油阀　9. 回位弹簧

(4)钢筋弯曲

①钢筋弯钩和弯折的有关规定。

a. 受力钢筋。HPB235 级钢筋末端应作 180°弯钩,其弯心直径 D 不应小于钢筋直径的 2.5 倍,弯钩的弯后平直部分长度不应小于钢筋直径的 3 倍,如图 3-15 所示。

钢筋做不大于 90°的弯折时如图 3-16a 所示,弯折处的弯心直径 D 不应小于钢筋直径的 5 倍。当设计要求钢筋末端需做 135°弯钩时如图 3-16b 所示,HRB335 级、

HRB400级钢筋的弯心直径D不应小于钢筋直径的4倍,弯钩的弯后平直部分长度应符合设计要求。

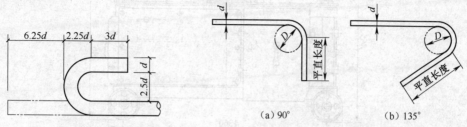

图 3-15　钢筋半圆弯钩简图　　　**图 3-16　受力钢筋弯折**

b. 箍筋。除焊接封闭环式箍筋外,箍筋的末端应做弯钩。弯钩形式应符合设计要求;当设计无具体要求时,应符合下列规定:箍筋弯钩的弯弧内直径应不小于受力钢筋的直径;箍筋弯钩的弯折角度:对一般结构,不应小于90°;对有抗震等要求的结构应为135°。箍筋弯后的平直部分长度:对一般结构,不宜小于箍筋直径的5倍;对有抗震等要求的结构,不应小于箍筋直径的10倍。有抗震要求时箍筋及拉筋弯钩做法如图3-17所示。

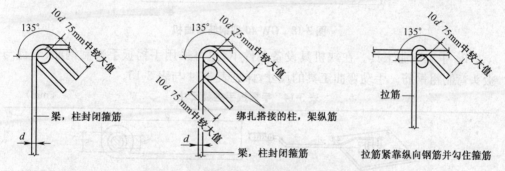

图 3-17　有抗震要求时箍筋及拉筋弯钩做法

②机具设备。

a. 钢筋弯曲机

钢筋弯曲机的技术性能,见表3-13,图3-18为GW-40型钢筋弯曲机外形。

表 3-13　钢筋弯曲机技术性能

弯曲机类型	钢筋直径(mm)	弯曲速度(r/min)	电机功率(kW)	外形尺寸(mm)长×宽×高	重量(kg)
GW32	6~32	10/20	2.2	875×615×945	340
GW40	6~40	5	3.0	1360×740×865	400
GW40A	6~40	0	3.0	1050×760×828	450
GW50	25~50	2.5	4.0	1450×760×800	580

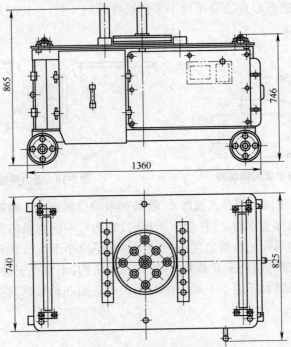

图 3-18　GW-40 型钢筋弯曲机

b. 手工弯曲工具。在缺机具设备条件下,也可采用手摇扳手弯制钢筋、卡盘与扳头弯制粗钢筋。手动弯曲工具的尺寸,详见表 3-14 与表 3-15。

表 3-14　手摇扳手主要尺寸　　　　　　　　　　　　　　　　（mm）

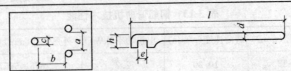

项次	钢筋直径	a	b	c	d
1	$\phi6$	500	18	16	16
2	$\phi8\sim10$	600	22	18	20

表 3-15　卡盘与扳头(横口扳手)主要尺寸　　　　　　　　（mm）

项次	钢筋直径	卡盘			扳头			
		a	b	c	d	e	h	l
1	$\phi12\sim16$	50	80	20	22	18	40	1200
2	$\phi18\sim22$	65	90	25	28	24	50	1350
3	$\phi25\sim32$	80	100	30	38	34	76	2100

（5）钢筋下料

钢筋加工前应根据图样进行配料计算，算出各种钢筋的下料长度、总根数及钢筋总重量，然后编制钢筋配料单，作为钢筋备料、加工的依据。

结构施工图中注明的钢筋尺寸是钢筋的外轮廓尺寸（即从钢筋的外皮到外皮量得的尺寸），称为钢筋的外包尺寸。在钢筋制备安装后，也是按外包尺寸验收。

钢筋在制备前是按直线下料，如果下料长度按外包尺寸总和进行计算，则加工后钢筋的尺寸必然大于设计要求的外包尺寸，这是因为钢筋在弯曲时，外皮伸长，内皮缩短，只有中轴线长度不变，钢筋的外包尺寸和轴线长度之间存在一个差值，称为"量度差值"，按外包尺寸总和下料是不准确的。只有钢筋的直线段部分，其外包尺寸等于轴线长度，二者无量度差值。因此，钢筋下料时，其下料长度应为各段外包尺寸之和减去弯曲处的量度差值，再加上两端弯钩的增长值。

直钢筋下料长度＝构件长度－保护层厚度＋弯钩增加长度

弯起钢筋下料长度＝直段长度＋斜段长度－量度差值＋弯钩增加长度

箍筋下料长度＝箍筋周长－量度差值＋弯钩增加长度

上述钢筋需要搭接的话，还应增加钢筋搭接长度。

①钢筋中部弯曲处的量度差值。钢筋弯曲后一是在弯曲处内皮收缩、外皮延伸、轴线长度不变；二是在弯曲处形成圆弧。钢筋的量度方法是沿直线量外包尺寸如图 3-19 所示；因此，弯起钢筋的量度尺寸大于下料尺寸，两者之间的差值称为量度差值。

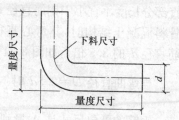

图 3-19　钢筋弯曲时的度量方法

钢筋中部弯曲处的量度差值与钢筋弯心直径及弯曲角度有关。弯起钢筋中间部位弯折处的弯心直径 D，不小于钢筋直径 d 的 5 倍，如图 3-20 所示。

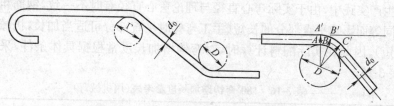

图 3-20　钢筋弯折处量度差值计算简图

当 $D=5d$ 时，弯折处的外包尺寸为：$A'B'+B'C'=2A'B'=2\left(\dfrac{D}{2}+d\right)\mathrm{tg}\dfrac{\alpha}{2}=$

$2\left(\dfrac{5d}{2}+d\right)\mathrm{tg}\dfrac{\alpha}{2}=7d\mathrm{tg}\dfrac{\alpha}{2}$

钢筋弯折处中线长度 ABC 为：$ABC=(D+d)\cdot\dfrac{2\pi}{360°}=(5d+d)\cdot\dfrac{2\pi}{360°}=6d\pi$

$$\frac{\alpha}{360}$$

则弯折处量度差值为：$7\mathrm{atg}\dfrac{\alpha}{2}-6\pi d\dfrac{\alpha}{360}=(7\mathrm{tg}\dfrac{\alpha}{2}-6\pi\dfrac{\alpha}{360})d$

由上式，当弯曲45°时，即以 $\alpha=45°$ 代入。

量度差为：$(7\mathrm{tg}\dfrac{45°}{2}-6\pi\dfrac{45°}{360°})d=(7\times0.414-6\times3.14\times\dfrac{1}{8})d=(2.898\times$

$2.355)d=0.543d$,

取为 $0.5d$；

同理，当弯折30°时，量度差值为 $0.306d$，取 $0.3d$；

当弯折60°时，量度差值为 $0.90d$，取 $1d$；

当弯折90°时，量度差值为 $2.29d$，取 $2d$；

当弯折135°时，量度差值为 $3d$。

② 钢筋末端弯钩时下料长度的增长值。

a. Ⅰ级钢筋末端需要做180°弯钩，其圆弧弯心直径 D 不应小于钢筋直径 d 的2.5倍，平直部分长度不宜小于钢筋直径 d 的3倍（用于轻骨料混凝土结构时，其弯心直径 D 不应小于钢筋直径 d 的3.5倍），如图3-21所示。

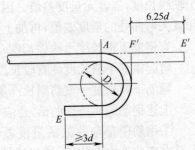

图 3-21　钢筋末端180°弯钩示意图

当弯曲直径 $D=2.5d$ 时：$AE=\dfrac{\pi}{2}(2.5d+d)+3d=8.5d$

钢筋的外包尺寸是 A 量到 F'：$AF'=\dfrac{D}{2}+d=\dfrac{1}{2}(2.5d)+d=2.25d$

故每一个180°弯钩，钢筋下料时应增加的长度（增长值）为：

$$AE'-AF'=8.5d-2.25d=6.25d（包括量度差值）$$

在生产实践中，由于实际弯心直径与理论弯心直径有时不一致，钢筋粗细和机具条件不同等而影响平直部分的长短（手工弯钩时平直部分可适当加长，机械弯钩时可适当缩短），因此在实际配料计算时，对弯钩增加长度常根据具体条件，采用经验数据，见表3-16。

表 3-16　180°弯钩增加长度参考表（用机械弯）　　　　　(mm)

钢筋直径	≤6	8～10	12～18	20～28	32～36
一个弯钩长度	40	$6d$	$5.5d$	$5d$	$4.5d$

b. 箍筋弯钩增长值。箍筋端部90°弯钩计算简图如图3-22所示。当无抗震要求箍筋弯90°弯钩时，下料长度增长值计算方法为

一个弯钩增长值为：$AC-AB=(A'D'+5d)-\dfrac{D}{2}+d=\dfrac{\pi}{4}(D+d)+5d-\dfrac{D}{2}+d$

$$=0.785D+0.785d+5d-0.5D-d$$

$$=0.285D+4.785d$$

可近似取 $0.3D+5d$。

式中　D——弯钩的弯曲直径,应大于受力钢筋直径,且不小于箍筋直径的 5 倍;

　　　d——箍筋直径。

箍筋端部 135°弯钩计算简图如图 3-23 所示。当有抗震要求箍筋弯 135°弯钩时下料长度增长值计算方法为

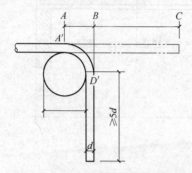

图 3-22　箍筋端部 90°弯钩计算简图　　　　**图 3-23　箍筋端部 135°弯钩计算简图**

一个弯钩增长值为:$AC-AB=(A'D'+10d)-\dfrac{D}{2}+d$

$$=\frac{135°}{360°}\pi(D+d)+10d-\frac{D}{2}+d$$

$$=1.18(D+d)+10d-\frac{D}{2}+d$$

$$=1.18D+1.18d+10d-0.5D-d$$

$$=0.68D+101.8d$$

可近似取 $0.7D+10d$。

式中　D——弯钩的弯曲直径,应大于受力钢筋直径,且不小于箍筋直径的 5 倍;

　　　d——箍筋直径。

计算箍筋下料长度时,一个弯钩增长值可按上式计算,也可查表 3-17 取近似值。

表 3-17　箍筋两个弯钩下料增长值

受力钢筋直径(mm)	90°/90°弯钩					135°/135°弯钩				
	箍筋直径(mm)					箍筋直径(mm)				
	5	6	8	10	12	5	6	8	10	12
≤25	70	80	100	120	140	140	160	200	240	280
>25	80	100	120	140	150	160	180	210	260	300

c. 例题:某建筑物一层共有 10 根编号为 L-1 的梁(图 3-24),试计算各钢筋下

料长度并绘制钢筋配料单。

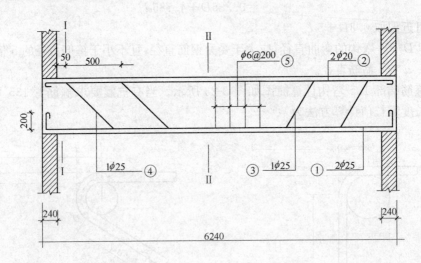

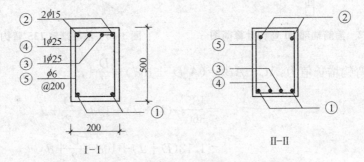

图 3-24　L—1 梁配筋图

［解］　钢筋保护层取 25mm。

(a)①号钢筋外包尺寸：$6240+2×200-2×25=6590(mm)$

下料长度：$6590-2×2d+2×6.25d=6590-2×2×25+2×6.25×25=6802(mm)$

(b)②号钢筋外包尺寸：$6240-2×25=6190(mm)$

下料长度：$6190+2×6.25d=6190+2×6.25×12=6340(mm)$

(c)③号弯起钢筋外包尺寸分段计算：

端面平直段长度：$240+50+500-25=765(mm)$

斜段长：$(500-2×25)×1.414=636(mm)$

中间直段长：$6240-2×(240+50+500+450)=3760(mm)$

外包尺寸为：$(765+636)×2-3760=6562(mm)$

下料长度：$6562-4×0.5×d+2×6.25d=6562-4×0.5×25+2×6.25×25=$
$6824(mm)$

（d）④号弯起钢筋外包尺寸分段计算：

端部平直段长度：$240+50-25=265$（mm）

斜段长同③号钢筋为：636mm

中间直段长：$6240-2(240+50-450)=4760$（mm）

外包尺寸：$(265+636)\times2-4760=6562$（mm）

下料长度：$6562-4\times0.5d+2\times6.25d=6562-4\times0.5\times25+2\times6.25\times25=6824$（mm）

（e）⑤号箍筋

外包尺寸：宽度 $200-2\times25+2\times6=162$（mm）

　　　　　高度 $500-2\times25+2\times6=462$（mm）

外包尺寸为：$(162+462)\times2=1248$（mm）

（f）⑤号筋端部为两个 90°/90°弯钩，主筋直径为 25mm，箍筋直径为 6mm，查表 3-17 两个弯钩增长值为 80mm。

（g）⑤号筋下料长度 $1248-3\times2d+80=1248-3\times2\times6-80=1292$（mm）

钢筋配料计算完毕，填写配料单见表 3-18。

列入加工计划的配料单，将每一编号的钢筋制作一块料牌，作为钢筋加工的依据与钢筋安装的标志。钢筋配料单和料牌，应严格校核，必须准确无误，以免返工浪费。

表 3-18　例题的钢筋配料单

项次	构件名称	简图	直径（mm）	钢号	下料长度（mm）	单位根数	合计根数	重量（kg）
1		200　6240　200	25	φ	6802	2	20	523.75
2	L₁梁	6240	12	φ	6340	2	20	112.60
3		765　765　636　6700　636	25	φ	6824	1	10	262.72
4		265　265　4760　636	25	φ	6824	1	10	262.72
5	共 10 根	202　462　502　162	6	φ	1292	32	320	91.78
6	合计	φ6　91.78kg；　φ12　112.60kg；　φ25　1049.19kg						

（6）钢筋加工允许偏差

钢筋加工完毕后应对应对钢筋的形状与尺寸进行检查，检查方法可采用目测结合钢尺量测,按每工作班同一类型钢筋、同一加工设备抽查不应少于3件。钢筋加工的形状与尺寸应符合设计要求,其偏差应符合表3-19的要求。

表 3-19　钢筋加工的允许偏差　　　　　　　　　　（mm）

项　目	允许偏差
受力钢筋顺长度方向全长的净尺寸	±10
弯起钢筋的弯折位置	±20
箍筋内的净尺寸	±5

四、钢筋的连接

(1)焊接连接

钢筋焊接常用方法有电弧焊、闪光对焊、电阻点焊和电渣压力焊。此外,还有气压焊、埋弧压力焊等。钢筋焊接方法分类及适用范围,见表3-20。钢筋焊接质量检验,应符合行业标准《钢筋焊接及验收规程》(JGJ 18—2012)和《钢筋焊接接头试验方法标准》(JGJ/T 27—2001)的规定。

表 3-20　钢筋焊接方法分类及适用范围

焊接方法		接头形式	适 用 范 围	
			钢筋级别	钢筋直径(mm)
电弧焊	搭接双面焊		HPB235 级、HRB335 级及 HRB400 级	10～40
			RRB400 级	10～25
	搭接单面焊		HPB235 级、HRB335 级及 HRB400 级	10～40
			RRB400 级	10～25
	熔槽帮条焊		HPB235 级、HRB335 级及 HRB400 级	20～40
			RRB400 级	20～25
	剖口平焊		HPB235 级、HRB335 级及 HRB400 级	18～40
			RRB400 级	18～25
	剖口立焊		HPB235 级、HRB335 级及 HRB400 级	18～40
			RRB400 级	18～25
	钢筋与钢板搭接焊		HPB235 级、HRB335 级	8～40

续表 3-20

焊接方法		接头形式	适 用 范 围	
			钢筋级别	钢筋直径(mm)
电弧焊	预埋件角焊		HPB235 级、HRB335 级	6~25
	预埋件穿孔塞焊		HPB235 级、HRB335 级	20~25
	电渣压力焊		HPB235 级、HRB335 级	14~40
	电阻点焊		HPB235 级、HRB335 级 冷轧带肋钢筋 冷拔光圆钢筋	6~14 5~12 4~5
	闪光对焊		HPB235 级、HRB335 级及 HRB400 级 RRB400 级	10~40 10~25
电弧焊	帮条双面焊		HPB235 级、HRB335 级及 HRB400 级 RRB400 级	10~40 10~25
	帮条单面焊		HPB235 级、HRB335 级及 HRB400 级 RRB400 级	10~40 10~25
	气压焊		HPB235 级、HRB335 级、HRB400 级	10~40
	预埋件埋弧压力焊		HPB235 级、HRB335 级	6~25

注：1)表中的帮条或搭接长度值,不带括弧的数值用于 HPB235 级钢筋,括号中的数值用于 HRB335 级、HRB400 级及 RRB400 级钢筋;

2)电阻电焊时,适用范围内的钢筋直径系指较小钢筋的直径。

钢筋焊接的一般规定如下：

①电渣压力焊应用于柱、墙等现浇混凝土结构中竖向受力钢筋的连接；不得用于梁、板等构件中水平钢筋的连接。

② 在工程开工或每批钢筋正式焊接前，应进行施工现场条件下的焊接性能试验。合格后，方可正式生产。

③钢筋焊接施工之前，应清除钢筋或钢板焊接部位和与电极接触的钢筋表面上的锈斑油污、杂物等；钢筋端部若有弯折、扭曲时，应予以矫直或切除。

④进行电阻点焊、闪光对焊、电渣压力焊或埋弧压力焊时，应随时观察电源电压的波动情况。对于电阻点焊或闪光对焊，当电源电压下降大于 5％、小于 8％时，应采取提高焊接变压器级数的措施；当大于或等于 8％时，不得进行焊接。对于电渣压力焊或埋弧压力焊，当电源电压下降大于 5％时，不宜进行焊接。

⑤从事钢筋焊接施工的相关人员应经过专业技术培训且拥有相应的专业技能资格认证，以保证钢筋的焊接质量。并且应经常对其进行安全生产教育，制定和实施安全技术措施，加强焊工的劳动保护，防止发生烧伤、触电、火灾、爆炸以及烧坏焊接设备等事故。

⑥焊机应经常维护保养和定期检修，确保正常使用。

(2)焊接方法

①电弧焊。电弧焊是利用弧焊机使焊条与焊件之间产生高温电弧，使焊条和电弧燃烧范围内的焊件熔化，待其凝固后便形成焊缝或接头，如图 3-25 所示。其应用较广，如整体式钢筋混凝土结构中钢筋的接长、装配式钢筋接头、钢筋骨架焊接及钢筋与钢板的焊接等。

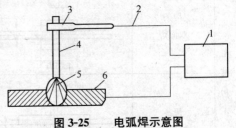

图 3-25　电弧焊示意图
1. 电源　2. 导线　3. 焊钳　4. 焊条
5. 接头　6. 钢筋

a. 钢筋电弧焊包括帮条焊、搭接焊、坡口焊等接头形式。焊接时应符合下列要求：

ⓐ应根据钢筋级别、直径、接头形式和焊接位置，选择焊条、焊接工艺和焊接参数。

ⓑ焊接时，引弧应在垫板、帮条或形成焊缝的部位进行，不得烧伤主筋。

ⓒ焊接地线与钢筋应接触紧密。

ⓓ焊接过程中应及时清渣，焊缝表面应光滑，焊缝余高应平缓过渡，弧坑应填满。

电弧焊的接头形式有搭接接头如图 3-26 所示、帮条接头如图 3-27 所示、坡

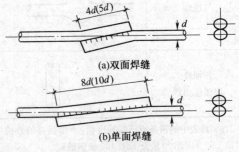

(a)双面焊缝

(b)单面焊缝

图 3-26　搭接接头

口(剖口)接头如图3-28所示等。无论哪种接头形式,都必须保证所连接钢筋的轴线在一条直线上。

搭接接头适用于直径10~40mm的HPB235级,HRB335级钢筋连接。帮条接头适用于直径10~40mm的HPB235级、HRB335级、HRB400级和HRB500级钢筋连接。帮条钢筋宜与被连接主筋同级别、同直径。坡口(剖口)接头适用于直径10~40mm的HPB235级、HRB335级、HRB400级和HRB500级钢筋连接。有平焊和立焊两种。坡口接头较以上两种接头节约钢材。

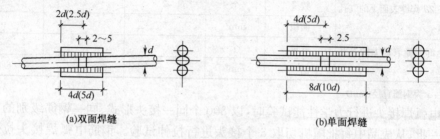

(a)双面焊缝 (b)单面焊缝

图3-27 帮条接头

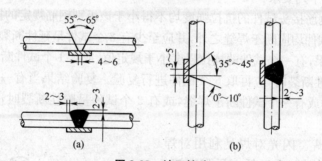

(a) (b)

图3-28 坡口接头

(a)坡口平焊;(b)坡口立焊

b. 电弧焊焊接完成后应对电弧焊接头进行焊接质量检查,检查内容包括外观检查和受力性能检查,钢筋电弧焊接头尺寸偏差及缺陷允许值见表3-21。

表3-21 钢筋电弧焊接头尺寸偏差及缺陷允许值

名 称	单位	接头形式		
		帮条焊	搭接焊	坡口焊
帮条沿接头中心线的纵向偏移	mm	$0.5d$	—	—
接头处弯折角	(°)	4	4	4
接头处钢筋轴线的偏移	mm	$0.1d$	$0.1d$	$0.1d$
		3	3	3
焊缝厚度	mm	$+0.05d$ \ 0	$+0.05d$ \ 0	—

续表 3-21

名　　称		单位	接头形式		
			帮条焊	搭接焊	坡口焊
焊缝宽度		mm	$+0.1d$ 0	$+0.1d$ 0	—
焊缝长度		mm	$-0.5d$	$-0.5d$	—
横向咬边深度		mm	0.5	0.5	0.5
在长 $2d$ 焊缝表面上的气孔 及夹渣	数量	个	2	2	—
	面积	mm²	6	6	—
在全部焊缝表面上的气孔 及夹渣	数量	个	—	—	2
	面积	mm²	—	—	6

注: d 为钢筋直径(mm)。

电弧焊接头进行力学性能试验时,以 300 个同一接头形式、同一钢筋级别的接头作为一批,从成品中每批随机切取 3 个接头进行拉伸试验。钢筋电弧焊接头拉伸试验结果,应符合下列要求:

3 个热轧钢筋接头试件的抗拉强度均不得小于该级别钢筋规定的抗拉强度。

3 个接头试件均应断于焊缝之外,并应至少有 2 个试件呈延性断裂。

当试验结果,有一个试件的抗拉强度小于规定值,或有 1 个试件断于焊缝,或有 2 个试件发生脆性断裂时,应再取 6 个试件进行复验。复验结果当有一个试件抗拉强度小于规定值,或有一个试件断于焊缝,或有 3 个试件呈脆性断裂时,应确认该批接头为不合格品。

②闪光对焊。闪光对焊是利用对焊机使两段钢筋接触,通过低电压强电流,把电能转化为热能,利用焊接电流通过两根钢筋接触点产生的电阻热,使接触点金属熔化,产生强烈飞溅,形成闪光,再迅速施以轴向压力顶锻,使两根钢筋焊合在一起,如图 3-29 所示。闪光对焊具有成本低、质量好、工效高、并对各种钢筋均能适用的特点,因而得到普遍的应用。闪光对焊可分为连续闪光焊、预热闪光焊、闪光—预热—闪光焊三种工艺。

a. 连续闪光焊。连续闪光焊工艺过程包括连续闪光和顶锻过程,即先将钢筋夹在焊机电极钳口上(钢筋与电极接触处

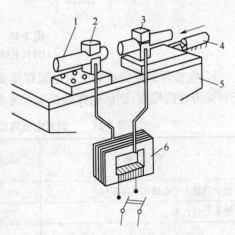

图 3-29　钢筋闪光对焊
1. 钢筋　2. 固定电极　3. 可动电极
4. 推动装置　5. 机座　6. 变压器

应清除锈污,电极内应通入循环冷却水),然后闭合电源,使两端钢筋轻微接触,由于钢筋端部凸凹不平,开始仅有一点或数点接触,接触面很小,故电流强度和接触电阻很大,接触点很快熔化,形成"金属过梁"。过梁进一步加热,产生金属蒸气飞溅形成闪光现象。而后再徐徐移动钢筋,保持接头轻微接触,形成连续闪光过程,接头也同时被加热。直至接头端面烧平、杂质闪掉、接头熔化后,随即施加适当的轴向压力迅速顶锻,先带电顶锻,随之断电顶锻到一定长度,使两根钢筋对焊成为一体。

b. 预热闪光焊。预热闪光焊是在连续闪光焊接之前,增加一次预热过程,方法是在闭合电源后使两钢筋端面交替地接触和分开,这时在钢筋端面的间隙中即发出断续的闪光而形成预热过程。适用于焊接直径 16～32mm 的 HRB335 级、HRB400级和 RRB400 级钢筋及直径 12～28mm 的 HRB500 级钢筋。特别适用于直径为25mm 以上且端面较平整的钢筋。

c. 闪光—预热—闪光焊。闪光—预热—闪光焊是在预热闪光焊前再增加一次闪光过程,使钢筋预热均匀。闪光—预热—闪光焊比较适应焊接直径大于 25mm 且端面不够平整的钢筋,这是闪光对焊中最常用的一种方法。

d. 闪光对焊焊接接头质量检验。闪光对焊焊接完成后应对闪光对焊接头进行焊接质量检查。

(a)取样数量。在同一台班内,由同一焊工,按同一焊接参数完成的 300 个同类型接头作为一批。一周内连续焊接时,可以累计计算。一周内累计不足 300 个接头时,也按一批计算。

钢筋闪光对焊接头的外观检查,每批抽查 10%的接头,且不得少于 10 个。

钢筋闪光对焊接头的力学性能试验包括拉伸试验和弯曲试验,应从每批成品中切取 6 个试件,3 个进行拉伸试验,3 个进行弯曲试验。

(b)外观检查。钢筋闪光对焊接头的外观检查,应符合下列要求:

ⓐ接头处不得有横向裂纹。

ⓑ与电极接触处的钢筋表面,不得有明显的烧伤。

ⓒ接头处的弯折,不得大于 4°。

ⓓ接头处的钢筋轴线偏移 α,不得大于钢筋直径的 0.1 倍,且不得大于 2mm。

(c)拉伸试验。钢筋对焊接头拉伸试验时,应符合下列要求:

ⓐ3 个试件的抗拉强度均不得低于该级别钢筋的抗拉强度标准值。

ⓑ至少有 2 个试样断于焊缝之外,并呈塑性断裂。

当检验结果有一个试件的抗拉强度低于规定指标,或有两个试件在焊缝或热影响区发生脆性断裂时,应取双倍数量的试件进行复验。复验结果,若仍有一个试件的抗拉强度低于规定指标,或有三个试件呈脆性断裂,则该批接头即为不合格品。

(d)弯曲试验。钢筋闪光对焊接头弯曲试验时,应将受压面的金属毛刺和镦粗变形部分去掉,与母材的外表齐平。

弯曲试验可在万能试验机、手动或电动液压弯曲机上进行,焊缝应处于弯曲的中心点,弯心直径见表3-22。弯曲至90°时,至少有2个试件不得发生破断。

表 3-22　钢筋对接接头弯曲试验指标

钢筋级别	弯心直径(mm)	弯曲角(°)
HPB235 级	2d	90
HRB333 级	4d	90
HRB400 级	5d	90

注:1)d 为钢筋直径。

2)直径大于25mm 的钢筋对焊接头,做弯曲试验时弯心直径应增加一个钢筋直径。

当试验结果,有 2 个试件发生破断时,应再取 6 个试件进行复验。复验结果,当仍有 3 个试件发生破断,应确认该批接头为不合格品。

③电阻点焊。电阻点焊就是将已除锈的钢筋交叉点放在点焊机的两电极间,钢筋通电发热至一定温度后,加压使焊点金属焊合,如图 3-30 所示。适用于 6～14mm 的 HPB235 级、HRB335 级钢筋及冷拔低碳钢丝的交叉焊接。不同直径钢筋点焊时,大小钢筋直径之比,在小钢筋直径小于 10mm 时,不宜大于 3;在小钢筋直径为 10～14mm 时,不宜大于 2。

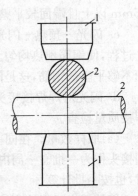

图 3-30　钢筋电阻点焊
1. 电极　2. 钢筋

在各种预制构件中,利用点焊机进行交叉钢筋焊接,使若干单根钢筋成型为各种网片、骨架,以代替人工绑扎,是实现生产机械化、提高工效、节约劳动力和材料(因钢筋端部不需弯钩)、保证质量、降低成本的一种有效措施。而且采用焊接骨架和焊接网,可使钢筋在混凝土中能更好地锚固,可提高构件的刚度和抗裂性,因此钢筋网片成型应优先采用点焊。

④电渣压力焊。电渣压力焊是利用电流通过渣池产生的电阻热将钢筋端部熔化,然后施加压力使钢筋焊合,如图 3-31a 所示。主要用于现浇结构中直径差在 9 mm 以内,直径为14～40mm 的 HPB235 级 HRB335 级 HRB400 级竖向或斜向(倾斜度在 4∶1 范围内)钢筋的接长。这种焊接方法操作简单、工作条件好、工效高、成本低,比电弧焊接头节电 80％以上,比绑扎连接和帮条焊接节约钢筋约 30％,提高工效 6～10 倍。

电渣压力焊是目前工程中竖向或斜向钢筋接长应用最广泛的连接方法之一。但它不宜用于 RRB400 级钢筋的连接;在供电条件差、电压不稳、雨季或防火要求高的场合应慎用。

a. 电渣压力焊焊接工艺。电渣压力焊焊接工艺包括引弧、造渣、电渣和挤压四个过程,如图 3-32 所示。

b. 电渣压力焊焊接参数。电渣压力焊的焊接参数主要包括:焊接电流、焊接电压和焊接通电时间等,见表 3-23。

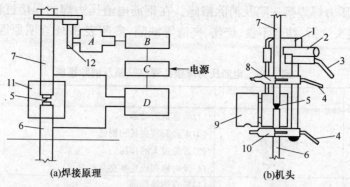

(a)焊接原理 　　　　　　　　　　(b)机头

图 3-31　电动凸轮式钢筋自动电渣压力焊示意图

1. 把子　2. 电机传动部分　3. 电源线　4. 焊把线　5. 铁丝圈　6. 下钢筋
7. 上钢筋　8. 上夹头　9. 焊药盒　10. 下夹头　11. 焊剂　12. 凸轮
A—电机与减速箱　B—操作箱　C—控制箱　D—焊接变压器

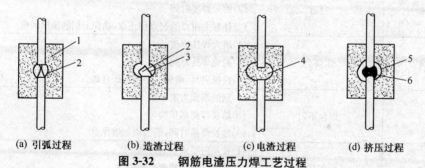

(a) 引弧过程　　(b) 造渣过程　　(c) 电渣过程　　(d) 挤压过程

图 3-32　　钢筋电渣压力焊工艺过程

1. 焊剂　2. 电弧　3. 渣池　4. 熔池　5. 渣壳　6. 熔化的钢筋

表 3-23　电渣压力焊焊接参数

钢筋直径 (mm)	焊接电流 (A)	焊接电压(V)		焊接通电时间(s)	
		电弧过程 u2.1	电渣过程 u2.2	电弧过程 t1	电渣过程 t2
14	200~220			12	3
16	200~250			14	4
18	250~300			15	5
20	300~350			17	5
22	350~400			18	6
25	400~450	35~45	22~27	21	—
28	500~550			24	6
32	600~650			27	6
36	700~750			30	7
40	850~900			33	8

　　c. 电渣压力焊焊接缺陷及消除措施。在钢筋电渣压力焊的焊接过程中,如发现轴线偏移、接头弯折、结合不良、烧伤、夹渣等缺陷,参照表3-24查明原因,采取措施,及时消除。

表 3-24　电渣压力焊接头焊接缺陷及消除措施

项次	焊接缺陷	消　除　措　施
1	轴线偏移	(1)矫直钢筋端部 (2)正确安装夹具和钢筋 (3)避免过大的顶压力 (4)及时修理或更换夹具
2	弯折	(1)矫直钢筋端部 (2)注意安装和扶持上钢筋 (3)避免焊后过快卸夹具 (4)修理或更换夹具
3	咬边	(1)减小焊接电流 (2)缩短焊接时间 (3)注意上钳口的起点和止点,确保上钢筋顶压到位
4	未焊合	(1)增大焊接电流 (2)避免焊接时间过短 (3)检修夹具,确保上钢筋下送自如
5	焊包不匀	(1)钢筋端面力求平整 (2)填装焊剂尽量均匀 (3)延长焊接时间,适当增加熔化量
6	气孔	(1)按规定要求烘焙焊剂 (2)滴除钢筋焊接部位的铁锈 (3)确保接缝在焊剂中合适埋入深度
7	烧伤	(1)钢筋导电部位除净铁锈 (2)尽量夹紧钢筋
8	焊包下淌	(1)彻底封堵焊剂筒的漏孔 (2)避免焊后过快回收焊剂

　　d. 电渣压力焊焊接接头质量检验。

　　(a)取样数量。电渣压力焊接头应逐个进行外观检查。当进行力学性能试验时,应从每批接头中随机切取3个试件做拉伸试验,且应按下列规定抽取试件。

　　ⓐ在一般构筑物中,应以300个同级别钢筋接头作为一批。

　　ⓑ在现浇钢筋混凝土多层结构中,应以每一楼层或施工区段中300个同级别钢筋接头作为一批,不足300个接头仍应作为一批。

　　(b)外观检查。电渣压力焊接头外观检查结果应符合下列要求:

　　ⓐ四周焊包凸出钢筋表面的高度应大于或等于4mm。

　　ⓑ钢筋与电极接触处,应无烧伤缺陷。

　　ⓒ接头处的弯折角不得大于4°。

④接头处的轴线偏移不得大于钢筋直径 0.1 倍,且不得大于 2mm。

外观检查不合格的接头应切除重焊,或采用补强焊接措施。

(c)拉伸试验。电渣压力焊接头拉伸试验结果,3 个试件的抗拉强度均不得小于该级别钢筋规定的抗拉强度。

当试验结果有 1 个试件的抗拉强度低于规定值,应再取 6 个试件进行复验。复验结果,当仍有 1 个试件的抗拉强度小于规定值,应确认该批接头为不合格品。

⑤钢筋气压焊。钢筋气压焊是采用氧乙炔火焰或其他火焰对两钢筋对接处加热,使其达到塑性状态,然后加压完成的一种压焊方法。钢筋气压焊工艺具有设备简单、操作方便、质量好、成本低等优点,但对焊工要求严,焊前对钢筋端面处理要求高。被焊两钢筋直径之差不得大于 7mm,钢筋下料要用砂轮锯,不得使用切断机,以免钢筋端头呈马蹄形而无法压接,钢筋端面附近 50~100mm 范围内的铁锈、油污、水泥浆等杂物必须清除干净。

钢筋气压焊的工艺过程包括:顶压、加热与压接过程。气压焊时,应根据钢筋直径和焊接设备等具体条件选用等压法、二次加压法或三次加压法焊接工艺。两钢筋安装后,预压顶紧。预压力宜为 10MPa,钢筋之间的局部缝隙不得大于 3mm。钢筋加热初期应采用碳化焰(还原焰),对准两钢筋接缝处集中加热,并使其淡白色羽状内焰包住缝隙或伸入缝隙内,并始终不离开接缝,以防止压焊面产生氧化。待接缝处钢筋红黄,随即对钢筋加第二次加压,直至焊口缝隙完全闭合。

(3)机械连接

①套筒挤压连接。这是我国最早出现的一种钢筋机械连接方法。按挤压方向不同,分为套筒径向挤压连接和套筒轴向挤压连接两种,以套筒径向挤压连接为多用。

a. 套筒径向挤压连接。套筒径向挤压连接是将两根待接钢筋插入优质钢套筒,用挤压设备沿径向挤压钢套筒,使之产生塑性变形,依靠变形后的钢套筒与被连接钢筋纵、横肋产生的机械咬合作用使套筒与钢筋成为整体的连接方法。如图 3-33 所示。这种方法适用于直径 18~40mm 的带肋钢筋的连接,所连接的两根钢筋的直径之差不宜大于 5mm。该方法具有接头性能可靠、质量稳定、不受气候的影响、连接速度快、安全、无明火、节能等优点。但设备笨重,工人劳动强度大,不适合在高密度布筋的场合使用,有时液压油污染钢筋,综合成本较高。

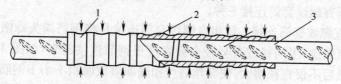

图 3-33　钢筋套筒径向挤压连接

1. 压痕　2. 钢套筒　3. 变形钢筋

b. 套筒轴向挤压连接。套筒轴向挤压连接是将两根待接钢筋插入优质钢套筒,用挤压设备沿轴向挤压钢套筒,使之产生塑性变形,依靠变形后的钢套筒与被连接钢筋纵、横肋产生的机械咬合作用使套筒与钢筋成为整体的连接方法,如图 3-34 所示。这种方法一般用于直径 25～32mm 的同直径或相差一个型号直径的带肋钢筋连接。

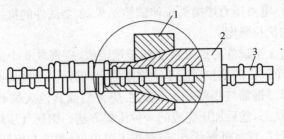

图 3-34　钢筋套筒轴向挤压连接
1. 压模　2. 钢套筒　3. 变形钢筋

　　②锥螺纹套筒连接。锥螺纹套筒连接是将两根待接钢筋端头用套丝机做出锥形丝扣,然后用带锥形内丝的钢套筒将钢筋两端拧紧的连接方法,如图 3-35 所示。这种方法适用于直径16～40mm 的各种钢筋的连接,所连接钢筋的直径之差不宜大于9mm。该方法具有接头可靠、操作简单、不用电源、全天候施工、对中性好、施工速度快等优点。接头的价格适中,低于挤压套筒接头,高于电渣压力焊和气压焊接头。

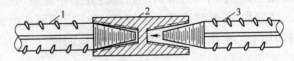

图 3-35　钢筋锥螺纹套筒连接
1. 已连接的钢筋　2. 锥螺纹套筒　3. 未连接的钢筋

　　③直螺纹套筒连接。直螺纹套筒连接是将两根待接钢筋端头切削或滚压出直螺纹,然后用带直内丝的钢套筒将钢筋两端拧紧的连接方法。这种方法适用直径 16～40mm 的各种钢筋的连接。该方法是综合了套筒挤压连接和锥螺纹连接的优点,于20 世纪 90 年代后期才发展起来的一种钢筋连接新技术。它具有接头强度高、质量稳定、施工方便、不用电源、全天候施工、对中性好、施工速度快等优点。是目前工程应用最广泛的粗钢筋连接方法。

　　按螺纹丝扣加工工艺不同,可分为镦粗直螺纹套筒连接、直接滚压直螺纹套筒连接和剥肋滚压直螺纹套筒连接三种。

　　a. 镦粗直螺纹套筒连接。镦粗直螺纹套筒连接是将钢筋端头冷镦扩粗,再在镦粗段上切削直螺纹,用同径或者异径套筒将两根钢筋连接起来,如图 3-36 所示。钢筋端部经冷镦后不仅直径增大,使套丝后丝扣底部横截面积不小于钢筋原截面积,而且由于冷镦后钢材强度的提高,致使接头部位有很高的强度,断裂均发生母材,达到SA 级接头性能的要求。但钢筋端头经冷镦扩粗后,金相组织发生了变化,延伸率降低,易产生脆断;此外,加工工艺复杂,增加了辅助用工,加大了接头成本。

　　b. 直接滚压直螺纹套筒连接。直接滚压直螺纹套筒连接是先在一平台上将钢筋端头的纵横肋滚掉,然后再滚压出丝头。较镦粗直螺纹经济,但因滚压纵横肋时,铁屑不可避免地会挤压在钢筋表面上,使滚压丝扣时易产生虚扣,造成丝扣直径不一,连接操作要相对困难些。

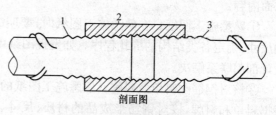

剖面图

图 3-36　钢筋直螺纹套筒连接
1. 已连接的钢筋　2. 直螺纹套筒　3. 正在拧入的钢筋

c. 剥肋滚压直螺纹套筒连接。剥肋滚压直螺纹套筒连接是将钢筋端头的纵横肋先行切削圆滑后,使钢筋滚丝前的柱体直径达到同一尺寸,再滚压丝头。此法螺纹精度高,接头质量稳定,施工速度快,价格适中,目前应用较为广泛。

钢筋剥肋滚丝机由台钳、剥肋机构、滚丝头、减速机、涨刀机构、冷却系统、电器控制系统、机座等组成,如图 3-37 所示。其工作过程:将待加工钢筋夹持在夹钳上,开动机器,扳动进给装置,使动力头向前移动,开始剥肋滚压螺纹,待滚压到调定位置后,设备自动停机并反转,将钢筋端部退出滚压装置,扳动进给装置将动力头复位停机,螺纹即加工完成。

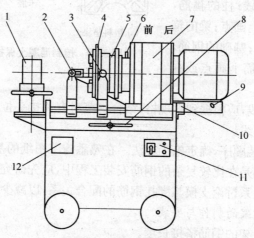

图 3-37　钢筋剥肋滚丝机
1. 台钳　2. 涨刀触头　3. 收刀触头　4. 剥肋机构　5. 滚丝头　6. 上水管
7. 减速机　8. 进给手柄　9. 行程挡块　10. 行程开关　11. 控制面板　12. 标牌

五、钢筋绑扎与安装

(1)钢筋网片、骨架制作的准备工作

钢筋网片、骨架制作成型的正确与否,直接影响着结构构件的受力性能。因此必须重视并妥善组织这一技术工作。钢筋网片、骨架制作的准备工作主要包含以下几

方面内容:

①熟悉施工图纸。在熟悉施工图纸时,要明确各个单根钢筋的形状及各个细部的尺寸,确定各类结构的绑扎程序。如发现图纸中有错误或不当之处,应及时与工程设计部门联系解决。

②核对钢筋配料单及料牌。熟悉施工图纸的同时,应核对钢筋配料单及料牌,再根据料单和料牌,核对钢筋半成品的材质、尺寸、直径和规格数量是否正确,有无错配、漏配及变形。如发现问题,应及时整修增补。

③工具、附件的准备。绑扎钢筋用的工具和附件主要有扳手、铁丝、小撬棒、马架、画线尺等,还要准备水泥砂浆垫块或塑料卡等保证保护层厚度的附件,以及钢筋撑脚或混凝土撑脚等保证钢筋网片位置正确的附件等。

水泥砂浆垫块的厚度,应等于保护层厚度。水泥砂浆垫块在使用过程中可以呈梅花形均匀布置。

塑料卡的形状有 2 种:塑料垫块和塑料环圈,如图 3-38 所示。

④画钢筋位置线。平板或墙板的钢筋,需要在模板上按照图纸要求的钢筋间距画线;柱的箍筋,在两根对角线主筋上画点;梁的箍筋,在架立筋上画点;基础的钢筋,在两向各取一根钢筋上画点或在固定架上画线。

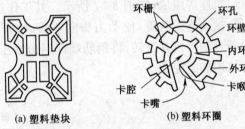

(a) 塑料垫块   (b) 塑料环圈

环栅　环孔　环壁　内环　外环　卡喉　卡腔　卡嘴

图 3-38　控制混凝土保护层用的塑料卡

钢筋接头的画线,应根据到料规格,结合规范对有关接头位置、数量的规定,使其错开,并在模板上画线。

⑤研究钢筋安装顺序,确定施工方法。在熟悉施工图纸的基础上,要仔细研究钢筋安装的顺序,特别是在比较复杂的钢筋安装工程中,应先研究逐根钢筋穿插就位的顺序,并与模板工联系讨论支模与绑扎钢筋的配合关系,以减少绑扎困难。

(2)钢筋网片骨架的制作与安装

①钢筋网片、骨架的钢筋搭接长度。

a. 当纵向受拉钢筋的绑扎搭接接头面积百分率不大于 25% 时,其最小搭接长度应符合表 3-25 的规定。接头面积百分率是连接区段内搭接钢筋的面积与全部钢筋面积的比值。连接区段为 $1.3L_1$(L_1 为搭接长度)。当纵向受拉钢筋搭接接头面积百分率大于 25%,但不大于 50% 时,其最小搭接长度应按表 3-25 中的数值乘以系数 1.2 取用;当接头面积百分率大于 50% 时,应按表 3-25 中的数值乘以系数 1.35 取用。任何情况下,受拉钢筋的搭接长度不应小于 300mm。

b. 纵向受压钢筋搭接时,其最小搭接长度应根据上述规定确定相应数值后,再乘以系数 0.7 取用。在任何情况下,受压钢筋的搭接长度不应小于 200mm。

c. 焊接钢筋骨架和焊接钢筋网片采用绑扎搭接连接时,接头不宜设置在受力较大处。焊接钢筋骨架和焊接钢筋网片在受力方向的搭接长度不应小于表 3-25 中相应数值的 0.7 倍,且在受拉区不得小于 250mm,在受压区不宜小于 200mm。焊接钢筋网片在非受力方向的搭接长度不宜小于 100mm。

表 3-25　　纵向受拉钢筋的最小搭接长度

钢筋类型级别		混凝土强度等级			
		C10	C20～25	C30～35	≥C40
光圆钢筋	HPB235	45d	35d	30d	25d
带肋钢筋	HRB335	55d	45d	35d	30d
	HRB400 和 RRB400		55d	40	35d

注:d 为钢筋直径;两亘直径不同钢筋的搭接长度,以较粗钢筋的直径计算。

②钢筋网片、骨架的现场制作与安装。由于受到钢筋网片、骨架运输条件和变形控制的限制,多采用在现场进行绑扎安装钢筋的方法。现场绑扎安装钢筋时,要根据不同构件的特点和现场条件,确定绑扎顺序。如:厂房柱,一般是先绑下柱,再绑牛腿,后绑上柱;桁架,一般是先绑腹杆,再绑上、下弦,后绑结点;在框架结构中总是先绑柱,其次是主梁、次梁、过梁,再最后是楼板钢筋。

(3)钢筋网片、骨架的验收

①钢筋的级别、直径、根数、间距、位置和预埋件的规格、位置、数量是否与设计图相符,要特别注意悬挑结构如阳台、挑梁、雨篷等的上部钢筋位置是否正确,浇筑混凝土时是否会被踩下。钢筋安装位置的偏差,应符合表 3-26 的规定。

表 3-26　　钢筋安装位置的允许偏差和检验方法

项　目			允许偏差(mm)	检验方法
绑扎钢筋网	长、宽		±10	钢尺检查
	网眼尺寸		±20	钢尺量连续三档,取最大值
绑扎钢筋骨架	长		±10	钢尺检查
	宽、高		±5	钢尺检查
受力钢筋	间距		±10	钢尺量两端、中间各一点,取最大值
	排距		±5	
	保护层厚度	基础	±10	钢尺检查
		柱、梁	±5	钢尺检查
		板、墙、壳	±3	钢尺检查
绑扎箍筋、横向钢筋间距			±20	钢尺量连续三档,取最大值

续表 3-26

项　　目		允许偏差（mm）	检验方法
钢筋弯起点位置		20	钢尺检查
预埋件	中心线位置	5	钢尺检查
	水平高差	+3,0	钢尺和塞尺检查

注：1）检查预埋件中心线位置时，应沿纵、横两个方向量测，并取其中的较大值；

　　2）表中梁类、板类构件上部纵向受力钢筋保护层厚度的合格点率应达到 90％及以上，且不得有超过表中数值 1.5 倍的尺寸偏差。

②钢筋接头位置、数量、搭接长度是否符合规定。

③钢筋绑扎是否牢固，钢筋表面是否清洁，有无污物、铁锈等。

④混凝土保护层是否符合要求等。

⑤预埋件的规格、数量、位置等。

六、钢筋的代换

(1)代换原则

当施工中采用的钢筋的品种或规格与设计要求不符时，可参照以下原则进行钢筋代换：

①等强度代换：当构件受强度控制时，钢筋可按强度相等原则进行代换。

②等面积代换：当构件按最小配筋率配筋时，钢筋可按面积相等原则进行代换。

③当构件受裂缝宽度或挠度控制时，代换后应进行裂缝宽度或挠度验算。

(2)等强代换方法

$$n_2 \geqslant \frac{n_1 d_1^2 f_{y1}}{d_2^2 f_{y2}}$$

式中　n_2——代换钢筋根数；

　　　n_1——原设计钢筋根数；

　　　d_2——代换钢筋直径；

　　　d_1——原设计钢筋直径；

　　　f_{y2}——代换钢筋抗拉强度设计值；

　　　f_{y1}——原设计钢筋抗拉强度设计值。

(3)等面积代换方法

这种代换方法应用于原设计钢筋与代换钢筋强度相同或原设计钢筋强度小于代换钢筋强度时，后一种情况代换时不经济，但是一般来说往往是最稳妥的一种方法，等面积代换方法是施工技术力量较为薄弱时常采用的一种方法。

$$A_{s1} = A_{s2}$$

式中　A_{s1}——原设计钢筋的截面计算面积；

A_{s2}——拟代换钢筋的截面计算面积。

(4)代换注意事项

钢筋代换时,必须允分了解设计意图和代换材料性能,并严格遵守现行混凝土结构设计规范的各项规定;凡重要结构中的钢筋代换应征得设计单位同意。

①对某些重要构件,如吊车梁、薄腹梁、桁架下弦等,不宜用 HPB235 级光圆钢筋代替 HRB335 级和 HRB400 级带肋钢筋。

②代换后的钢筋应满足相应的配筋构造规定,如钢筋的最小直径、最小及最大配筋率、最小及最大间距、体积配箍率、根数、锚固长度等。

③同一截面内,应避免弹性模量不一样的不同种类的钢筋同时作为受拉钢筋或者受压钢筋混合使用,以免构件受力不均。例如梁受拉钢筋不应同时混合使用 HPB235 级钢筋和 HRB335 级钢筋,但是允许受拉钢筋采用 HRB335 级钢筋的同时,受压区的构造配筋采用 HPB235 级钢筋。

④电梯吊环等对材料延性要求较高的部位或者构件内钢筋弯折角度大于 90°时,不得以 HRB335 级和 HRB400 级带肋钢筋来代替 HPB235 级光圆钢筋。

⑤受弯构件(如梁、板)及偏心受压构件(如框架柱、有吊车厂房柱、桁架上弦等)或偏心受拉构件作钢筋代换时,不取整个截面配筋量计算,应按受力面(受压或受拉)分别代换。

⑥一般当构件的配筋受裂缝宽度控制时,如以小直径钢筋代换大直径钢筋,强度等级低的钢筋代替强度等级高的钢筋,则可不做裂缝宽度验算。

第三节 模 板 工 程

一、模板系统的要求和分类

由模板和支架两部分组成,模板的作用就是形成混凝土构件所需要的形状和几何尺寸;支架则是用来保持模板的设计位置。

(1)对模板系统的基本要求

①保证工程结构的构件各部分形状尺寸和相互位置的正确。

②具有足够的承载能力、刚度和稳定性,能可靠地承受新浇筑混凝土的自重和侧压力,以及在施工过程中所产生的荷载。

③构造简单、装拆方便,并便于钢筋的绑扎、安装和混凝土的浇筑、养护等要求。

④模板的接缝严密、不漏浆。

(2)模板系统的分类

①按材料分类。模板按所用的材料不同,分为木模板、钢木模板、胶合板模板、钢竹模板、钢模板、塑料模板、玻璃钢模板、铝合金模板等。

②按结构类型分类。按结构类型分类模板可分为:基础模板、柱模板、梁模板、楼

板模板、楼梯模板、墙模板、壳模板、烟囱模板等多种。

③按施工方法分类。

a. 现场装拆式模板。在施工现场按照设计要求的结构形状、尺寸及空间位置,现场组装的模板。当混凝土达到拆模强度后拆除模板。现场装拆式模板多用定型模板和工具式支撑。

b. 固定式模板。制作预制构件用的模板。按照构件的形状、尺寸在现场或预制厂制作模板,涂刷隔离剂,再制作下一批构件。各种胎模(土胎模、砖胎模、混凝土胎模)即属固定式模板。

c. 移动式模板。随着混凝土的浇筑,模板可沿垂直方向或水平方向移动,称为移动式模板。如烟囱、水塔、墙柱混凝土浇筑采用的滑升模板、提升模板;筒壳浇筑混凝土采用的水平移动式模板等。

二、组合式模板

(1)组合式钢模板

定型组合钢模板是一种工具式定型模板,由钢模板、连接件和支承件等部分组成。

①钢模板。组合钢模板包括平面模板、阴角模板、阳角模板和连接角模,如图 3-39 所示。此外,还有一些异形模板。

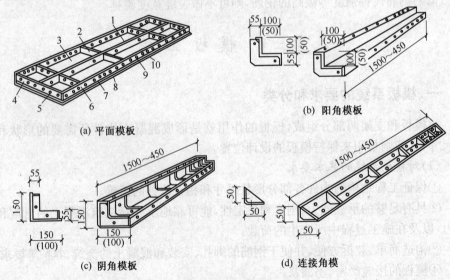

(a) 平面模板　　　　　　　(b) 阳角模板

(c) 阴角模板　　　　　　　(d) 连接角模

图 3-39　钢模板类型

1. 中纵肋　2. 中横肋　3. 面板　4. 横肋　5. 插销孔　6. 纵肋

7. 凸棱　8. 凸鼓　9. U 形卡孔　10. 钉子孔

钢模板的规格见表 3-27。如拼装时出现不足模数的空缺,则用镶嵌木条补缺,用钉子或螺栓将木条与钢模板边框上的孔洞连接。

表 3-27　钢模板的规格　　　　　　　　　　　（mm）

模板名称			\<450\> 代号	\<450\> 尺寸	\<600\> 代号	\<600\> 尺寸	\<750\> 代号	\<750\> 尺寸
平面模板（代号 P）	宽度（mm）	300	P3004	300×450	P3006	300×600	P3007	300×750
		250	P2504	250×450	P2506	250×600	P2507	250×750
		200	P2004	200×450	P2006	200×600	P2007	200×750
		150	P1504	150×450	P1506	150×600	P1507	150×750
		100	P1004	100×450	P1006	100×600	P1007	100×750
阴角模板（代号 E）			E1504	150×150×450	E1506	150×150×600	E1507	150×150×750
			E1004	100×150×450	E1006	100×150×600	E1007	100×150×750
阳角模板（代号 Y）			Y1004	100×100×450	Y1006	100×100×600	Y1007	100×100×750
			Y0504	50×50×450	Y0506	50×50×600	Y0507	50×50×750
连接角模（代号 J）			J0004	50×50×450	J0006	50×50×600	J0007	50×50×750
平面模板（代号 P）	宽度（mm）	300	P3009	300×900	P3012	300×1200	P3015	300×1500
		250	P2509	250×900	P2512	250×1200	P2515	250×1500
		200	P2009	200×900	P2012	200×1200	P2015	200×1500
		150	P1509	150×900	P1512	150×1200	P1515	150×1500
		100	P1009	100×900	P1012	100×1200	P1015	100×1500
阴角模板（代号 E）			E1509	150×150×900	E1512	150×150×1200	E1515	150×150×1500
			E1009	100×150×900	E1012	100×150×1200	E1015	100×150×1500
阳角模板（代号 Y）			Y1009	100×100×900	Y1012	100×100×1200	Y1015	100×100×1500
			Y0509	50×50×900	Y0512	50×50×1200	Y0515	50×50×1500
连接角模（代号 J）			J0009	50×50×900	J0012	50×50×1200	J0015	50×50×1500

②连接件。定型组合钢模板的连接件包括 U 形卡、L 形插销、钩头螺栓、对位螺栓、紧固螺栓和扣件等。

a. U 形卡。如图 3-40 所示，用于钢模板之间的自由拼接，将相邻模板夹紧固定。其安装的距离不大于 300mm，即每隔一孔卡插一个，安装方向一顺一倒相互交错，以抵消因打紧 U 形卡可能产生的位移。

b. L 形插销。如图 3-41 所示，用于插入钢模板端部横肋的插孔内，以加强两相邻模板接头处的刚度和保证接头处板面平整。

c. 钩头螺栓。如图 3-42 所示，用于钢模板与内外钢楞之间的连接固定。安装间距一般不大于 600mm，长度应与采用的钢楞尺寸相适应。

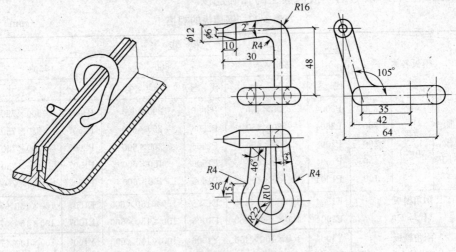

图 3-40　U 形卡

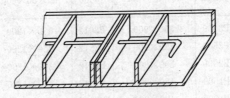

图 3-41　L 形插销

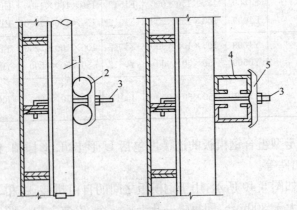

图 3-42　钩头螺栓连接

1. 圆钢管钢楞　2. "3"形扣件　3. 钩头螺栓　4. 内卷边槽钢钢楞　5. 蝶形扣件

　　d. 紧固螺栓。如图 3-43 所示,用于紧固内外钢楞,增强拼接模板的整体性,其长度应与采用的钢楞尺寸相适应。

　　e. 对拉螺栓。如图 3-44 所示,用于连接墙壁两侧模板,保持模板与模板之间的设计厚度,并承受混凝土侧压力及水平荷载,使模板不致变形。

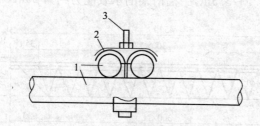

图 3-43　紧固螺栓连接
1. 圆钢管钢楞　2. "3"形扣件　3. 紧固螺栓

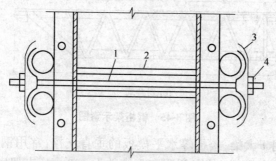

图 3-44　对拉螺栓连接
1. 对拉螺栓　2. 塑料套管　3. "3"形扣件　4. 螺母

对拉螺栓的规格和性能,见表 3-28。

表 3-28　对拉螺栓的规格和性能

螺栓直径(mm)	螺纹内径(mm)	净面积(mm²)	容许拉力(kN)
M12	10.11	76	12.90
M14	11.84	105	17.80
M16	13.84	144	24.50
T12	9.50	71	12.05
T14	11.50	104	17.65
T16	13.50	143	24.27
T18	15.50	189	32.08
T20	17.50	241	40.91

f. 扣件。扣件用于钢楞与钢楞或钢楞与钢模板之间的扣紧。按钢楞的不同形状,分别采用蝶形扣件和"3"形扣件。

③支承件。定型组合钢模板的支承件包括钢桁架、支架、钢楞、斜撑、梁卡具、柱箍等。

a. 钢桁架。如图 3-45 所示,钢桁架采用角钢、扁钢和圆钢筋制成,其两端可支承在钢筋托具、墙和梁侧模板的横档以及柱顶梁底横档上,以支承梁或板的模板。图 3-45a 所示为整榀式,一个桁架的承载能力约为 30kN(均匀放置);图 3-45b 所示为组合式桁架,可调范围为 2.5~3.5m,一榀桁架的承载能力约为 20kN(均匀放置)。

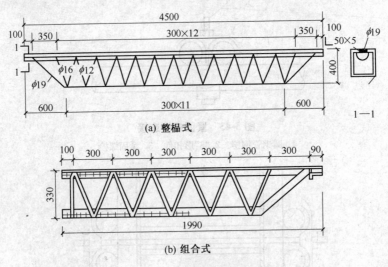

(a) 整榀式

(b) 组合式

图 3-45 钢桁架示意图

　　b. 钢支架。用于大梁、楼板等水平模板的垂直支撑,常用钢支架如图 3-46a 所示,它由内外两节钢管制成,其高低调节距模数为 100mm,支架底部除垫板外,均用木楔调整,以利于拆除。另一种钢管支架本身装有调节螺杆,能调节一个孔距的高度,使用方便,但成本较高,如图 3-46b 所示。当荷载较大单根支架承载力不足时,可用组合钢支架或钢管支架,如图 3-46c 所示。还可以用扣件式钢管脚手架、门形脚手架作支架,如图 3-46d 所示。钢管之间的连接采用的扣件及碗扣接头。

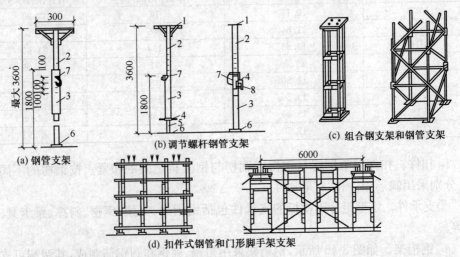

(a) 钢管支架　　(b) 调节螺杆钢管支架　　(c) 组合钢支架和钢管支架

(d) 扣件式钢管和门形脚手架支架

图 3-46 钢支架

1.顶板 2.插管 3.套管 4.转盘 5.螺杆 6.底板 7.插销 8.转动手柄

　　c. 斜撑。如图 3-47 所示,用于承受墙、柱等侧模板的侧向荷载和调整竖向支模的垂直度。由组合钢模板拼成的整片墙模或柱模,在吊装就位后,应用斜撑调整和固定其垂直位置。

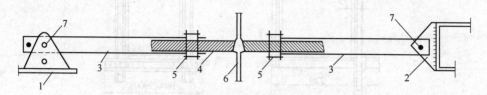

图 3-47　斜撑构造示意图
1. 底座　2. 顶撑　3. 钢管斜撑　4. 花篮螺栓　5. 螺母　6. 悬杆　7. 销钉

　　d. 钢楞。钢楞一般用圆钢管、矩形钢管、槽钢或内卷边槽钢制作,而以钢管用得较多。

　　e. 梁卡具。如图 3-48 所示,又称梁托架,用于固定矩形梁、圈梁等模板的侧模板,也可用于侧模板上口的固定。其宽度和高度均可调节,使用梁卡具可节约斜撑等材料。

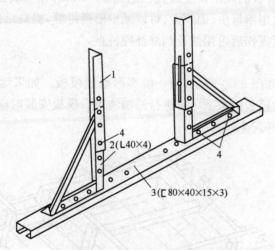

图 3-48　组合梁卡具构造示意图
1. 调节杆　2. 三脚架　3. 底座　4. 螺栓

　　f. 柱箍。如图 3-49 所示,又称柱卡箍、定位夹箍,用于直接支承和夹紧各类柱模的支承件,可根据柱模的外形尺寸和侧压力的大小来选用。

　　(2)钢框木(竹)胶合板模板

　　钢框木(竹)胶合板模板,是以热轧异型钢为钢框架,以覆面胶合板作板面,并加焊若干钢肋承托面板的一种组合式模板。面板有木、竹胶合板,单片木面竹芯胶合板等。板面施加的覆面层有热压三聚氰胺浸渍纸、热压薄膜、热压浸涂和涂料等。

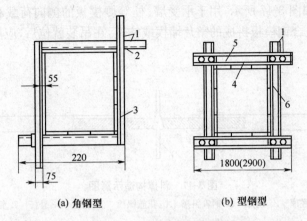

(a) 角钢型　　　　　　　　　(b) 型钢型

图 3-49　柱箍构造示意图

1. 插销　2. 限位器　3. 夹板　4. 模板　5. 型钢 A　6. 型钢 B

品种系列（按钢框高度分）除与组合钢模板配套使用的 55 系列（即钢框高 55mm，刚度小、易变形）外，现已发展有 63、70、75、78、90 等，其支承系统各具特色。

钢框木（竹）胶合板的规格长度最长已达到 2400mm，宽度最宽已达到 1200mm。因此，具有：自重轻、用钢量少、面积大，可以减少模板拼缝，提高结构浇筑后表面的质量和维修方便，面板损伤后可用修补剂修补等特点。

（3）木模板

①基础模板。如图 3-50 所示，为一阶梯形基础模板。如果地质良好、地下水位较低，可取消阶梯形模板的最下一阶进行原槽浇筑。模板安装时应牢固可靠，保证混凝土浇筑后不变形和发生位移。

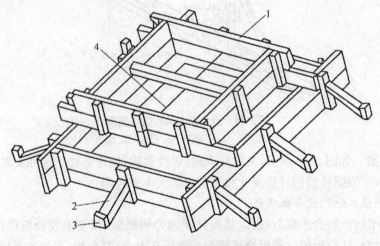

图 3-50　阶梯形基础模板

1. 拼板　2. 斜撑　3. 木桩　4. 铁丝

②柱模板。柱模板由内、外拼板(共 4
块)组成,如图 3-51 所示。两块内拼板宽
度与柱截面相同。两块外拼板的宽度则为
柱截面宽度与两块内拼板厚度之和。拼板
长度等于基础面(或楼面)至上一层楼板底
面的距离,若柱与梁相接,还应该留出梁的
缺口。

③梁模板。梁模板主要由侧模、底模
及支撑系统组成,如图 3-52 所示。

底模板的宽度同梁宽,侧模的高度则
与其所处位置有关,边梁外侧模高度为梁
高加梁底模厚度,一般梁侧模则为梁高加
底模厚度再减去混凝土板厚,梁模板的长
度则为梁净长减去两块柱模厚度。

梁下支撑常采用木支柱、钢管支架、组
合钢支架、金属支架、钢桁架等。

④现浇楼板模板。楼板的特点是面
积大、厚度薄,因而模板产生的侧压力较
小,底模所受荷载也不大,故模板的厚度
一般为 2.5mm,安装时多采用定型板,
以提高安装效率。尺寸不足处用零星木
材补足。模板支撑在楞木上,其端面尺
寸一般为 60mm×120mm,间距不大于

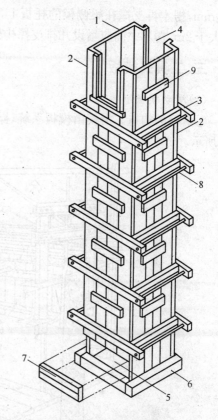

图 3-51　矩形柱模板
1. 内拼板　2. 外拼板　3. 柱箍　4. 梁缺口
5. 清理孔　6. 底部木框　7. 盖板
8. 拉紧螺栓　9. 拼条

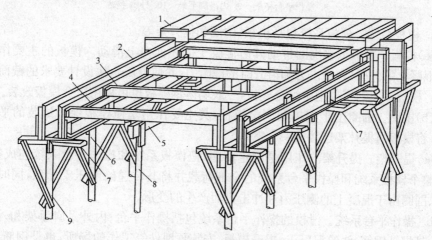

图 3-52　梁、楼板模板
1. 楼板模板　2. 梁侧模板　3. 栅栅　4. 横档　5. 牵杠　6. 夹条　7. 短撑木　8. 牵杠撑　9. 支撑

600mm,楞木再支撑在梁侧模的托板上,通过托板把力传给梁的支撑系统,如板的跨度大于2m,楞木中间应增设几排支撑排架。

三、工具式模板

(1)滑动模板

①滑模的构造。滑模由模板系统、操作平台系统和提升系统三部分组成,如图3-53所示。

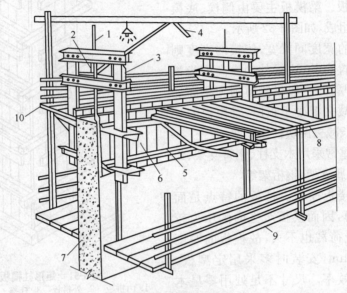

图 3-53　滑升模板

1. 支承杆　2. 液压千斤顶　3. 油管　4. 提升架　5. 围圈　6. 模板　7. 混凝土墙体
8. 操作平台桁架　9. 内吊脚手架　10. 外脚手架

　　a. 模板系统。模板系统包括模板、围圈和提升架等。

　　(a)模板。模板依赖围圈带动其沿混凝土的表面向上滑动。模板的主要作用是承受混凝土的侧压力、冲击力和滑升时的摩阻力,并使混凝土按设计要求的截面形状成型。模板多用钢模或钢木组合模板,一般墙体钢模板也可采用组合模板改装。

　　(b)围圈。围圈用于支撑和固定模板,其主要作用是使模板保持组装的平面形状,并将模板与提升架连接成一个整体。

　　(c)提升架。提升架的作用是固定围圈,把模板系统和操作平台系统连成整体,承受整个模板系统和操作平台系统的全部荷载并将其传递给液压千斤顶,同时控制模板、围圈由于混凝土的侧压力和冲击力而产生的变形。

　　b. 操作平台系统。滑模的操作平台系统包括操作平台、内外吊脚手架和外挑脚手架,是绑扎钢筋、浇筑混凝土、提升模板、安装预埋件等工作的场所,也是钢筋、混凝土、预埋件等材料和千斤顶、振捣器等小型备用机具的暂时存放场地。

c. 液压提升系统。液压提升系统包括支承杆、液压千斤顶和液压操纵装置等,它是使滑升模板向上滑升的动力装置。

②滑升原理。滑模的滑升是通过液压千斤顶在支承杆上的爬升。由于千斤顶是与提升架连接在一起的,千斤顶的爬升带动提升架向上,并使模板沿墙体滑升,如图3-54 所示。

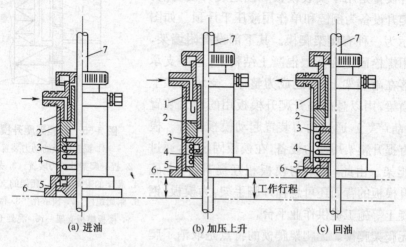

(a) 进油　　　　　(b) 加压上升　　　　(c) 回油

图 3-54　液压千斤顶工作原理
1. 缸筒　2. 活塞　3. 上卡头　4. 排油弹簧　5. 下卡头　6. 底座　7. 支承杆

③模板的滑升。滑升模板施工一般为连续作业,中途不作停歇,机械化程度较高。滑升过程是滑模施工的主导工序,其他各工序作业均应安排在限定时间内完成,不宜以停滑或减缓滑升速度来迁就其他作业。

施工时,先进行滑升模板装置的组装工作。组装工作完成,经过检查核对,证明组装质量符合要求后,即可进入混凝土的浇筑等滑升施工阶段。在确定滑升程序或平均滑升速度时,除应考虑混凝土出模强度要求处,还应考虑气温条件、混凝土原材料及强度等级、结构特点、模板条件等因素。

在滑升模板施工过程中,绑扎钢筋,浇筑混凝土,提升模板这三个工序是相互配合地进行工作的。在上述主要工序之间,穿插进行其他各项工作,如接长支承杆,留设门窗孔洞和预埋件,支设梁底模板,特殊部位处理,修饰混凝土表面,养护混凝土,观测和控制建筑物垂直度的偏差等。滑升完毕后,最后进行模板装置的拆除。

（2）爬升模板

爬升工艺可选用模板与爬架互爬、模板与模板互爬及整体爬升等,其中以第一种应用最为广泛。模板与爬架互爬称为有爬架爬模,模板与模板互爬称为无爬架爬模。

①有爬架爬模。有爬架爬模一般由爬升模板、爬架和爬升设备三部分组成。

爬升模板的面板一般用组合式钢模板组拼或薄钢板制成,也可用木(竹)胶合板制作。横肋和竖向大肋一般采用槽钢,槽钢规格和布置间距需要按计算确定。

　　爬架由支承架、附墙架(底座)以及吊模扁担、爬升爬架的千斤顶架(或吊环)等组成。

　　爬升设备是用于安装模板和固定爬升设备的。常用的爬升设备为捯链和单作用液压千斤顶。如图3-55所示为一种有爬架爬模。其下部设有附墙架,附墙架用螺栓固定在下层混凝土结构上;上部支承立柱坐落在附墙架上,与之成为整体。支承立柱上端有挑横梁,用以悬吊提升爬升模板用的动力装置(如电动葫芦等),通过动力装置起动模板提升。模板顶端有提升爬架用动力设备,在模板固定后,通过它提升爬架。由此,爬架与模板相互提升,向上施工。爬升模板的背面还可悬挂外脚手架,为模板、钢筋及混凝土等施工提供作业平台。

　　②无爬架爬模。无爬架爬模的特点是取消了爬

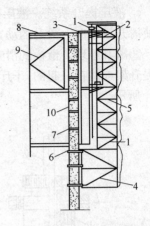

图 3-55　有爬架爬升模板
1. 提升模板的动力装置
2. 提升爬架的动力装置　3. 外模板
4. 爬架的附属架　5. 爬架的支承立柱
6. 附属螺栓　7. 预留孔　8. 楼板模板
9. 楼板模板支架　10. 混凝土墙体

架,模板有甲乙两类组成,爬升时两类模板互为依托,用提升设备使两类相邻模板交替爬升。如图3-56所示无爬架爬模的爬升装置由三角爬架、爬杆、卡座和液压千斤顶组成。三角爬架插在模板上口两端套筒内,套筒用"U"形螺栓与竖向背楞连接,三角爬架可自由回转,用以支承卡座和爬杆。爬杆用直径为25mm的圆钢制成,上端用卡座固定在三角爬架上。每块模板上装两台起重量为3.5t的液压千斤顶,甲型模板安装在模板中间偏下处,乙型模板安装在模板上口两端。供油用齿轮泵,输油管用高

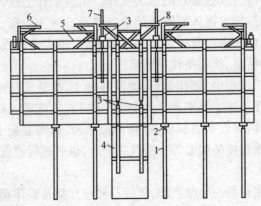

图 3-56　无爬架爬升模板构造示意
1. "生根"背楞　2. 连接板　3. 液压千斤顶　4. 甲型模板
5. 乙型模板　6. 三角爬架　7. 爬杆　8. 卡座

压胶管。

无爬架爬模的操作平台用三角挑架作支撑。安装在乙型模板竖向背楞和它下面的生根背楞上，共设置三道，上面铺脚手板，外测设护栏和安全网。上、中层平台供安装、拆除模板时使用，并在中层平台上加设模板支撑一道，使模板、挑架和支撑形成稳固的整体，并用来调整模板的角度，也便于拆模时松动模板；下层平台供修理墙面用。

无爬架爬升模板施工的爬升程序如图 3-57 所示。

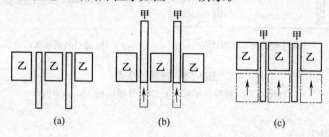

图 3-57　无爬架爬升模板施工爬生程序

四、模板的安装与拆除

（1）模板的支设安装

模板安装的程序应根据构件类型和特点、施工方法和机械选择、施工条件和环境等确定。一般为先下后上，先内后外，先支模，后支撑，再紧固。模板的支设方法基本上有两种，即单块就位组拼（散装）和预组拼，其中预组拼又可分为分片组拼和整体组拼两种。

模板支设安装时模板配件必须装插牢固，支柱和斜撑下的支承面应平整垫实，要有足够的受压面积。支承件应着力于外钢楞，支柱所设的水平撑与剪刀撑，应按构造与整体稳定性布置。多层支设的支柱，上下应设置在同一竖向中心线上，下层楼板应具有承受上层荷载的承载能力或加设支架支撑。下层支架的立柱应铺设垫板。

对现浇混凝土梁、板，当跨度不小于 4m 时，模板应按设计要求起拱；当设计无具体要求时，起拱高度宜为跨度的 3/1000。

柱模板安装前先在模板底面用水泥砂浆找平，并调整好柱模板安装底面的标高，或设木框，在木框上安装钢模板，边柱外侧模板需支承在承垫板条上，板条要用螺栓固定在下层结构上，如图 3-58 所示。柱模根部要用水泥砂浆堵严，防止跑浆；柱模的浇筑口和清扫口，在配模时应一并考虑留出。柱模的清扫口应留置在柱脚一侧，如果柱子断面较大，为了便于清理，亦可两面留设。浇筑混凝土前通过清扫口将柱内的垃圾清理完毕后，立即将清扫口封闭。

有梁楼板模板安装时要注意桁架之间要设拉结，以保持桁架垂直，拼接桁架的螺栓要拧紧，数量要满足要求；模板两端应牢固，中间尽量少设或不设固定点，以便拆

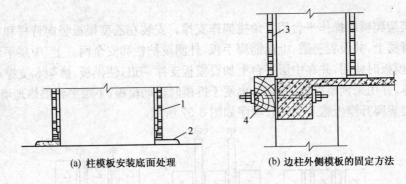

(a) 柱模板安装底面处理　　　　(b) 边柱外侧模板的固定方法

图 3-58　柱模板安装
1. 柱模板　2. 砂浆找平层　3. 边柱外侧模板　4. 承垫板条

模,如图 3-59 所示。

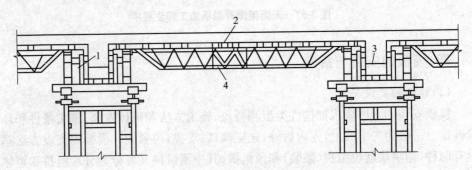

图 3-59　梁楼板模板
1. 梁模板　2. 楼板模板　3. 对拉螺栓　4. 伸缩式桁架

采用扣件钢管脚手或碗扣式脚手架作支架时,扣件要拧紧,杯口要紧扣,要抽查扣件的扭力矩。横杆的步距要按设计要求设置。模板支柱纵、横方向的水平拉杆、剪刀撑等,均应按设计要求布置;一般工程当设计无规定时,支柱间距一般不宜大于 2m,纵横方向的水平拉杆的上下间距不宜大于 1.5m,纵横方向的垂直剪刀撑的间距不宜大于 6m;跨度大或楼层高的工程,必须认真进行设计,尤其是对支撑系统的稳定性,必须进行结构计算,按设计精心施工。

楼梯模板一般比较复杂,施工前应根据实际层高放样,先安装休息平台梁模板,再安装楼梯模板斜楞,然后铺设楼梯底模、安装外帮侧模和踏步模板。安装模板时要特别注意斜向支柱(斜撑)的固定,防止浇筑混凝土时模板移动。

(2)模板的拆除

模板拆除时,应根据混凝土的强度、各个模板的用途、结构的性质、水泥品种及混凝土硬化时的气温等确定拆除方法,遵循先支后拆,先非承重部位,后承重部位以及自上而下的原则。

　　侧模板为非承重模板,可在混凝土强度能保证其表面及棱角不因拆除而损坏时将侧模板拆除。具体时间可参考表 3-29。底模板在与混凝土结构同条件养护的试件达到表 3-30 规定强度标准值时,方可拆除。达到规定强度标准值所需时间可参考表 3-31

表 3-29　侧模板拆除时间参考表

水泥品种	混凝土强度等级	混凝土的平均硬化温度(℃)					
		5	10	15	20	25	30
		混凝土强度达到 2.5MPa 所需天数					
普通水泥	C10	5	4	3	2	1.5	1
	C15	4.5	3	2.5	2	1.5	1
	≥C20	3	2.5	2	1.5	1.0	1
矿渣及火山灰质水泥	C10	8	6	4.5	3.5	2.5	2
	C15	6	4.5	3.5	2.5	2	1.5

表 3-30　现浇结构拆模时所需混凝土强度

结　构　类　型	结构跨度(m)	按设计的混凝土强度标准值的百分率计(%)
板	≤2	50
	>2,≤8	75
	>8	100
梁、拱、壳	≤8	75
	100	>8
悬臂构件	≤2	75
	100	>2

注:本规范中"设计的混凝土强度标准值"系指与设计混凝土强度等级相应的混凝土立方体抗压强度标准值。

表 3-31　底模板拆除时间参考表

水泥的标号及品种	混凝土达到设计强度标准值的百分率(%)	硬化时昼夜平均温度(℃)					
		5	10	15	20	25	30
32.5 级普通水泥	50	12	8	6	4	3	2
	75	26	18	14	9	7	6
	100	55	45	35	28	21	18
42.5 级普通水泥	50	10	7	6	5	4	3
	75	20	14	11	8	7	6
	100	50	40	30	28	20	18

(3)模板工程安装质量检查及验收

①钢模板工程安装过程中,应进行下列质量检查和验收:

a. 钢模板的布局和施工顺序。

b. 连接件、支承件的规格、质量和紧固情况；支承着力点和模板结构整体稳定性。

c. 预埋件和预留孔洞的规格数量及固定情况；扣件规格与对拉螺栓、钢楞的配套和紧固情况。

d. 模板轴线位置和标志；竖向模板的垂直度和横向模板的侧向弯曲度。

e. 模板的拼缝度和高低差；各种预埋件和预留孔洞的固定情况。

f. 对拉螺栓、钢楞与支柱的间距。

g. 支柱、斜撑的数量和着力点。

h. 模板结构的整体稳定。

i. 有关安全措施。

②模板工程验收时，应提供下列文件：

a. 模板工程的施工设计或有关模板排列图和支承系统布置图。

b. 模板工程质量检查记录及验收记录。

c. 模板工程支模的重大问题及处理记录。

③现浇混凝土结构所用模板的安装尺寸偏差见表3-32，检查数量为在同一检验批内，对梁、柱和独立基础，应抽查构件数量的10%，且不少于3件；对墙和板，应按有代表性的自然间抽查10%，且不少于3间；对大空间结构，墙可按相邻轴线间高度5m左右划分检查面，板可按纵、横轴线划分检查面，抽查10%，且均不少于3面。

表 3-32　现浇结构模板安装的允许偏差及检验方法

项　目		允许偏差(mm)	检验方法
轴线位置		5	钢尺检查
底模上表面标高		±5	水准仪或拉线、钢尺检查
截面内部尺寸	基础	±10	钢尺检查
	柱、墙、梁	+4，−5	钢尺检查
层高垂直度	不大于5m	6	经纬仪或吊线、钢尺检查
	大于5m	8	经纬仪或吊线、钢尺检查
相邻两板表面高低差		2	钢尺检查
表面平整度		5	2m靠尺和塞尺检查

注：检查轴线位置时，应沿纵、横两个方向量测，并取其中的较大值。

④预制构件模板安装的偏差应符合表3-33的规定。检查数量为首次使用及大修后的模板应全数检查；使用中的模板应定期检查，并根据使用情况不定期抽查。

表 3-33 预制构件模板安装的允许偏差及检验方法

项　目		允许偏差（mm）	检验方法
长度	板、梁	±5	钢尺量两角边，取其中较大值
	薄腹梁、桁架	±10	
	柱	0,−10	
	墙板	0,−5	
宽度	板、墙板	0,−5	钢尺量一端及中部，取其中较大值
	梁、薄腹梁、桁架、柱	+2,−5	
高（厚）度	板	+2,−3	钢尺量一端及中部，取其中较大值
	墙板	0,−5	
	梁、薄腹板、桁架、柱	+2,−5	
侧向弯曲	梁、板、柱	$l/1000$ 且≤15	拉线、钢尺量最大弯曲处
	墙板、薄腹梁、桁架	$l/1500$ 且≤15	
	板的表面平整度	3	2m靠尺和塞尺检查
	相邻两板表面高低差	1	钢尺检查
对角线差	板	7	钢尺量两个对角线
	墙板	5	
翘曲	板、墙板	$l/1500$	调平尺在两端量测
设计起拱	薄腹梁、桁架、梁	±3	拉线、钢尺量跨中

注：l 为构件长度（mm）。

⑤固定在模板上的预埋件、预留孔和预留洞均不得遗漏，且应安装牢固，其偏差应符合表 3-34 的规定。检验方法为钢尺检查。

表 3-34 预埋件和预留孔洞的允许偏差 （mm）

项　目		允许偏差
预埋钢板中心线位置		3
预埋管、预留孔中心线位置		3
插筋	中心线位置	5
	外露长度	+10,0
预埋螺栓	中心线位置	2
	外露长度	+10,0
预留洞	中心线位置	10
	尺寸	+10,0

注：检查中心线位置时，应沿纵、横两个方向量测，并取其中的较大值。

第四节　裂缝控制与加固

一、混凝土结构裂缝成因

最近 10 多年来，随着商品混凝土、高强混凝土的普遍应用，混凝土泵送、免振施工技术的发展，以及预制预应力构件应用逐渐萎缩，混凝土结构的裂缝问题日显严重，由此引起的质量纠纷不断发生。下面就来阐述一下混凝土结构裂缝形成的具体原因。

(1)荷载作用

作为承载受力的混凝土结构，在各种荷载作用下会在混凝土中产生应力和应变。在应力和应变超过混凝土的极限状态时，就会产生裂缝。裂缝的方向总是沿着主压应力(应变)方向或垂直于主拉应力(应变)方向发展、延伸的。

由荷载作用引起的裂缝称为受力裂缝。由于其标志着结构承载能力的消耗并涉及安全问题，因此应引起重视。受力裂缝也称为"直接裂缝"，在实际的裂缝问题中只占较小的比例，其余占大多数的裂缝由除荷载作用之外的因素引起，可称为"间接裂缝"。

(2)温差引起的混凝土裂缝

混凝土在温度变化时会热胀冷缩，其膨胀系数为 $\alpha_c = 1 \times 10^{-5}/℃$ 左右，亦即每 1℃的温差即可引起 $10\mu\varepsilon$ 的应变，对 C30 混凝土而言，则可引起 $0.3N/mm^2$ 的温度应力。当这种温度应力作为超静定结构中的约束拉应力时，较大的温差往往就会引起裂缝。

混凝土结构中的温度裂缝可有两种原因：其一为季节温度变化引起的裂缝，集中于屋盖、山墙等部位，且裂缝宽度往往随季节而变化；其二为混凝土结构中因水化热散失速度不一引起的温差裂缝，往往表现为大体积混凝土的表面龟裂或结构形状突变处的裂缝。

(3)混凝土硬化过程中的收缩

一般在混凝土硬化过程中，由于混凝土失水干燥，引起体积收缩变形，这种体积变形受到约束时，就可能产生收缩裂缝。这种裂缝是在有约束的条件下，在超静定的现浇混凝土结构中可以引起约束拉应力，从而导致收缩裂缝普遍发生。

(4)强迫位移引起的裂缝

混凝土结构多为超静定结构，任何外加的变形或相对位移(如地基不均匀沉降、地震惯性作用引起的强迫位移等)均可引起混凝土结构的约束变形和应力。当约束拉应力数值超过其抗拉强度时，即会产生裂缝。强迫位移在超静定结构中引起的效应随结构刚度和受约束程度而加大。因此，越"刚硬"的结构构件由于强迫位移引起的效应就越大，裂缝现象也越严重。

地震、爆炸、撞击等瞬时作用的强迫位移，引起的约束应力很难由塑性变形消解。因此产生裂缝就是难以避免的事情了。

（5）施工不当引起的裂缝

常见的原因有以下几种：

①混凝土保护层过厚，或乱踩已绑扎的上层钢筋，使承受负弯矩的受力筋保护层加厚，导致构件的有效高度减小，形成与受力钢筋垂直方向的裂缝。

②混凝土振捣不密实、不均匀，出现蜂窝、麻面、空洞，导致钢筋锈蚀或其他荷载裂缝的起源点。

③混凝土浇筑过快，混凝土流动性较低，在硬化前因混凝土沉实不足，硬化后沉实过大，容易在浇筑数小时后发生裂缝，既塑性收缩裂缝。混凝土分层或分段浇筑时，接头部位处理不好，易在新旧混凝土和施工缝之间出现裂缝。如混凝土分层浇筑时，后浇混凝土因停电、下雨等原因未能在前浇混凝土初凝前浇筑，引起层面之间的水平裂缝；采用分段现浇时，先浇混凝土接触面凿毛、清洗不好，新旧混凝土之间黏结力小，或后浇混凝土养护不到位，导致混凝土收缩而引起裂缝。

④混凝土搅拌、运输时间过长，使水分蒸发过多，引起混凝土坍落度过低，使得在混凝土体积上出现不规则的收缩裂缝。

⑤混凝土初期养护时急剧干燥，使得混凝土与大气接触的表面上出现不规则的收缩裂缝。

⑥施工时模板刚度不足，在浇筑混凝土时，由于侧向压力的作用使得模板变形，产生与模板变形一致的裂缝。施工时拆模过早，混凝土强度不足，使得构件在自重或施工荷载作用下产生裂缝。用泵送混凝土施工时，为保证混凝土的流动性，增加水和水泥用量，或因其他原因加大了水灰比，导致混凝土凝结硬化时收缩量增加，使得混凝土体积上出现不规则裂缝。

⑦施工前对支架压实不足或支架刚度不足，浇筑混凝土后支架不均匀下沉，导致混凝土出现裂缝。

⑧混凝土早期受冻，使构件表面出现裂纹，或局部剥落，或脱模后出现空鼓现象。施工质量控制差。任意套用混凝土配合比，水、砂石、水泥材料计量不准，结果造成混凝土强度不足和其他性能（和易性、密实度）下降，导致结构开裂。

⑨安装顺序不正确，对产生的后果认识不足，导致产生裂缝。如钢筋混凝土连续梁满堂支架现浇施工时，钢筋混凝土墙式护栏若与主梁同时浇筑，拆架后墙式护栏往往产生裂缝；拆架后再浇筑护栏，则裂缝不易出现。

施工不当引起混凝土结构的具体原因种类繁多，很难穷尽，其实质只是混凝土中原始缺陷遭受外力、收缩、温差等作用在施工过程中以裂缝形式出现而已，应根据具体工程的实际情况加以分析。

（6）构造不当而引起的裂缝

由于设计和施工的缺陷，混凝土往往在一些应力集中的部位产生裂缝。这些裂缝往往很难用准确的设计计算来加以控制，而多由结构布置方案或构造措施缺陷所引起的，主要有以下几类：

①结构布置不当，在体量或刚度突变处（如高低错层、平面瓶颈处等）形成薄弱环节，往往很微小的干扰即可能引起裂缝。

②在结构的凹角、凹槽部位，容易因应力集中而引发裂缝，特别是当该处构造配筋较少或配筋形式不当时更易开裂。

③集中荷载较大而截面或配筋相对不足时（如预应力筋锚固处、集中荷载作用处、悬挂荷载处、坐落于筏板上的单独柱基等）往往发生局部裂缝。

这类构造裂缝往往很难精确计算，或者通过定量分析而加以控制，通常需要采取适当的构造措施。

(7)耐久性不足引起的裂缝

我国传统的混凝土结构设计很少考虑耐久性问题。随着时间的推移，在长期服役以后，耐久性问题日渐严重，包括耐久性裂缝问题。耐久性裂缝大体分为三类。

①钢筋的锈胀裂缝。由于保护层混凝土碳化和钢筋脱钝以后引起钢筋锈蚀、体积膨胀而引起锈胀裂缝。裂缝沿钢筋纵向发展，还常有黄褐色的锈斑出现。这类裂缝如不及时处理，严重时会引起保护层混凝土剥落。

锈蚀裂缝不仅影响钢筋与混凝土黏结锚固，而且削弱了钢筋的有效承载面积和力学性能（延性减小变脆），引起锈坑处的应力集中，因此必须引起足够的重视。

氯离子的存在会大大加快钢筋锈蚀的速度。我国传统以氯化钙（$CaCl_2$）作为防冻剂以提高混凝土的抗冻能力，因此引起这类问题较多。近年来一些工程在抢进度时往往使用不合格的早强剂，也会引起此类耐久性裂缝。

②混凝土的冻胀裂缝。在严寒和寒冷地区，特别在水位变动的结构部位，由于沿混凝土缺陷（例如毛细孔道等）渗入的水在结冰以后体积膨胀而形成明显的可见裂缝。冻胀裂缝往往造成部分混凝土的膨胀及粉化，如不及时处理，反复的冻融循环会引起混凝土的酥裂并丧失承载力。

③碱骨料反应裂缝保护层剥落。这种裂缝是由于混凝土原材料中的水泥、外加剂、混合材料及水中的碱性物质与骨料中的活性物质发生膨胀性的化学反应。碱骨料反应裂缝通常在混凝土浇筑成型若干年后出现，反应生成物吸水膨胀使混凝土产生内部应力而开裂。由于活性骨料一般呈均匀分布，故混凝土发生碱骨料反应后，混凝土各部分均产生膨胀应力和变形，特别是混凝土在遇水的情况下，其体积膨胀 3～4 倍，使混凝土产生膨胀性酥松状裂缝。这种混凝土材料内部的膨胀会引起网状的龟裂裂缝，从而对结构的耐久性造成影响。

(8)混凝土结构的界面裂缝

严格来说界面裂缝并不是混凝土结构本身的裂缝，而是混凝土构件与其他结构、围护构件或装修构件之间的可见裂缝。这类裂缝往往也被用户视为混凝土结构缺陷，因此也一并在此加以介绍。界面裂缝按其引起原因可分为以下几类。

①与其他结构之间的裂缝：混凝土结构与砌体结构、钢结构（组合结构）之间，由于构造处理不妥或受力变形不协调引起的可见裂缝。

②与围护构件之间的裂缝：混凝土结构与隔墙、填充构件等因构造处理不当而引起的可见裂缝。

③与抹面层之间的裂缝：混凝土结构上有浑水表面时，在抹面层与基底之间的黏结脱离及在抹面层中引起的可见裂缝。

前两种裂缝沿界面发展，形成整齐的裂缝形状；后者多为抹面层的龟裂或剥落。一般情况下这类裂缝只影响观瞻及使用功能，对结构承载力和安全并无明显影响。但有时，如抹面层可能会因剥落伤人，所以也存在安全隐患。

（9）裂缝成因的综合性

前面较详细地分析了混凝土结构中裂缝的机理和形成可见裂缝的各种原因。但应该强调的是，实际工程中的混凝土结构裂缝往往并不是由单一因素形成的。引发裂缝的原因很多，造成结构中裂缝的因素决不会只有一个，其必然是由多种原因共同作用的结果。当然，其中必然有主要原因以及影响相对较小的次要原因，应根据实际工程情况认真分析，才能准确地把握裂缝的性质，并采取针对性的措施，控制并消除裂缝。

总之，混凝土结构的裂缝是一个综合性问题，有效合理地解决混凝土结构的裂缝问题对促进我国建筑业的健康发展具有现实意义。

二、混凝土结构裂缝控制措施

（1）大体积混凝土结构

在结构工程的设计与施工中，对于大体积混凝土结构，为防止其产生温度裂缝，除需要在施工前进行认真温度计算外，还要做到在施工过程中采取一系列有效的技术措施。根据我国的大体积混凝土施工经验，应着重从控制混凝土温升、延缓混凝土降温速率、减少混凝土收缩变形、提高混凝土极限抗拉应力值、改善混凝土约束条件、完善构造设计和加强施工中的温度监测等方面采取技术措施。

①制定合适的允许温差。温度裂缝的主要原因是各种温差太大，为了防止裂缝发生，必须规定各种温差，包括内外温差，内部温差和温度陡降的容许值，这些容许温差可根据以往工程的实践经验，结合理论计算来确定。

②加强施工中的温度观测。为了防止温度裂缝，必须重视温度管理。施工中若能控制实际温度差小于容许值，就可能避免产生温度裂缝。温度管理的基础是及时准确地进行各种温度观测。

③采取适当的温度控制措施。防止温度裂缝的基本条件是控制施工中的实际温差小于允许差。实际温差可用下式计算：

$$\Delta T = Tp + Tr - Tf$$

式中　　ΔT——内外温差或内部温差；

　　　　Tp——混凝土浇筑温度；

Tr——水泥水化热引起的温度升高；

Tf——在计算内外温差时，指混凝土表面的温度；在计算内部温差时，指使用中混凝土内部可能达到的最低温度。

Tp、Tf 可以实测，也可以从当地气象、水文资料中查到。Tr 可以用试验所得数据，用热传导理论计算，也可以用经验公式和类似工程的经验估算。

如果计算所得的实际温差大于容许温差，为了防止温度裂缝就应采取温度控制措施，主要是降低 Tp、Tr 值和提高 Tf 值。

a. 降低浇筑温度 Tp。降低混凝土浇筑温度 Tp，不仅可以直接降低混凝土的最高温度，减小温度应力；同时还因为浇筑温度降低到周围环境温度以下时，可形成负的初始温差。这种温差初期将在板面引起压应力，以抵消内外温差、湿度差引起的表面拉力，有利于防止早期的表面裂缝；后期将在板内引起压应力，以抵消内部温差引起的板内拉力，这对防止内部裂缝有好处。

b. 降低水化热温升 Tr。降低水化热温升 Tr，在大体积钢筋混凝土中有特别重要的作用。因为建筑工程中的大体积混凝土强度比水坝高得多，因此水泥用量明显增多，而又不可能采用大坝水泥等低热水泥，因此 Tr 值较高。降低 Tr 值的措施，除了尽量采用低热水泥和加强表面散热外，主要是通过选择合理的原材料，采用良好的配合比，来降低水泥用量。例如采用减水剂、加气剂、塑化剂；采用大粒径石料，并用人工级配，减小孔隙率；进行系统的、数量较多的配合比试验，选用比较合理的配合比等。

c. 提高 Tf 值。为了防止表面裂缝，可以采取提高混凝土表面温度的措施。如在结构的外露面覆盖保温、搭设保温棚等。根据对某工程的实测资料，混凝土表面覆盖一层塑料薄膜加两层干草垫，表面温度可比大气温度提高 20℃。在该工程中，有覆盖的混凝土表面至今未发现裂缝，而无覆盖的已经出现了明显的裂缝。另外，根据实测，覆盖两层草垫并浇水养护，草垫内外温度差为 8℃～10℃。

延迟拆模时间，也可以提高混凝土表面的温度，而且还可以防止温度陡降，减小内外温差。因此，可以根据结构的内外温差应小于容许温差来确定拆模时间，以减少裂缝的展开。但为了提高模板的周转率，有时必须按时拆模。这时可采取立即挂草垫保温等措施，混凝土内部最高温度会升高，使内部温度加大，在基础约束较大的情况下，增加了产生内部裂缝或贯穿裂缝的危险性。因此，施工中必须针对不同情况区别对待。

以上各项技术措施并不是孤立的，而是相互联系、相互制约的，设计和施工中必须结合实际、全面考虑、合理采用，才能收到良好的效果。

(2)梁板类结构

现浇梁板类结构中，混凝土的收缩裂缝比较普遍。防止收缩裂缝的主要措施有：

①采用合理的设计构造措施。收缩裂缝常出现在伸缩缝间距过大的建筑中，通常的挑雨篷就是一例。有的建筑物温度收缩缝的间距虽符合规范中使用条件的要

求,但是由于施工周期长,此时结构为暴露在大气中的露天结构,其收缩变化明显的比室内结构要大,因此大多在施工期间出现收缩裂缝。多层现浇框架梁中出现的一些裂缝,有的就是由于这种原因造成的。因此在结构中断面薄弱处、应力集中处宜采用各种加强措施。

②减少混凝土的收缩值。选择材料时,宜选用铝酸三钙含量较低、细度不宜过细、矿渣含量不宜过多的水泥,砂不宜用特细砂,表 3-35 为中砂和特细砂配制的混凝土收缩值的对比表。

表 3-35　中砂和特细砂配制的混凝土收缩值(10^{-4})的对比

砂类别	龄　　　期		
	7d	28d	60d
中　　砂	−0.10	1.11	1.60
特细砂	0.30~0.70	1.40~1.60	1.60~1.80

在选用配合比时,应采用低水灰比、低单方水泥用量和低用水量。施工中应加强振捣,提高密实度;加强浇水养护,延迟收缩发生,以避免在早期混凝土强度较低时,出现过大的收缩而造成裂缝。

③提高混凝土的抗拉强度。由于抗拉与抗压强度存在一定的比例关系,因此,影响抗压强度的因素都会影响抗拉强度。但要注意提高强度后,有时收缩也随之加大。因此,应以提高抗裂安全度为目的,综合考虑后采取措施。

④避免各种应力叠加。混凝土体积较大时,要防止温度收缩应力和干缩应力叠加,在结构应力复杂、应力集中或应力较大的部位,特别要防止出现过大的收缩应力。

⑤加强施工管理。要防止任意提高混凝土强度等级,以免使收缩加大而开裂。

三、混凝土结构裂缝修补

混凝土裂缝的修补大致有表面处理法、填充密封法、压力灌浆法、结构加固法、混凝土置换法以及电化学防护法。

(1)表面处理法

本法是沿构件表面涂刷,修补构件表面细小的混凝土裂缝,满足美观和耐久的要求,根据其做法不同又分为如下三种。

①表面涂刷法。它是沿裂缝涂刷薄膜型表面涂料,阻塞细小裂缝,减少渗漏,防止钢筋锈蚀,满足美观要求等,均可起到一定作用。并且此法比较简单,涂刷材料有水泥浆、油漆、沥青、环氧树脂等。采用水泥浆涂刷,应事前在裂缝处用水冲洗,然后刷好。采用油漆、沥青或环氧树脂涂刷,事前混凝土表面不仅要清除干净,且要预先干燥,才能达到预期效果。

②表面铺设法。它沿裂缝铺设环氧树脂玻璃布或橡胶沥青棉纸等,起到粘贴封

闭裂缝的作用,效果比涂刷法好,通常用于屋面板等对防渗有较高要求的构件上。

③表面抹灰法。对于局部有较多裂缝,或面积较小,且蜂窝、麻面不多的混凝土表面,可用1∶2～1∶2.5的水泥砂浆抹平。在抹砂浆之前,必须用钢丝刷和加压水洗刷基层,结合面保持润湿,抹灰初凝后要加强养护工作,这样才能保证砂浆与结构黏结牢固,避免造成砂浆层起皮和脱落。

(2)填充密封法

这种方法用来修补中等宽度的混凝土裂缝,在裂缝表面凿成凹槽,然后填以填充材料进行修补。其具体做法如下。

①刚性材料填充法。采用此法,裂缝必须是稳定的,而且没有水从裂缝中冒出来的状况。本法是将裂缝用手工剔凿或用机械开槽。裂缝口最小宽度在6mm以上。槽口上的油、污物、碎屑、松动石子等必须清除干净。采用水泥砂浆填充材料,结合面应提前洒水润湿,填充后做好养护工作,确保砂浆与槽边混凝土的黏结质量。还可采用环氧胶泥、热焦油、掺有滑石粉的6511防腐油、聚酯酸乙烯乳液砂浆等,但槽口表面应予干燥,以免影响填充材料与混凝土的黏结。

②弹性材料填充法。本法适用于活动性裂缝,它是沿裂缝剔凿出一矩形大槽口,然后填以弹性材料密封,以适应裂缝张闭运动的需要。

弹性密封材料,首先应能经受反复温度变形,在某些环境下还要抗磨、耐冲击和抗化学侵蚀。在槽口的两侧先涂一次黏结剂,再按弹性密封材料使用说明进行填充。弹性密封材料一般有丙烯酸树脂、硅酸酯、聚硫化物、合成橡胶等,这些材料在施工时呈膏糊状,硬化后呈弹性橡胶状。

如果有水从裂缝中流入槽口,则可先用快硬水泥砂浆迅速堵塞,然后填充弹性密封材料如图3-60a所示;如果裂缝中的水压较大,可先用集水管泄水,而后用快硬水泥砂浆堵塞,再填塞密封材料如图3-60b所示。

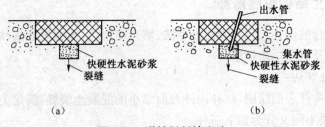

(a)　　　　　　　　　　　　　　　(b)

图3-60　弹性材料填充法

③刚、弹性材料填充法。在裂缝处有内水压或外水压的情况,可按图3-61所示做法。如果施工时有水,可采用图3-61所示的方法把水堵住或引走。

(3)压力灌浆法

此法也称为注入法,它不仅能修补混凝土表面,而且能注入混凝土内部,对裂缝进行黏合、封闭和补强。为了提高灌浆的饱满度,灌浆时一般都施加一定的压力。灌

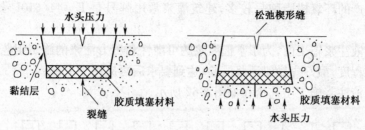

图 3-61　有水压时裂缝的填充法

浆材料有水泥或石灰灌浆、化学物灌浆、沥青灌浆。目前常用的有纯水泥灌浆和环氧树脂灌浆。

①纯水泥浆灌浆。它具有较好的可灌性，顺利地灌入贯通外露的孔隙、空洞及宽度大于 3mm 的裂缝中去，使用压力不大而扩散半径可达 1m 以上。对于宽度为 0.5～3mm 的裂缝采用压力为 4～5 个大气压时，水泥浆可顺利进入结构深度。但在 0.3～0.5mm 宽的裂缝中，采用压力 8～10 个大气压时扩散半径也仅为 5～8cm，当裂缝小于 0.3mm 时使用很大的压力也难以压入。

灌浆用的水泥一般采用不低于 525 标号硅酸盐水泥。水灰比应考虑硬化后的强度、密实度的要求，以及输送方便等综合考虑确定。一般情况下水灰比宜取 0.3～0.6，避免水灰分离现象产生。

为了控制凝固时间可使用促凝剂和缓凝剂、塑化剂。氯化钙、水玻璃、苏打、三氯化铁、三乙醇等均可起到一定速凝作用。

灌浆所用的压力可视可灌性能、结构裂缝、承压强度、升压设备条件等方面决定。钢筋混凝土结构的水泥灌浆一般使用压力为 4～6 个大气压。

灌浆加压设备宜采用灌浆机、灌浆泵或风泵加压。在工程量不大时可使用手摇泵，工程量很小时可采用类似自行车打气筒等工具改制成的注射器施工。

在灌浆过程中发生冒浆等意外情况时，宜在不中断灌浆的情况下采取堵漏、降压、改变浓度、加促凝剂等方法进行处理。灌浆被迫中断后，应争取在凝固前及早恢复灌浆，否则宜用水冲洗以后重灌。

灌浆结束标准是吸浆量很小时保持规定压力到一定时间，在没有明显的吸浆情况下保持压力 2～10min。

压力灌浆的质量检查方法是水压试验、钻孔检查或局部破坏检查。

②环氧树脂灌浆。采用环氧树脂灌浆修补钢筋混凝土柱、梁等构件的裂缝在国内外应用较为普遍。环氧树脂与混凝土、金属、木材均有很高的黏结力，并具有化学稳定性好、收缩小、强度高等优点，是较好的补强灌浆材料。环氧树脂灌浆后，由于其内聚力大于混凝土的内聚力，因此此法能有效地修补混凝土的裂缝，恢复构件的整体性。目前不仅应用于建筑，并广泛应用于水利、交通运输、石油化工以及航空等工程中。

我国国产的环氧树脂牌号较多,建筑灌浆常用牌号是 E—44(610l 号)和 E—42(634 号)。

环氧胶液注浆施工前,为了掌握灌浆的可灌性和压力注浆的施工工艺,以及试验机具的可靠程度,最好先做梁灌浆试验,达到要求后再应用于工程。

环氧胶液注浆施工工艺流程如图 3-62 所示。

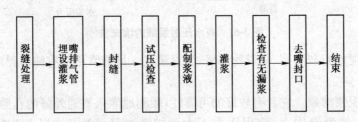

图 3-62　环氧胶液注浆施工工艺流程图

(4)结构加固法

当裂缝影响到混凝土结构的性能时,就要考虑采取加固法对混凝土结构进行处理。结构加固中常用的主要有以下几种方法:加大混凝土结构的截面面积,在构件的角部外包型钢、采用预应力法加固、粘贴钢板加固、增设支点加固以及喷射混凝土补强加固。

(5)混凝土置换法

混凝土置换法是处理严重损坏混凝土的一种有效方法,此方法是先将损坏的混凝土剔除,然后再置换入新的混凝土或其他材料。常用的置换材料有:普通混凝土或水泥砂浆、聚合物或改性聚合物混凝土或砂浆。

(6)电化学防护法

电化学防腐是利用施加电场在介质中的电化学作用,改变混凝土或钢筋混凝土所处的环境状态,钝化钢筋,以达到防腐的目的。阴极防护法、氯盐提取法、碱性复原法是化学防护法中常用而有效的三种方法。这种方法的优点是防护方法受环境因素的影响较小,适用于钢筋、混凝土的长期防腐,既可用于已裂结构也可用于新建结构。

裂缝是混凝土结构中普遍存在的一种现象,它的出现不仅会降低建筑物的抗渗能力,影响建筑物的使用功能,而且会引起钢筋的锈蚀,混凝土的炭化,降低材料的耐久性,影响建筑物的承载能力,因此要对混凝土裂缝进行认真研究、区别对待,采用合理的方法进行处理,并在施工中采取各种有效的预防措施来预防裂缝的出现和发展,保证建筑物和构件安全、稳定地工作。

第四章 楼(地)面和屋顶工程

第一节 地面垫层的施工

地面的垫层是承受并传递地面荷载于基土上的构造层,其类型应根据不同的面层结构选择合适的垫层类型,见表 4-1。

表 4-1 地面面层与垫层类型

面层结构	垫层类型
以黏合剂或砂浆结合的块材面层	宜采用混凝土垫层
砂或炉渣结合的块材面层	宜采用碎石、矿渣、灰土或三合土等垫层

一、灰土垫层

灰土垫层应采用熟化石灰(可采用磨细生石灰,亦可用粉煤灰或电石渣代替)与黏土(或粉质黏土、粉土)的拌合料铺设,其厚度不应小于 100mm。灰土垫层应分层夯实,经湿润养护、晾干后方可进入下一工序施工。灰土垫层施工时应注意连续进行、尽快完成,防止水流入施工面。

施工前应保持基土表面干净、无积水,已办理完隐蔽工程验收;已放好控制地面、标高水平线;相关电器管线、设备管线及埋件已经安装完毕,且位置准确、稳固。

施工流程:

①基层处理。确定基土表面干净,土料含水率合适;检验土料和石灰质量。

②过筛。土料用孔径 16~20mm 的筛子,熟化石灰用孔径 6~10mm 筛子过筛。

③灰土拌和。按设计要求进行灰土拌和。无设计要求时,一般熟化石灰:黏性土为 3∶7 或 2∶8(体积比),拌和料的体积比应通过试验确实,至少翻拌两次,保证拌和好的灰土颜色一致;磨细生石灰:黏性土为 3∶7(体积比)的比例拌和,洒水堆放 8h 后可以使用。

④分层铺设灰土并夯打密实。每层的虚铺厚度为 200~250mm(使用压路机可到 300mm),木耙打平,并用尺和标准杆检验;采用人工或轻型机具夯实,一般不少于 3 遍(碾压不少于 6 遍),不得隔日夯实或遭雨淋。

⑤检验。每层夯实应进行检验,符合要求再进行上层施工。最上层施工完毕后,

应拉线或用靠尺检查平整度及标高。

二、砂垫层和砂石垫层

砂石应选用天然级配材料,铺设时不应有粗细颗粒分离现象,夯至不松动为止。其中,砂垫层厚度不应小于 60mm,砂石垫层厚度不应小于 100mm。砂应采用中砂、石子的最大粒径不得大于垫层厚度的 2/3。温度低于 −10℃不宜施工;施工标准应达到夯压密实、表面平整等设计要求。砂石宜采用质地坚硬的中砂、粗砂、砾砂、碎石、石屑或工业废料;砂和天然砂均不得含有草根、树叶、垃圾等有机杂质,含泥量不应超过 5%(用作排水固结地基时,含泥量不宜超过 3%);碎石或卵石最大粒径不得大于垫层的 2/3,并不宜大于 50mm。

施工流程:

①基层处理。坚硬基土,检验基土土质,并打底夯两遍,密实表土。

②做出控制铺填厚度的标准。一般砂石垫层厚度不宜小于 100mm。

③分层铺设。砂石垫层应分段均匀铺设,避免精细颗粒分离,用粒径为 5～25mm 的细砂石填补表面空隙;每段铺完应洒水湿润表面,打夯三遍或碾压四遍以上,砂垫层厚度不应小于 60mm,同样分层均匀摊铺,夯实后的厚度不大于虚铺厚度的 3/4。

三、混凝土垫层

混凝土垫层铺垫前,其下一表层应湿润。垫层厚度不应小于 60mm。水泥混凝土垫层中混凝土的强度等级应符合设计要求,且不应小于 C10。所采用的粗骨料,其最大粒径不应大于垫层厚度的 2/3;含泥量不应大于 2%;砂为中粗砂,其含泥量不应大于 3%。大面积混凝土垫层应分区段进行浇筑,分区结合变形缝位置、不同类型的建筑地面连接处的设备基础位置进行划分,与设置的变形缝的间距一致。混凝土浇筑一般从一端开始,由内而外连续浇筑,其铺设应连续进行,间歇一般不超过 2h。采用平板式振捣器或振动杆(厚度超过 200mm 应采用插入式振捣器)。

混凝土垫层铺设在基土上时,当气温长期处在 0℃以下,如设计无要求,垫层应设置伸缩缝。

室内地面的混凝土垫层,应设置纵向和横向伸缩缝。

①纵向伸缩缝。纵向缩缝间距不得大于 6m,一般应做平头缝或加肋板平头缝,当垫层厚度大于 150mm 时,可做企口缝;平头缝和企口缝的缝间不得放置隔离材料,浇注时应互相紧贴。企口缝的尺寸应符合设计要求。

②横向伸缩缝。横向缩缝间距不得大于 12m,应做假缝。假缝宽度为 5～20mm,深度为垫层厚度的 1/3,缝内填水泥砂浆。

第二节 楼(地)面找平层的施工

找平层是在垫层、楼板上或填充层(轻质、松散材料)上起整平、找坡或加强作用的构造层。找平层应采用水泥砂浆或水泥混凝土铺设,并应符合有关面层的规定。

找平层与其下一层结合必须牢固,不得有空鼓;其表面应密实,不能有起砂、蜂窝和裂缝等问题出现,铺设前,当下一层有松散填充料时,应先铺平振实。

一、材料要求

找平层采用碎石或卵石的粒径不应大于其厚度的 2/3,含泥量不应大于 2%;砂为中粗砂,含泥量不应大于 3%。水泥砂浆体积比或水泥混凝土强度比应符合设计要求,且水泥砂浆体积比不应小于 3:3(或相似的强度等级);水泥混凝土强度等级不应小于 C15;应采用饮用水。

二、操作流程

①基层处理。基层表面平整度应控制在 2m 直视范围内小于 3mm,抹找平层前对基层洒水湿润。清理找平层下一层表面,其下一层为松散填充料时,应湿润;为光滑表面时,应划毛;突出基层表面的硬块要剔平扫净。

②冲筋、贴灰饼。根据+500mm 标高水平线,在地面四周做灰饼,大房间相距 1.5~2m 增加冲筋。

③抹水泥砂浆或铺设水泥混凝土并找平。拌制水泥砂浆时,按石子、水泥、砂、水、外加剂的顺序投料搅拌;控制配料比例、用水量和拌制量(砂浆初凝前应用完);搅拌时间不得少于 1.5min,当有外加剂时,时间还应适当延长。

第三节 楼(地)面隔离层的施工

隔离层是防止建筑地面上各种液体或地下水、潮气渗透地面等作用的构造层,适用于有水、油或腐蚀性或非腐蚀性液体经常作用的面层下铺设。仅防止地下潮气透过地面时,也称防潮层。

隔离层的材料材质应经过有资质的检测单位认定。隔离层厚度应符合设计要求,与其下一层粘贴牢固,不能有空鼓现象;防水涂层必须保证平整、均匀、无脱皮、起壳、裂缝和鼓泡等问题。有防水要求的楼地面(如厕浴间、厨房等)在面层下必须设防水层,防水层四周与墙接触处,应向上高出地面不少于 250mm,保证地面面层流水坡向地漏,不倒泛水、不积水,必须经过 24h 蓄水试验无渗漏。

一、隔离材料

隔离材料需有出厂合格证、检验报告,并经抽样复试。

常用的隔离层材料有:石油沥青油毡(一至二层);沥青玻璃布油毡(一层);再生胶油毡(一层);聚氯乙烯卷材(一层);防水冷胶料(一布三胶);防水涂膜(三道);防油渗胶泥玻璃纤维(一布二胶);刚性防水材料与柔性防水涂料复合。

二、施工流程

①清理基层。基层表面应坚固、洁净、干燥。

②设置结合层。做冷底子油或底胶。

③附加层处理。地漏、管根、阴阳角等处应加涂用作附加层处理,可增加一层增强材料。

④铺设防水隔离层。应根据隔离层材料的施工要求进行涂布工作需要多道涂布时,应待前一道固化后再进行施工;刮涂方向应与前一道刮涂方向垂直,每道厚度应基本相同;管道穿过楼板面时,防水涂料应超过套管上口,在靠近墙面时,如无设计要求时应高出面层 20~30mm。

第四节　平屋顶保温层的施工

保温层适用于具有保温隔热要求的屋顶工程,保温层可采用松散材料保温层、板状保温层或整体保温层;当采用有机胶结材料时,不得超过 5%;当采用无机胶结材料时,不得超过 20%。易腐蚀的保温材料应做防腐处理。

一、保温材料

保温层用料应选择容重轻、空隙多、体积密度和导热系数小,含水率和吸水率低,不燃、难燃、阻燃型的高效保温材料,如预制膨胀珍珠岩、膨胀蛭石加气混凝土块、泡沫塑料等块材或板材。屋顶保温材料应具有吸水率低、表观密度和导热系数较小,并有一定强度的性能。保温层应干燥,才能起保温隔热作用。封闭式保温层含水率应相当于该材料在当地自然风干状态下的平衡含水率。保温材料的体积密度不应大于 1000kg/m³,导热系数不大于 025W/(m·k),耐压强度应大于 4kg/cm²。

保温层厚度的允许偏差:整体现浇保温层为 +10%,-5%;板状保温材料为 ±5,且不得大于 4mm。

(1)松散保温材料的质量

松散保温材料的质量要求见表 4-2。

表 4-2　松散保温材料的质量要求

松散保温材料	粒径(mm)	堆积密度(kg/m²)	导热系数[W/(m·K)]
膨胀蛭石	3~15mm	<300	<0.14
膨胀珍珠岩	>0.15mm(<0.15mm 的含量不应大于 8%)	<120	<0.07

（2）板状保温材料质量

板状保温材料应检查密度、厚度、板的形状和强度。根据设计要求，一般选用厚度不小于 3cm、规格一致、外观整齐的产品。板状保温材料质量要求见表 4-3。

表 4-3 板状保温材料质量要求

项目	聚苯乙烯泡沫塑料		硬质聚氨酯泡沫塑料	泡沫玻璃	微孔混凝土类	膨胀憎水(珍珠岩)板	水泥聚苯颗粒板
	挤压	模压					
表观密度(kg/m³)	25～38	15～30	≥30	≥150	500～550	300～450	≤250
导热系数[W/(m·k)]	≤0.03	0.039～0.041	≤0.027	≤0.062	≤0.14	≤0.12	0.07
抗压强度(MPa)	—	—	—	≥0.4	≥2.0	≥0.3	0.3
70℃48h 后尺寸变化率(%)	≤2.0	2.0～4.0	≤5.0				
吸水率(V/V,%)	≤1.5	2.0～6.0	≤3	≤0.5	—	—	—
外观质量	板材表面基本平整，无严重凹凸不平，厚度允许偏差不大于 5%，且不大于 4mm，憎水率≥98%						

（3）保温隔热材料的贮运、保管

保温材料应采取防雨、防潮的措施；并应分类堆施，防止混杂；板状保温隔热材料在搬运时应轻放，防止损伤断裂，缺棱掉角，保证板的外形完整。

二、保温层施工

保温层基层应平整、干燥、干净，铺筑厚度应满足设计要求。

把屋顶保温材料涂刷界面剂后，从一侧依次平铺在找平层上，铺设厚度应均匀，随铺随即压实。保温材料缝隙要严密、平整、确保与面基层有可靠的黏结。当屋顶结构层坡度较大时（大于 30°）檐口处应有防止保温层下滑的措施。板块保温材料应铺贴密实，以确保保温、防水效果，防止找平层出现裂缝。

保温层边角应避免出现边线不直、边槎不齐整，影响屋顶找坡、找平和排水。如屋顶保温层干燥有困难，应采取排气措施，避免出现保温材料表观密度过大，铺设前含水量大，未充分晾干等现象。

①板块装保温层铺设可分为干铺板块状保温层和黏结铺设板块状保温层。

a. 干铺板块状保温层：直接铺设在结构层或隔气层上，分层铺设时上下两层板块缝应相互错开，表面两块相邻的板边厚度一致；板间缝隙应采用同类材料嵌填密实。

b. 黏结铺设板块装保温层：用黏结材料浆板块状保温材料平粘在屋顶基层上，应贴严、粘牢，板缝间或缺角处应用碎屑加胶料拌匀填补严密。一般用水泥、石灰混合砂浆黏结；聚苯板材料应用沥青胶结材料。

②整体保温层铺设主要包括下面三种保温层铺设。

　　a. 水泥白灰炉渣保温层：炉渣、水渣应过筛，粒径控制在 5～40mm，一般配合比为水泥∶白灰∶炉渣为 1∶1∶8，使用前用石灰水将炉渣闷透 3d 以上，施工时分层滚压。

　　b. 沥青膨胀蛭石、沥青膨胀珍珠岩应色泽一致，无沥青团，使用时宜用机械搅拌，铺设厚度应符合设计要求，表面平整。

　　c. 现喷硬质聚氨酯泡沫塑料保温层应按配比准确计量，发泡厚度均匀一致，喷涂应连续均匀。如基层表面温度过低，可先薄薄地涂一层甲组涂料，然后喷涂施工。

　　最后抹找平层。

第五节　平屋顶找平层的施工

　　找平层施工质量的好坏，将直接影响屋顶工程的质量，找平层应有足够的强度和刚度，承受荷载时不致产生显著变形。找平层一般采用水泥砂浆、细石混凝土或沥青砂浆找平，做到平整、坚实、清洁、无凹凸形及尖锐颗粒。其平整度为：用 2m 长的直尺检查，找平层与直尺间的最大空隙不应超过 5mm，空隙仅允许平缓变化，每米长度内不得多于一处。铺设屋顶隔气层和防水层以前，找平层必须清扫干净。

　　屋顶及檐口、檐沟、天沟找平层的排水坡度，必须符合设计要求，平屋顶采用结构找坡应不小于 3%，采用材料找坡宜为 2%，天沟、檐沟纵向找坡不应小于 1%，沟底落水差不大于 200mm，在与突出屋顶结构的连接处以及在房屋的转角处，均应做成圆弧或钝角，其圆弧半径应符合要求：沥青防水卷材为 100～150mm，高聚物改性沥青防水卷材为 50mm，合成高分子防水卷材为 20mm。

　　为了防止由于温差及混凝土构件收缩而使防水屋顶开裂，找平层应留分格缝，缝宽一般为 20mm，其纵横向最大间距，当找平层采用水泥砂浆或细石混凝土时，不宜大于 6m；采用沥青砂浆时，则不宜大于 4m。

　　分格缝处应附加 200～300mm 宽的油毡，用沥青胶结材料单边点贴覆盖。

　　采用水泥砂浆或沥青砂浆找平层时，其厚度和技术要求符合表 4-4 的规定。

表 4-4　找平层厚度和技术要求

类别	基层种类	厚度(mm)	技术要求
水泥砂浆找平层	整体混凝土	15～20	1∶2.5～1∶3(水泥∶砂)体积比，水泥强度等级不低于 32.5
	整体或板状材料保温层	20～25	
	装配式混凝土、松散材料保温层	20～30	
细石混凝土找平层	松散材料保温层	30～35	混凝土强度等级不低于 C20
沥青砂浆找平层	整体混凝土	15～20	质量比 1∶8(沥青∶砂)
	装配式混凝土板、整体或板状材料保温层	20～25	

第六节　平屋顶防水层的施工

一、屋顶防水

屋顶防水是建筑工程中存在的重要问题,也是多年来的难题。目前,较多采用的是刚性及柔性防水两种做法。刚性防水由于温差应变,易开裂渗水;柔性多为卷材防水,也有涂膜防水和涂料防水。近年来,各种新型防水材料相继问世,但常用的屋顶防水材料还是以卷材为主,尤其是改性沥青类卷材,因其较经济的性价比,成为我国目前防水材料的主流,但作为屋顶防水材料,也存在易老化、寿命短的弱点。

(1)防水等级和设防要求

《屋面工程技术规范》(GB 50345—2004)根据建筑物的性质、重要程度、使用功能要求及防水层耐用年限将屋顶防水分为四个等级,见表4-5。

表4-5　屋顶防水等级和设防要求

项目	屋顶防水等级			
	Ⅰ级	Ⅱ级	Ⅲ级	Ⅳ级
建筑物类别	特别重要或对防水有特殊要求的建筑物	重要的建筑和高层建筑	一般的建筑	非永久性的建筑
防水层合理使用年限	25年	15年	10年	5年
设防要求	三道或三道以上防水设防	二道防水设防	一道防水设防	一道防水设防
防水层选用材料	宜选用合成高分子防水卷材、高聚物改性沥青防水卷材、金属板材、合成高分子防水涂料、细石防水混凝土等材料	宜选用高聚物改性沥青防水卷材、合成高分子防水卷材、金属板材、合成高分子防水涂料、高聚物改性沥青防水涂料、细石防水混凝土、平瓦、油毡瓦等材料	宜选用高聚物改性沥青防水卷材、合成高分子防水卷材、三毡四油沥青防水卷材、金属板材、高聚物改性沥青防水涂料、合成高分子防水涂料、细石防水混凝土、平瓦、油毡瓦等材料	可选用二毡三油沥青防水卷材、高聚物改性沥青防水涂料等材料

注:1)此处采用沥青均指石油沥青,不包括煤沥青和煤焦油等材料。

2)石油沥青纸胎油毡和沥青复合胎柔性防水卷材为限制使用材料。

3)在Ⅰ、Ⅱ级屋顶防水设防中,如仅做一道金属板材,应符合有关技术规定。

屋顶防水多道设防时,可将卷材、涂膜、细石防水混凝土、瓦等材料复合使用,也可使用卷材叠层。使用多种材料复合时,耐老化、耐穿刺的防水层应放在最上面,相邻材料之间应有相容性。屋顶防水层的细部构造如天沟、檐沟、阴阳角、水落口、变形缝等处应设置附加层,保证防水效果。

(2)防水材料

我国的屋顶防水材料目前发展到刚性、柔性、金属、粉末四大类。

①刚性防水材料。刚性防水材料是具有较高强度和无延伸能力的防水材料,如防水砂浆、防水混凝土等,目前除水泥砂浆和细石混凝土外,还出现了聚合物水泥砂浆、预应力混凝土、微膨胀混凝土、外加剂混凝土、钢纤维混凝土等新品种。

②柔性防水材料。柔性防水材料是指具有一定柔韧性和较大延伸率的防水材料,现已有沥青卷材、高分子卷材、防水涂料和密封材料等四大类品种近百种。其中,构成防水屋顶的可选材料主要有以下五类:

a. 合成高分子防水卷材。合成高分子防水卷材指以合成橡胶、合成树脂或两者共混为基料,加入适量的助剂和填料,经混炼压延或挤出等工序加工而成的防水卷材。目前高分子卷材有近20个品种,如低档的再生胶无胎油毡,中档的聚氯乙烯、氯化聚乙烯卷材,高档的氯磺化聚乙烯、三元乙丙橡胶卷材等。

b. 高聚物改性沥青防水卷材。高聚物改性沥青防水卷材指以高分子聚合物改性石油沥青为涂盖层,聚酯毡、玻纤毡或聚酯玻纤复合为胎基,细砂、矿物粉料或塑料膜为隔离材料制成的防水卷材。

c. 沥青防水卷材。沥青防水卷材是指以原纸、织物、纤维毡、塑料膜和聚酯膜等材料为胎基,浸涂石油沥青,矿物粉料或塑料膜为隔离材料,制成的防水卷材。沥青卷材由纸胎油毡发展到了强度较高,延伸率较大,使用寿命较长的改性沥青卷材,如玻布胎沥青卷材、玻纤胎沥青卷材、聚酯胎改性沥青卷材等,常见品种为SBS和APP改性沥青卷材。

d. 防水涂料。防水涂料是在常温下呈无定型液态,以高分子合成材料为主体,经涂布后固化,在基层表面形成一道坚韧有弹性的、有一定防水功能薄膜的涂料。

合成高分子防水涂料指以合成橡胶或合成树脂为主要成膜物质,配置成的单组分或多组分防水涂料;高聚物改性沥青防水涂料指以石油沥青为基料,用高分子聚合物进行改性,配制成的水乳型或溶剂型防水涂料。

防水涂料有薄型和厚型两大类近30个品种。薄型主要有再生胶涂料、皂液胶乳沥青涂料、氯丁胶乳和丁基橡胶沥青涂料、氯磺化聚乙烯涂料、聚氨酯涂料、硅橡胶涂料等。厚型的有水性石棉沥青涂料、PVC焦油防水涂料、煤沥青聚氯乙烯胶泥涂料等。另外还有用于反光、隔热、防火、装饰的屋顶反光涂料、彩色(耐磨)聚氨酯防水涂料及阻燃防水涂料等。

e. 密封材料。国内近20个品种,如玛缔脂、上海油膏塑料和聚氯乙烯胶泥等属低档产品,中高档有硅酮、聚氨酯、聚硫橡胶、水乳丙烯酸密封膏等,但用量较少。另外还有用于分隔缝、伸缩缝、微裂缝和其他细部处理的配套防水材料,如聚乙烯泡沫塑料棒、自黏性密封胶带、遇水膨胀橡胶等。

③粉末防水材料。粉末防水材料是一类新型的憎水、松散性粉末防水材料,具有无毒、无味、无放射性、冷施工、不污染环境等优点,主要适用于平屋顶防水工程。现有拒水粉、隔热镇水粉和防水隔热粉等三个品种。前者只具有防水功能,后两种具有防水、隔热、阻燃等多功能的优点。

④金属防水材料。金属防水材料现主要有镀锌白铁板、不锈钢板、铝板、(彩色)压型钢(铝)板、塑料复合铝板、彩色压型钢板+泡沫塑料复合防水保温板等20余个规格类型。

（3）平屋顶防水构造的施工

屋顶防水是房屋工程中重要的项目,屋顶漏水对房屋的使用产生较大的影响。根据《屋顶工程技术规范》规定:防水等级Ⅲ级以上的屋顶要求二道以上防水。一般包括柔性防水、刚性防水两大类。

其中柔性防水又可按照防水材料的不同,分成卷材防水和涂膜防水等。柔性防水采用复合防水屋顶时,柔性防水层多做在保温层上面,也可做在保温层下面,起到隔离层的作用。防水材料多选用高聚物改性沥青防水卷材、合成高分子防水卷材等。铺贴卷材前应对找平层进行验收、清扫并弹出基准线,铺贴时将卷材置于找平层下坡,对准基准线由下向上铺贴,铺贴时,卷材的长边搭接不小于80mm,短边搭接不小于100mm 卷材的搭接要顺流水方向,不能逆向。在一些特殊部位,如屋顶泛水、突出屋顶管道处、屋顶结构承重部位,应增设与屋顶结构相适应的防水附加层。平屋顶的防水构造如图4-1 所示。

二、卷材防水屋顶

卷材防水屋顶可适用于所有防水等级的屋顶防水,其防水处理一般应采用柔性密封、防排结合、材料防水与构造防水相结合的做法,通过卷材、防水涂料、密封材料和刚性防水材料等互补并用的多道设防(包括设置附加层)的方式保证防水要求。卷材屋顶的坡度不宜超过25%,当不能满足坡度要求时应采取防止卷材下滑的措施。

（1）铺设卷材防水层的作业要求

铺设卷材防水层的作业要求见表4-6。铺设屋顶隔气层和防水层前,基层必须干净、干燥,排水坡度应符合设计要求。基层应设找平层,找平层的厚度和技术要求须符合规范要求,找平层应留设分格缝,缝宽5～20mm,纵横缝间距不应大于6m,分格缝应嵌填密封材料。对找平层表面必须压实,采用水泥砂浆找平层时,水泥砂浆抹平收水后必须经二次压光,充分养护,不得有酥松、起砂、起皮现象。使用基层处理机应选择与卷材的材性相容的基层处理剂,采取喷涂法或涂刷法施工,喷、涂应均匀一致,最后一遍喷、涂干燥后,方可铺贴卷材。

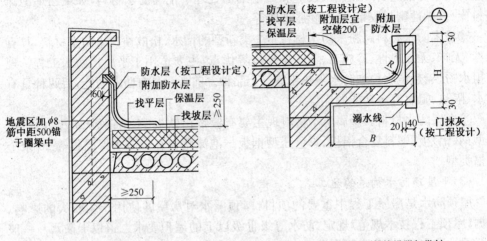

（a）屋顶泛水设附加卷材　　　　　　（b）屋顶挑檐设附加卷材

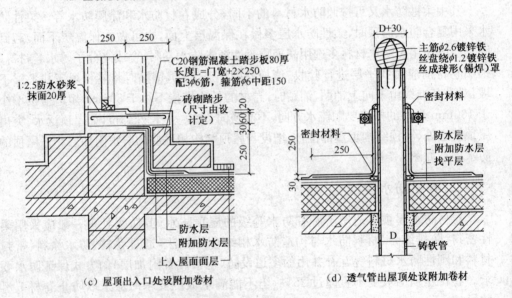

（c）屋顶出入口处设附加卷材　　　　（d）透气管出屋顶处设附加卷材

图 4-1　平屋顶的防水构造

　　基层与突出屋顶结构（女儿墙、立墙、天窗壁、变形缝、烟囱等）的连接处，以及基层的转角处（水落口、檐口、天沟、檐沟、屋脊等），均应做成圆弧形。内部排水的水落口周围应做成稍低的凹坑状。

　　（2）防水卷材铺设的基本规定

　　卷材搭接的方法、宽度和要求，应根据屋顶坡度、年最大频率风向和卷材的材性决定。铺贴卷材应采用搭接法，上下层及相临两幅卷材的搭接缝应错开。平行于屋脊的搭接缝应顺流水方向搭接；垂直于屋脊的搭接缝应顺年最大频率风向搭接。

表 4-6 铺设卷材防水层的作业要求

类别	基层种类	厚度(mm)	技术要求
水泥砂浆找平层	整体现浇混凝土	15～20	1∶2.5～1∶3(水泥∶砂)体积比,宜掺抗裂纤维
水泥砂浆找平层	整体或板状材料保温层	20～25	1∶2.5～1∶3(水泥∶砂)体积比,宜掺抗裂纤维
水泥砂浆找平层	装配式混凝土	20～30	1∶2.5～1∶3(水泥∶砂)体积比,宜掺抗裂纤维
细石混凝土找平层	板状材料保温层	30～35	混凝土强度等级 C20
混凝土随浇随抹	整体现浇混凝土	—	原浆表面抹平、压光

当屋顶坡度小于 3％时,卷材宜平行屋脊铺贴;屋顶坡度在 3％～15％时,卷材可平行或垂直屋脊铺贴;屋顶坡度大于 15％或屋顶受震动时,沥青防水卷材应垂直屋脊铺贴,高聚物改性沥青防水卷材和合成高分子防水卷材可平行或垂直屋脊铺贴。

上下卷层卷材不得相互垂直铺贴。铺贴时应先做好节点、附加层和屋顶排水比较集中部位(屋顶与水落口连接处、檐口、天沟、檐沟、屋顶转角处、板端缝等)的处理,然后由屋顶最低标高处向上施工。铺贴天沟、檐沟卷材时,宜顺天沟、檐沟方向,减少搭接。

卷材防水层上有重物覆盖或基层变形较大时,应优先采用空铺法、点粘法或条粘法。但距屋顶周边 800mm 内应满粘,卷材与卷材之间亦应满粘。表 4-7 是防水卷材施工方法,表 4-8 是卷材搭接宽度要求。

表 4-7 防水卷材施工方法

满粘法	铺贴防水卷材时卷材与基层采用全部黏结的施工方法
空铺法	铺贴防水卷材时,卷材与基层在周边一定宽度内黏结,其余部分不黏结的施工方法
点粘法	铺贴防水卷材时,卷材或打孔卷材与基层采用点状黏结的施工方法
条粘法	铺贴防水卷材时,卷材与基层采用条状黏结的施工方法

表 4-8 卷材搭接宽度 (mm)

铺贴方法 卷材种类	短边搭接		长遍搭接	
	满粘法	空铺、点粘、条粘法	满粘法	空铺、点粘、条粘法
沥青防水卷材	100	150	70	100
高聚物改性沥青防水卷材	80	100	80	100
自粘聚合物改性沥青防水卷材	60		60	
合成高分子防水卷材 胶黏剂	80	100	80	100
合成高分子防水卷材 胶黏带	50	60	50	60
合成高分子防水卷材 单缝焊	60,有效焊接宽度不小于 25			
合成高分子防水卷材 双缝焊	80,有效焊接宽度 10×2＋空腔宽			

（3）防水卷材铺设注意事项

①在基层上涂刮基层处理剂时要求薄而均匀，一般要求干燥后不黏手时才能铺贴卷材。

②卷材防水层的铺贴一般应由层面最低标高处向上平行屋脊施工，使卷材按水流方向搭接，当屋顶坡度大于10%时，卷材应垂直于屋脊方向铺贴。

③铺贴方法：剥开卷材脊面的隔离纸，将卷材粘贴于基层表面，卷材长边搭接保持50mm，短边搭接保持70mm，卷材要求保持自然松弛状态，不要拉得过紧，卷材铺妥后，应立即用平面振动器全面压实，垂直部位用橡胶榔头敲实。

④卷材搭接黏结：卷材压实后，将搭接部位掀开，用油漆刷将搭接黏合剂均匀涂刷，在掀开卷材接头之两个黏接面，涂后干燥片刻手感不黏时，即可进行黏合，再用橡胶榔头敲压密实，以免开缝造成漏水。

⑤防水层施工温度选择5℃以上为宜。

（4）防水卷材选择的基本要求

防水卷材的选择应根据当地的气候条件、屋顶坡度、使用条件、地基的结构形式、当地具体地理环境等因素和屋顶防水卷材的暴露程度选择合适的卷材，使所选择的卷材耐热性、柔性、拉伸性能、耐穿刺性能、热老化率、耐霉烂等各方面性能均能符合需要。卷材厚度选用要求见表4-9。

表4-9　卷材厚度选用要求　　　　　　　　　（mm）

屋顶防水等级	设防道数	合成高分子防水卷材	高聚物改性沥青防水卷材	沥青防水卷材和沥青复合胎柔性防水卷材	自粘聚酯胎改性沥青防水卷材	自粘橡胶沥青防水卷材
I级	三道或三道以上设防	≥1.5	≥3	—	≥2	≥1.5
II级	二道设防	≥1.2	≥3	—	≥2	≥1.5
III级	一道设防	≥1.2	≥4	三毡四油	≥3	≥2
IV级	一道设防	—	—	二毡三油		

三、涂膜防水屋顶

涂膜防水屋顶主要用于III、IV级防水等级的屋顶防水，也可用作I、II级屋顶多道防水设防中的头一道防水层。根据工程要求，可以采取单独涂膜防水形式或复合防水形式。表4-10是复合防水形式构造层次及特点。

涂膜防水屋顶应设置保护层，保护层材料可采用细砂、云母、蛭石、浅色涂料、水泥砂浆或块材等。采用水泥砂浆或块材时，应在涂膜与保护层之间设置隔离层，水泥砂浆保护层厚度不宜小于20mm。

表 4-10　复合防水形式构造层次及特点

防水等级	防水层构造层次(从下至上)	优　点
Ⅰ级三道设防	涂膜层、卷材防水层→细石混凝土防水层	刚柔互补
	细石混凝土防水层→涂膜层→保温层→找平层→卷材防水层	耐用年限长
	细石混凝土防水层→涂膜层→保温层	适用于倒置式屋顶
Ⅱ级二道设防	涂膜层→细石混凝土防水层	防止涂膜老化
	涂膜层→卷材防水层	提高涂膜耐久性
	细石混凝土防水层→涂膜层→保温层	适用于倒置式屋顶
Ⅲ级一道设防	找平层→涂膜层→保护层	
	找平层→涂膜层→架空隔热层	提高涂膜耐久性

　　涂膜防水层的基层,也应符合卷材防水层的相同基层及找平层基本要求。找平层应设分格缝,缝宽宜为 20mm,并应留设在板的支承处,其间距不宜大于 6m,分格缝应嵌填密封材料,应沿找平层分格缝增设带胎体增强材料的空铺附加层,其宽度宜为 200～300mm。转角处应抹成圆弧形,其半径不宜小于 50mm。

　　当屋顶结构层采用装配式钢筋混凝土板时,板缝内应浇灌细石混凝土,其强度等级不应小于 C20;灌缝的细石混凝土中宜掺微膨胀剂。宽度大于 40mm 的板缝或上窄下宽的板缝中,应加设构造钢筋。板端缝应进行柔性密封处理。非保温屋顶的板缝上应预留凹槽,并嵌填密封材料。变形缝内应填充泡沫塑料或沥青麻丝,其上放衬垫材料,并用卷材封盖;顶部应加扣混凝土盖板或金属盖板。

　　(1)防水涂膜施工

　　涂膜防水层的厚度要求见表 4-11。

表 4-11　涂膜防水层的厚度要求

屋顶防水等级	设防道数	高聚物改性沥青防水涂料	合成高分子防水涂料和聚合物水泥防水涂料
Ⅰ级	三道或三道以上设防	—	不应小于 1.5mm
Ⅱ级	二道设防	不应小于 3mm	不应小于 1.5mm
Ⅲ级	一道设防	不应小于 3mm	不应小于 2mm
Ⅳ级	一道设防	不应小于 2mm	

　　防水涂膜应分层分遍涂布,待先涂的涂层干燥成膜后,方可涂布后一遍涂料,防水层收头应用防水涂料多遍涂刷或用密封材料封严;对易开裂、渗水的部位,应留凹槽嵌填密封材料,并应增设一层或一层以上带有胎体增强材料的附加层。

　　需要铺设胎体增强材料,且屋顶坡度小于 15％时可平行屋脊铺设;当屋顶坡度大于 15％时,应垂直于屋脊铺设,并由屋顶最低处向上操作。胎体长边搭接宽度不得小于 50mm；短边搭接宽度不得小于 70mm。采用二层胎体增强材料时，上下层不得互相垂直铺设，搭接缝应错开，其间距不应小于幅宽的 1/3。

天沟、檐沟、檐口、泛水等部位，均应加铺有胎体增强材料的附加层。水落口周围与屋顶交接处，应作密封处理，并加铺两层有胎体增强材料的附加层。涂膜伸入水落口的深度不得小于 50mm。泛水处的涂膜防水层宜直接涂刷至女儿墙的压顶下，压顶应作防水处理。

(2)防水涂膜材料选择要求

适用于涂膜防水层的防水涂料主要分成两类：高聚物改性沥青防水涂料和合成高分子防水涂料；常用的胎体增强材料品种有聚酯无纺布、化纤无纺布、玻璃纤维网格布等。

防水涂料的选择应根据屋顶防水等级和设防要求进行选择。应当根据当地气候环境、屋顶坡度、使用条件和地基变形程度等因素以及屋顶防水涂膜的暴露程度，选择与耐热度、低温柔性、延伸性、耐紫外线、热老化保持率相适应的涂料。

四、刚性防水屋顶

刚性防水屋顶是利用刚性防水材料做防水层的屋顶，一般可分为普通细石混凝土防水层、补偿收缩混凝土防水层、块体刚性防水层、预应力混凝土防水层、钢纤维混凝土防水层、外加剂防水混凝土防水层、粉状憎水材料防水层。刚性防水材料做防水层一般用于屋顶防水等级为Ⅲ级屋顶或Ⅰ、Ⅱ级屋顶中的一道防水层，并且大多刚性防水层不适用于设有松散保温层及受较大震动、冲击的建筑。刚性防水屋顶的坡度宜为 2%～3%，并应采用结构找坡。

由于钢筋混凝土坡屋顶节点部位（如阴阳角、泛水、天沟等）易产生应力集中，很容易出现破坏。特别是如果对于节点处防水材料选用不当，未增设附加层，不做柔性密封，会造成渗漏，带来诸多麻烦，因此对节点部位应选用比大面积防水材料性能高的高弹性和高延伸性防水材料。

(1)刚性防水屋顶基层结构要求

刚性防水屋顶的结构层宜为整体现浇，当用预制钢筋混凝土空心板时，盖屋顶板用 0 号砂浆坐浆，应用细石混凝土灌缝，其强度等级不应小于 C20，灌缝的细石混凝土宜掺微膨胀剂，每条逢均做两次灌密实，当屋顶板缝宽大于 40mm 或上窄下宽时时，缝内必须设置构造钢筋，板端穴缝隙应进行密封处理，初凝后，养护一周，放水检查有无渗漏现象，如发现渗漏应用 1：2 砂浆补实。

(2)刚性防水屋顶施工的基本规定

刚性防水刚性防水层多采用不小于 40mm 厚 C20 细石混凝土内配直径为 4～6mm、间距 100～200mm 的双向钢筋网片，钢筋网片宜置于混凝土层中层偏上，保护层厚度不得小于 10mm 即可，钢筋网片在分格缝处应断开，以增强防水层刚度和板块的整体性。钢筋网片在防水层中的布置应在尽量偏上的部位，是因为防水层表面受温差变化影响大而易产生裂缝。

刚性防水层与山墙、女儿墙以及突出屋顶结构的交接处均应做柔性密封处理：泛水处应铺设卷材或涂膜附加层；伸出屋顶管道与刚性防水层交接处应留设缝隙，用密封材料嵌填，并应加设柔性防水附加层；收头处应固定密封；刚性防水层与山墙、女儿墙及变形缝两侧墙体交接处应留宽度为30mm的缝隙，并应用密封材料嵌填。天沟、檐沟应用水泥砂浆找坡，找坡厚度大于20mm时，宜采用细石混凝土。细石混凝土防水层与天沟、檐沟的交接处应留凹槽，并应用密封材料封严。

细石混凝土防水层与基层间宜设置隔离层，隔离层可采用纸筋灰、麻刀灰、低强度等级砂浆、干铺卷材等材料。

（3）刚性防水层的分格缝

分格缝是在屋顶找平层、刚性防水层、刚性保护层上预先留设的缝。刚性保护层在表层上做成V形槽，称为表面分格缝。

刚性防水层应设置分格缝，以适应屋顶变形，防止屋顶不规则裂缝。分格缝设置在屋顶温度平温差变形许可范围内和结构变形敏感部位，如：屋顶板的支承端、屋顶转角处防水层与突出屋顶结构的交接处，并应与板缝对齐，间距应小于4m。防水层的分格缝宽不小于25mm，缝内嵌防水密封油膏，为避免混凝土收缩导致油膏拉裂，每块混凝土之间采用丁字缝，不允许划分十字缝。分格缝应于屋顶结构承重部位的保温层排汽道位置吻合。

施工时应保证分格缝处混凝土完整，才能使嵌缝油膏嵌入后牢固地黏结在混凝土两侧起防水作用。分格缝截面宜做成上宽下窄，分格条安装位置应准确，起条时不得损坏分格缝处的混凝土。嵌缝后沿缝做保护层进行保护。刚性防水屋顶分格缝的构造如图4-2所示。

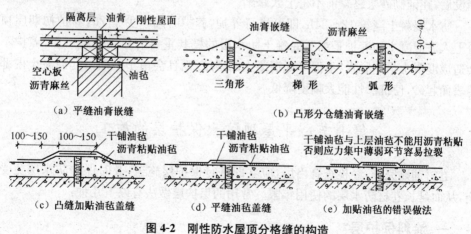

图4-2 刚性防水屋顶分格缝的构造

（4）刚性防水屋顶的材料

选择刚性防水设计方案时，应根据屋顶防水设防要求、地区条件和建筑结构特点等因素,经技术经济比较确定。

防水层的混凝土的厚度不应小于40mm,如过薄,混凝土失水很快,水泥不能充分水化,从而降低混凝土的抗渗性能。细石混凝土宜用普通硅酸盐水泥或硅酸盐水泥,水泥标号不应低于425♯。不得使用火山灰质水泥,当采用矿渣硅酸盐水泥时应采取减小泌水性的措施;普通细石混凝土、补偿收缩混凝土的强度等级不应小于C20。补偿收缩混凝土的自由膨胀率应为0.05%～0.1%。

细石混凝土和砂浆中,粗骨料的最大粒径不宜大于15mm,含泥量不应大于1%,细骨料应采用中砂或粗砂,含泥量不应大于2%;拌合用水应采用不含有害物质的洁净水。层内配置的钢筋宜采用冷拔低碳钢丝。普通细石混凝土中掺入减水剂或防水剂时,应准确计量,投料顺序得当,搅拌均匀。

(5)块体刚性防水施工要求

块体刚性防水层使用的块材应无裂纹、无石灰颗粒、无灰浆泥面、无缺棱掉角、质地密实和表面平整,用1:3水泥砂浆铺砌,块体之间的缝宽应为12～15mm,坐浆厚度不应小于25mm。

水泥砂浆中应掺入准确剂量的防水剂,并应用机械搅拌均匀,随拌随用,铺抹底层水泥砂浆防水层时应均匀连续,不得留施工缝;当铺砌必须间断时,块材侧面的残浆应清除干净。

面层施工时,要求厚薄一致,排水坡度要符合规范要求,块材之间的缝隙应用水泥砂浆灌满填实;面层应用1:2水泥砂浆,其厚度不应小于12mm,抹压面层时,严禁在表面洒水,加水泥浆或撒干水泥,以防龟裂脱皮降低防水效果,混凝土收水后进行二次压光,以切断和封闭混凝土中的毛细管,提高抗渗性。应二次压光,抹平压实。铺设后,在铺砌砂浆终凝前不得上人踩踏。

防水混凝土浇筑12～24h,即可进行养护,养护时间不少于7d,养护初期屋顶不得上人。混凝土的养护是细石混凝土防水层的极其重要的最后一道工序,养护不好会造成混凝土早期脱水,不但降低混凝土的强度,而且会由于干缩引起混凝土内部裂缝表面起砂,使抗渗性能大幅度降低。

第七节　平屋顶防水保护层的施工

卷材铺贴完毕,经检查合格后,应立即进行保护层施工,及时保护防水层免受损伤,从而延长卷材防水层的使用年限。常用的保护层做法有以下几种:

一、涂料保护层

保护层涂料一般在现场配制,常用的有铝基悬浮液、丙烯酸浅色涂料或在涂料中掺入操作,涂刷应均匀、不漏涂。

二、绿豆砂保护层

在沥青卷材非上人屋顶中使用较多。在卷材表面涂刷最后一道沥青胶后,趁热撒铺一层粒径为 3~5mm 的绿豆砂(或人工砂),绿豆砂应撒铺均匀,全部嵌入沥青胶中,为了嵌入牢固,绿豆砂须经干燥并加热至 100℃ 左右干燥后使用,边撒砂边扫铺均匀,并用软辊轻轻压实。

三、细砂、云母或蛭石保护层

主要用于非上人屋顶的涂膜防水层的保护层,使用前应先筛去粉料,砂可采用天然砂。当涂刷最后涂料时,应边涂刷边撒布细砂(或云母、蛭石),同时用软胶辊反复滚压,使保护层牢固地黏结在涂料层上。

四、水泥砂浆保护层

水泥砂浆保护层与防水层之间应设置隔离层。保护层用的水泥砂浆配合比一般为 1:(2.5~3)(体积比)。

保护层施工前,应根据结构情况每隔 4~6m 用木模设置纵横分格缝。铺设水泥砂浆时应随铺随拍实,并刮平。排水坡度应符合设计要求。立面水泥砂浆保护层施工时,为了砂浆与防水层粘贴牢固,可事先在防水层表面粘上砂粒或小豆石,然后再做保护层。

五、细石混凝土保护层

施工前应在防水层上铺设隔离层,并按设计要求支设好分格缝木模,设计无要求时,每格面积不大于 36m²,分格缝宽度为 20mm。一个分格内的混凝土应连续浇筑,不留施工缝.振捣宜采用铁辊滚压或人工拍实,以防破坏防水层,拍实后随即用刮尺按设计坡度刮平,初凝前木抹子提浆抹平,初凝后及时取出分格缝木模,终凝前用铁抹子压光。

细石混凝土保护层浇筑后应及时进行养护,养护时间不应少于 7d。养护期满即将分格缝清理干净,待干燥后嵌填密封材料。

第八节　平屋顶隔热层的施工

一、平屋顶隔热屋顶的类型和构造做法

平屋顶隔热屋顶的类型和构造设计应根据建筑物的使用要求、屋顶的结构形式、环境气候条件、防水处理方法和施工条件等因素,经技术经济比较确定。蓄水屋顶的坡度不宜大于 0.5%;种植屋顶的坡度不宜大于 3%;架空隔热屋顶的坡度不宜大

于5%。

　　蓄水屋顶、种植屋顶的防水层、应选择耐腐蚀、耐穿刺性能好的材料；蓄水屋顶不宜在寒冷地区、地震区和震动较大的建筑物上使用；架空隔热屋顶宜在通风较好的建筑物上采用，不宜在寒冷地区采用；倒置式屋顶保温层应采用憎水性或吸水率低的保温材料。

　　隔热层的设计规定：

　　架空隔热层的高度应按照屋顶宽度或坡度大小的变化确定。架空隔热制品的质量应符合非上人屋顶的黏土砖强度等级不应小于 MU7.5；上人屋顶的黏土砖强度等级不应小于 MU10。

　　蓄水屋顶如图 4-3 所示，应划分为若干蓄水区，每区的边长不宜大于 10m；蓄水区的分仓墙宜采用水泥砂浆砌筑，其强度等级宜为 M10；墙的顶部可设置直径为 ϕ6mm 或 ϕ8mm 的钢筋砖带，也可采用钢筋混凝土压顶。在变形缝的两侧，应分成两个互不连通的蓄水区；长度超过 40m 的蓄水屋顶，应做横向伸缩缝一道。蓄水屋顶、种植屋顶泛水的防水层高度应高出溢水口 100mm；应设排水管、溢水口和给水管，排水管应与水落管连通；溢水口的上部高度应距分仓墙顶面 100mm；过水孔应设在分仓墙底部，排水管应与水落管连通；分仓缝内应嵌填沥青麻丝，上部用卷材封盖，然后加扣混凝土盖板。蓄水深度宜为 150～200mm。

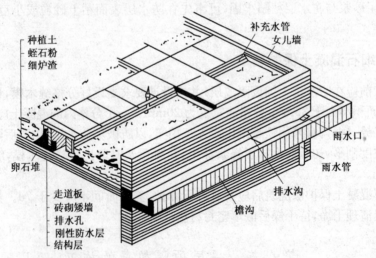

种植土
蛭石粉
细炉渣
补充水管
女儿墙
卵石堆
雨水口
雨水管
排水沟
檐沟
走道板
砖砌矮墙
排水孔
刚性防水层
结构层

图 4-3　蓄水屋顶构造示意

　　种植屋顶如图 4-4 所示，四周应设置围护墙及泄水管、排水管。当种植屋顶为柔性防水层时，上部应设置刚性保护层，种植介质四周应设挡墙；挡墙下部应设泄水孔。

　　蓄水屋顶、种植屋顶应设置人行通道。

　　倒置式屋顶如图 4-5 所示，保温层上面可采用混凝土等板材、水泥砂浆或卵石做保护层；卵石保护层与保温层之间应铺设纤维织物；板状保护层可干铺，也可用水泥

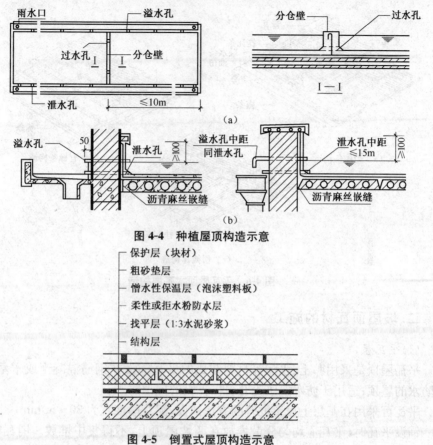

图 4-4　种植屋顶构造示意

图 4-5　倒置式屋顶构造示意

砂浆铺砌。

二、保温层厚度

保温层厚度应根据设计计算确定。

三、细部构造

天沟、檐沟与屋顶交接处,排气出口应埋设排气管,排气管应设置在结构层上,穿过保温层的管壁应打排气孔;架空隔热层高度宜为 100～300mm。

第九节　坡屋顶的施工

一、坡屋顶基层

坡屋顶一般是采用不同材料制成的瓦材或板材铺设的防水屋顶。屋顶材料(瓦材或板材)与承重结构件间的构件叫屋顶基层。例如,平瓦屋顶木基层构造,如图 4-6 所示。

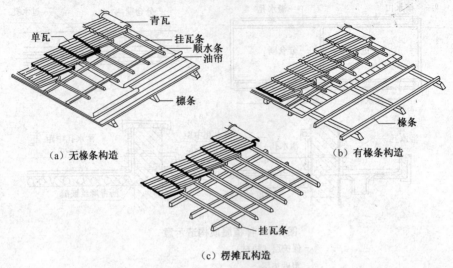

（a）无椽条构造　　　　　　　　（b）有椽条构造

（c）楞摊瓦构造

图 4-6　平瓦屋顶木基层构造

二、坡屋顶瓦材的施工

（1）平瓦屋顶

平瓦屋顶是采用黏土、水泥等材料制成的平瓦铺设在钢筋混凝土或木基层上进行防水的屋顶;适用于防水等级为Ⅱ、Ⅲ、Ⅳ级的屋顶防水。

平瓦可采用在基层上设置泥背的方法铺设,泥背厚度宜为 30～50mm。

铺设平瓦时,平瓦应均匀分散堆放在两坡屋顶上,不得集中堆放。铺瓦时,应由两坡从下向上同时对称铺设;严禁单坡铺设。在基层上采用泥背铺设平瓦时,前后坡应自下而上同时对称施工,并应分两层铺抹待第一层干燥后,再铺抹第二层,并随铺平瓦。

采用的材料(平瓦及脊瓦)应边缘整齐,表面光洁,不得有分层、裂纹和露砂等缺陷,平瓦的瓦爪与瓦槽的尺寸应配合适当。平瓦屋顶的脊瓦下端距坡面瓦的高度不宜大于 80mm;脊瓦在两坡面瓦上的搭盖宽度,每边不应小于 40mm;平瓦伸入天沟、檐沟的长度应为 50～70mm。

平瓦与山墙及突出屋顶结构等的交接处,均应做泛水处理。平瓦屋顶上的泛水,宜采用水泥石灰砂浆分次抹成,其配合比宜为 1：1：4,并应加 1.5% 的麻刀;烟囱与屋顶的交接处在迎水面中部应抹出分水线,并应高出两侧各 30mm。

（2）波形瓦屋顶

波形瓦屋顶适用于防水等级为Ⅳ级的屋顶防水。

铺设波形瓦(以下简称波瓦)屋顶时,相邻两瓦应顺年最大频率风向搭接。其搭接宽度:大波瓦和中波瓦不应少于半个波;小波瓦不应少于一个波。上下两排波瓦的搭接长度应根据屋顶坡确定,但不应少于 100mm;当波瓦采用上下两排瓦长边搭接缝错开的方法铺设时,宜错开半张波瓦,但大波瓦和中波瓦至少应错开一个波两个波;不错开时,在相邻四块瓦的搭接处,应随盖瓦方向的不同,先将对瓦割角,对角缝隙不宜大于 5mm。玻璃钢瓦可不割角。

波瓦应采用带防水垫圈的镀锌弯钩螺栓固定在金属檩条或混凝土檩条上,或用镀锌螺栓固定在木檩条上。螺栓或螺钉应设在靠近波瓦搭接部分的盖瓦波峰上,波瓦上的钉孔应用钻成孔,其孔径应比螺栓(螺钉)的直径大 2～3mm。固定波瓦的螺栓或螺钉不应拧得太紧,以垫圈稍能转动为度。在上下两排波瓦搭接处的檩条上,每张盖瓦的螺栓或螺钉应为两个;在每排波瓦当中的檩条上,相邻两波瓦每张盖瓦上,都应设一个螺栓或螺钉,在大风地区还应适当增加螺钉数量。

(3)油毡瓦屋顶

油毡瓦屋顶适用于防水等级为Ⅲ级、Ⅳ级的屋顶防水;油毡瓦可铺设在钢筋混凝土或木基层上;屋顶与突出屋顶结构的连接处,油毡瓦应铺贴在立面上,其高度不应小于 250mm。

①油毡瓦的材料要求。油毡瓦应边缘整齐,切槽清晰,厚薄均匀;表面应无孔洞、楞伤、裂纹、折皱和起泡等缺陷。油毡瓦应在环境温度不高于 45℃的条件下保管,避免雨淋、日晒、受潮,并应注意通风和避免接近火源。

②油毡瓦屋顶施工。油毡瓦的基层应平整。铺设时,在找平层上铺防水卷材或防水涂膜为垫毡,从檐口往上用油毡钉铺钉,每片油毡瓦不应少于 4 个油毡钉,当屋顶坡度大于 150%时,应增加油毡钉固定;钉帽应盖在垫毡下面;垫毡搭接宽度不应小于 50mm。铺设在木基层上时,可用油毡钉固定;油毡瓦铺设在混凝土基层上时,可用射钉与冷玛碲脂黏结固定。

油毡瓦应自檐口向上铺设;第一层瓦应檐口平行;切槽应向上指向屋脊,用油毡钉固定。第二层油毡瓦应与第一层叠合,但切槽应向下指向檐口。第三层油毡瓦应压在第二层上,并露出切槽125mm。油毡瓦之间的对缝,上下层不应重合。铺设脊瓦时,应将油毡瓦沿切槽剪开,分成四块作为脊瓦,并用两个油毡钉固定脊瓦应顺年最大频率风向搭接,并应搭盖住两坡面油毡瓦接缝的1/3。脊瓦与脊瓦的压盖面不应小于脊瓦面积的1/2。彩色油毡瓦搭接形式如图 4-7 所示,油毡瓦的常用施工做法见表4-12。

直角瓦　　　圆角瓦　　　鱼鳞瓦　　　菱形瓦　　　T形瓦

图 4-7　彩色油毡瓦搭接形式

③局部处理。油毡瓦屋顶与山墙及突出屋顶结构等的交接处,均应做泛水处理:在屋顶与突出屋顶的烟囱、管道等连接处,应先做附加卷材垫层,待铺瓦后,再用改性

表 4-12　油毡瓦的常用施工做法

名称及简图	用料及分层做法	附　注
彩色油毡瓦 屋　面 镀锌钉 钢筋混凝土屋面板 水泥聚苯颗粒板	1. 4mm 厚彩色油毡瓦,用沥青胶结剂点粘,并用镀锌钉固定,每片瓦钉 4～5 个钉子 2. 1.5mm 厚水乳型聚合物水泥基复合防水涂料 3. 20mm 厚 1∶3 水泥泵浆找平 4. ××厚水泥聚苯颗粒板,用建筑胶砂浆粘贴,槽口处设∟50×4 角钢挡(防保温层下滑)用胀管固定在屋面板上 5. 钢筋混凝土屋面板	1. 油毡瓦粘贴剂配套供应,粘贴搭接等各项操作要求,见坡屋面总说明及产品说明书 2. 适用屋面坡度 33°～45°,≥40°时,水平方向设∟50×4 角钢档防保温屋下滑,中距 1200,用胀管固定 3. 水泥聚苯颗粒板性能 抗压强度≥0.3MPa 导热系数≤0.09W/(m² · K) 密度:280～300kg/m³
彩色油毡瓦 屋　面 镀锌钉　聚苯板 钢筋混凝土屋面板	1. 4mm 厚彩色油毡瓦用专用沥青胶结剂黏结,并用镀锌钉固定,每片瓦钉 4～5 个钉子 2. 20mm 厚 1∶3 水泥砂浆找平 3. ××厚聚苯板用聚合物砂浆黏结 4. 1.5mm 厚水乳型聚合物水泥基复合防水涂料 5. 钢筋混凝土屋面板	1. 油毡瓦粘贴剂配套供应,粘贴搭接等各项操作要求,见坡屋面总说明及产品说明书 2. 适用于屋面坡度 33°～45°
彩色油毡瓦 屋　面 硅酸盐聚苯颗粒 钢筋混凝土屋面板	1. 4mm 厚彩色油毡瓦用专用沥青胶结剂粘贴,并用镀锌钉固定,每片瓦钉 4～5 个钉子 2. 15mm 厚 1∶3 水泥砂浆找平 3. ××厚硅酸盐聚苯颗粒保温粒,分两次抹 4. 1.5mm 厚水乳型聚合物水泥基复合防水涂料 5. 钢筋混凝土屋面板	硅酸盐聚苯颗粒保温料 导热系数≤0.06W/(m² · K) 密度≤230kg/m³ 吸水率≤0.06 抗压强度≥0.9MPa

沥青防水卷材或高分子防水卷材做单层防水;在女儿墙泛水处,油毡瓦可沿基层与女儿墙的八字坡铺贴,并用镀锌薄钢板覆盖,钉入墙内预埋木砖上;泛水口与墙间的缝隙应用密封封严。

(4)压型钢板

压型钢板屋顶适用于防水等级为Ⅱ级、Ⅲ级的屋顶防水。压型钢板应用专用吊具吊装;吊点的最大间距不宜大于 5m。吊装时不得勒坏压型钢板。压型钢板应根据板型和设计的配板图铺设,铺设时相邻两块板应顺年最大频率风向搭接,搭接长度不小于 200mm,并根据板型和屋顶坡长度实际确定。

铺设时,应先在檩条上安装固定支架;压型钢板和固定支架应用钩头螺栓连接;

预先钻四角钉孔,并应按此孔位置在檩条上定位钻孔,其孔径应比螺栓直径大0.5mm,安装应使用单向螺栓或拉铆钉连接固定。

天沟用镀锌薄钢板制作时,应伸入压型钢板的下面不小于100mm;当设有檐沟时,压型钢板应伸入檐沟内不小于50mm,檐口应用异型镀锌钢板的堵头封檐板;山墙应用异型镀锌钢板的包角板和固定支架封严。

泛水板的安装应平直,每块泛水板的长度不宜大于2m,与压型钢板的搭接宽度不应小于200mm,与突出屋顶的墙体搭接高度不应小于300mm。

第五章　脚手架及运输设施

第一节　脚手架的基本内容及杆配件的一般规定

一、脚手架的基本内容

(1)脚手架的分类

①按脚手架的用途划分。

a. 结构工程作业脚手架。是为满足结构作业需要而设置的脚手架。

b. 装修工程作业脚手架。是为满足装修施工作业需要而设置的脚手架。

c. 支撑和承重脚手架。是为支撑模板及其荷载或其他承重要求而设的脚手架。

d. 防护脚手架。包括做围护用墙式单排脚手架和通道防护棚等。

②按脚手架的设置形式划分。

a. 单排脚手架。只有一排立杆的脚手架,其横向平杆的另一端搁置在墙体结构上。

b. 双排脚手架。具有两排立杆的脚手架。

c. 满堂脚手架。按施工作业范围满设的、两个方向各有 3 排以上立杆的脚手架。

③按脚手架的支固方式划分。

a. 落地式脚手架。搭设(支座)在地面、楼面、屋面或其他平台结构之上的脚手架。

b. 悬挑脚手架(简称"挑脚手架"),采用悬挑方式支固的脚手架,其挑支方式又有以下 3 种,如图 5-1 所示。

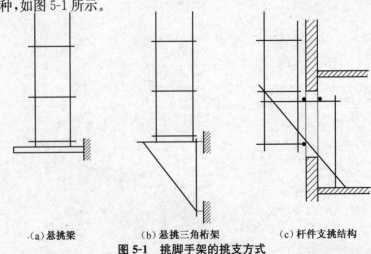

(a)悬挑梁　　　　(b)悬挑三角桁架　　　　(c)杆件支挑结构

图 5-1　挑脚手架的挑支方式

c. 附墙悬挂脚手架(简称"挂脚手架")。在上部或(和)中部挂设于墙体挑挂件上的定型脚手架。

d. 悬吊脚手架(简称"吊脚手架")。悬吊于悬挑梁或工程结构之下的脚手架。当采用篮式作业架时,称为"吊篮"。

e. 附着升降脚手架(简称"爬架")。附着于工程结构、依靠自身提升设备实现升降的悬空脚手架(其中实现整体提升者,也称为"整体提升脚手架")。

f. 扣接式脚手架。使用扣件箍紧连接的脚手架,即靠拧紧扣件螺栓所产生的摩擦作用构架和承载的脚手架。

g. 销栓式脚手架。采用对穿螺栓或销杆连接的脚手架,此种形式已很少使用。

(2)脚手架构架与设置和使用要求的一般规定

脚手架的构架设计应充分考虑工程的使用要求、各种实施条件和因素,并符合以下各项规定。

①构架尺寸规定:

a. 双排结构脚手架和装修脚手架的立杆纵距和平杆步距应≤2.0m。

b. 作业层距地(楼)面高度≥2.0m 的脚手架,作业层铺板的宽度不应小于:外脚手架为 750mm,里脚手架为 500mm。铺板边缘与墙面的间隙应不大于 300mm、与挡脚板的间隙应不大于 100mm。当边侧脚手板不贴靠立杆时,应予可靠固定。

②连墙点设置规定。当架高≥6m 时,必须设置均匀分布的连墙点,其设置应符合以下规定:

a. 门式钢管脚手架:当架高≤20m 时,不小于 50m² 一个连墙点,且连墙点的竖向间距应不大于 6m;当架高＞20m 时,不小于 30m² 一个连墙点,且连墙点的竖向间距应不大于 4m。

b. 其他落地(或底支托)式脚手架:当架高≤20m 时,不小于 40m² 一个连墙点,且连墙点的竖向间距应不大于 6m;当架高＞20m 时,不小于 30m² 一个连墙点,且连墙点的竖向间距应不大于 4m。

c. 脚手架上部未设置连墙点的自由高度不得大于 6m。

d. 当设计位置及其附近不能装设连墙件时,应采取其他可行的刚性拉结措施予以弥补。

(3)整体性拉结杆件设置规定

脚手架应根据确保整体稳定和抵抗侧力作用的要求,按以下规定设置剪刀撑或其他有相应作用的整体性拉结杆件:

①周边交圈设置的单、双排木、竹脚手架和扣件式钢管脚手架,当架高为 6~25m 时,应于外侧面的两端和其间按≤15m 的中心距并自下而上连续设置剪刀撑;当架高超过 25m 时,应于外侧面满设剪刀撑。

②周边交圈设置的碗扣式钢管脚手架,当架高为 9~25m 时,应按不小于其外侧面框格总数的 1/5 设置斜杆;当架高＞25m 时,按不小于外侧面框格总数的 1/3 设置

斜杆。

③门式钢管脚手架的两个侧面均应满设交叉支撑。当架高≤45m时,水平框架允许间隔一层设置;当架高>45m时,每层均满设水平框架。此外,架高≥20m时,还应每隔6层加设一道双面水平加强杆,并与相应的连墙件层同高。

④"一"字形单双排脚手架按上述相应要求增加50%的设置量。

⑤满堂脚手架应按构架稳定要求设置适量的竖向和水平整体拉结杆件。

⑥剪刀撑的斜杆与水平面的交角宜在45°~60°,水平投影宽度应不小于2跨或4m和不大于4跨或8m。斜杆应与脚手架基本构架杆件加以可靠连接,且斜杆相邻连接点之间杆段的长细比不得大于60。

⑦在脚手架立杆底端之上100~300mm处一律遍设纵向和横向扫地杆,并与立杆连接牢固。

(4)杆件连接构造规定

脚手架的杆件连接构造应符合以下规定:

①多立杆式脚手架左右相邻立杆和上下相邻平杆的接头应相互错开并置于不同的构架框格内。

②搭接杆件接头长度:扣件式钢管脚手架应≥10.8m;搭接部分的结扎应不少于2道,且结扎点间距应不大于0.6m。

③杆件在结扎处的端头伸出长度应不小于0.1m。

(5)安全防(围)护规定

脚手架必须按以下规定设置安全防护措施,以确保架上作业和作业影响区域内的安全:

①作业层距地(楼)面高度≥2.5m时,在其外侧边缘必须设置挡护高度≥1.1m的栏杆和挡脚板,且栏杆间的净空高度应≤0.5m。

②临街脚手架,架高≥25m的外脚手架以及在脚手架高空落物影响范围内同时进行其他施工作业或有行人通过的脚手架,应视需要采用外立面全封闭、半封闭以及搭设通道防护棚等适合的防护措施。封闭围护材料应采用密目安全网、塑料编织布、竹笆或其他板材。

③架高9~25m的外脚手架,除执行(1)规定外,可视需要加设安全立网维护。

④挑脚手架、吊篮和悬挂脚手架的外侧面应按防护需要采用立网围护或执行(2)的规定。

⑤遇有下列情况时,应按以下要求加设安全网:

a. 架高≥9m,未做外侧面封闭、半封闭或立网封护的脚手架,应按以下规定设置首层安全(平)网和层间(平)网:

(a)首层网应距地面4m设置,悬出宽度应≥3.0m。

(b)层间网自首层网每隔3层设一道,悬出高度应≥3.0m。

b. 外墙施工作业采用栏杆或立网围护的吊篮,架设高度≤6.0m的挑脚手架、挂脚手架和附墙升降脚手架时，应于其下 4～6m 起设置两道相隔的 3.0m 的随层安全网，其距外墙面的支架宽度应≥3.0m。

⑥上下脚手架的梯道、坡道、栈桥、斜梯、爬梯等均应设置扶手、栏杆或其他安全防（围）护措施并清除通道中的障碍，确保人员上下的安全。

采用定型的脚手架产品时，其安全防护配件的配备和设置应符合以上要求；当无相应安全防护配件时，应按上述要求增配和设置。

（6）搭设高度限制和卸载规定

脚手架的搭设高度一般不应超过表 5-1 的限值。

表 5-1　脚手架搭设高度的限值

序次	类　别	形式	高度限值(m)	备　注
1	木脚手架	单排	30	架高≥30m 时，立杆纵距不大于 1.5m
		双排	60	
2	竹脚手架	单排	25	
		双排	50	
3	扣件式钢管脚手架	单排	20	
		双排	50	
4	碗扣式钢管脚手架	单排	20	架高≥30m 时，立杆纵距不大于 1.5m
		双排	60	
5	门式钢管脚手架	轻载	60	施工总荷载≤3kN/m²
		普通	45	施工总荷载≤5kN/m²

（7）单排脚手架的设置规定

单排脚手架的设置应遵守以下规定：

①单排脚手架不得用于以下砌体工程中：

a. 墙厚小于 180mm 的砌体。

b. 土坯墙、空斗砖墙、轻质墙体、有轻质保温层的复合墙和靠脚手架一侧的实体厚度小于 180mm 的空心墙。

c. 砌筑砂浆强度等级小于 M1.0 的墙体。

②在墙体的以下部位不得留脚手眼：

a. 梁和梁垫下及其左右各 240mm 范围内。

b. 宽度小于 480mm 的砖柱和窗间墙。

c. 墙体转角处每边各 360mm 范围内。

d. 施工图上规定不允许留洞眼的部位。

③在墙体的以下部位不得留尺寸大于 60mm×60mm 的脚手眼：

a. 砖过梁以上与梁端成 60°角的三角形范围内。

b. 宽度小于 620mm 的窗间墙。

c. 墙体转角处每边各 620mm 范围内。

二、脚手架杆配件的一般规定

脚手架的杆件、构件、连接件、其他配件和脚手板必须符合以下质量要求,不合格者禁止使用。

(1)脚手架杆件

钢管件采用镀锌焊管,钢管的端部切口应平整。禁止使用有明显变形、裂纹和严重锈蚀的钢管。使用普通焊管时,应内外涂刷防锈层并定期复涂以保持其完好。

(2)脚手架连接件

应使用与钢管管径相配合的、符合我国现行标准的可锻铸铁扣件。使用铸钢和合金钢扣件时,其性能应符合相应可锻铸铁扣件的规定指标要求。严禁使用加工不合格、锈蚀和有裂纹的扣件。

(3)脚手架配件

①加工应符合产品的设计要求。

②确保与脚手架主体构架杆件的连接可靠。

(4)脚手板

①各种定型冲压钢脚手板、焊接钢脚手板、钢框镶板脚手板以及自行加工的各种形式金属脚手板,自重均不宜超过 0.3kN,性能应符合设计使用要求,且表面应具有防滑、防积水构造。

②使用大块铺面板材(如胶合板、竹笆板等)时,应进行设计和验算,确保满足承载和防滑要求。

(5)脚手架搭设、使用和拆除的一般规定

①脚手架的搭设规定:

a. 搭设场地应平整、夯实并设置排水措施。

b. 立于土地面之上的立杆底部应加设宽度≥200mm,厚度≥50mm 的垫木、垫板或其他刚性垫块,每根立杆的支垫面积应符合设计要求且不得小于 0.15m²。

c. 底端埋入土中的木立杆,其埋置深度不得小于 500mm,且应在坑底加垫后填土夯实。使用期较长时,埋入部分应作防腐处理。

d. 在搭设之前,必须对进场的脚手架杆配件进行严格的检查,禁止使用规格和质量不合格的杆配件。

②脚手架的搭设作业,必须在统一指挥下,严格按照以下规定程序进行:

a. 按施工设计放线、铺垫板、设置底座或标定立杆位置。

b. 周边脚手架应从一个角部开始并向两边延伸交圈搭设;"一"字形脚手架应从一端开始并向另一端延伸搭设。

c. 应按定位依次竖起立杆,将立杆与纵、横向扫地杆连接固定,然后装设第 1 步的纵向和横向平杆,随校正立杆垂直之后予以固定,并按此要求继续向上搭设。

d. 在设置第一排连墙件前,"一"字形脚手架应设置必要数量的抛撑;以确保构架稳定和架上作业人员的安全。边长≥20m 的周边脚手架,亦应适量设置抛撑。

e. 剪刀撑、斜杆等整体拉结杆件和连墙件应随搭升的架子一起及时设置。

f. 脚手架处于顶层连墙点之上的自由高度不得大于 6m。当作业层高出其下连墙件 2 步或 4m 以上且其上尚无连墙件时,应采取适当的临时撑拉措施。

③脚手板或其他作业层铺板的铺设应符合以下规定:

a. 脚手板或其他铺板应铺平铺稳,必要时应予绑扎固定。

b. 脚手板采用对接平铺时,在对接处,与其下两侧支承横杆的距离应控制在 100～200mm;采用挂扣式定型脚手板时,其两端挂扣必须可靠地接触支承横杆并与其扣紧。

c. 脚手板采用搭设铺放时,其搭接长度不得小于 200mm,且应在搭接段的中部设有支承横杆。铺板严禁出现端头超出支承横杆 250mm 以上未作固定的探头板。

d. 长脚手板采用纵向铺设时,其下支承横杆的间距不得大于:竹串片脚手板为 0.75m;木脚手板为 1.0m;冲压钢脚手板和钢框组合脚手板为 1.5m(挂扣式定型脚手板除外)。纵铺脚手板应按以下规定部位与其下支承横杆绑扎固定:脚手架的两端和拐角处;沿板长方向每隔 15～20m;坡道的两端;其他可能发生滑动和翘起的部位。

e. 采用以下板材铺设架面时,其下支承杆件的间距不得大于:竹笆板为 400mm,七夹板为 500mm。

f. 当脚手架下部采用双立杆时,主立杆应沿其竖轴线搭设到顶,辅立杆与主立杆之间的中心距不得大于 200mm,且主辅立杆必须与相交的全部平杆进行可靠连接。

g. 用于支托挑、吊、挂脚手架的悬挑梁、架必须与支承结构可靠连接。其悬臂端应有适当的架设起拱量,同一层各挑梁、架上表面之间的水平误差应不大于 20mm,且应视需要在其间设置整体拉结构件,以保持整体稳定。

h. 装设连墙件或其他撑拉杆件时,应注意掌握撑拉的松紧程度,避免引起杆件和架体的显著变形。

i. 在搭设中不得随意改变构架设计、减少杆配件设置和对立杆纵距作≥100mm 的构架尺寸放大。确有实际情况,需要对构架作调整和改变时,应提交或请示技术主管人员解决。

(6)脚手架搭设质量的检查验收规定

脚手架搭设质量的检查验收工作应遵守以下规定:

①脚手架的验收标准规定。

a. 构架结构符合前述的规定和设计要求,个别部位的尺寸变化应在允许的调整范围之内。

b. 节点的连接可靠。其中扣件的拧紧程度应控制在扭力矩达到 40～60N·m;

碗扣应盖扣牢固（将上碗扣拧紧）；8号钢丝十字交叉扎点应拧 1.5～2 圈后箍紧，不得有明显扭伤，且钢丝在扎点外露的长度应≥80mm。

c. 钢脚手架立杆的垂直度偏差应≤1/300，且应同时控制其最大垂直偏差值：当架高≤20m 时为不大于 50mm；当架高＞20m 时为不大于 75mm。

d. 纵向钢平杆的水平偏差应≤1/250，且全架长的水平偏差值应不大于 50mm。木、竹脚手架的搭接平杆按全长的上皮走向线（即各杆上皮线的折中位置）检查，其水平偏差应控制在 2 倍钢平杆的允许范围内。

e. 作业层铺板、安全防护措施等均应符合前述要求。

②脚手架的验收和日常检查按以下规定进行，检查合格后，方允许投入使用或继续使用。

a. 搭设完毕后。

b. 连续使用达到 6 个月。

c. 施工中途停止使用超过 15d，在重新使用之前。

d. 在遭受暴风、大雨、大雪、地震等强力因素作用之后。

e. 在使用过程中，发现有显著的变形、沉降、拆除杆件和拉结以及安全隐患存在的情况时。

(7)脚手架对基础的要求

良好的脚手架底座和基础、地基，对于脚手架的安全极为重要，在搭设脚手架时，必须加设底座、垫木（板）或基础并作好对地基的处理。

①一般要求：

a. 脚手架地基应平整夯实。

b. 脚手架的钢立柱不能直接立于土地面上，应加设底座和垫板（或垫木），垫板（木）厚度不小于 50mm。

c. 遇有坑槽时，立杆应下到槽底或在槽上加设底梁（一般可用枕木或型钢梁）。

d. 脚手架地基应有可靠的排水措施，防止积水浸泡地基。

e. 脚手架旁有开挖的沟槽时，应控制外立杆距沟槽边的距离：当架高在 30m 以内时，不小于 1.5m；架高为 30～50m 时，不小于 2.0m；架高在 50m 以上时，不小于 2.5m。当不能满足上述距离时，应核算土坡承受脚手架的能力，不足时可加设挡土墙或其他可靠支护，避免槽壁坍塌危及脚手架安全。

f. 位于通道处的脚手架底部垫木（板）应低于其两侧地面，并在其上加设盖板；避免扰动。

②一般作法。30m 以下的脚手架，其内立杆大多处在基坑回填土之上。回填土必须严格分层夯实。垫木宜采用长 2.0～2.5m，宽不小于 200mm、厚 50～60mm 的木板，垂直于墙面放置（用长 4.0m 左右平行于墙放置亦可），在脚手架外侧挖一浅排水沟排除雨水，如图 5-2 所示。

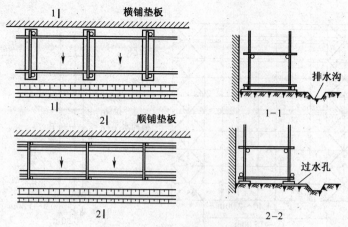

图 5-2　普通脚手架基底作法

第二节　脚手架常用的形式

一、扣件式钢管脚手架

扣件式钢管脚手架是目前我国使用最普遍的脚手架,用扣件连接钢管杆件而成。其主要优点是装拆灵活,搬运方便,通用性强。

扣件式钢管脚手架基本杆件及部件:

①钢管杆件。如图 5-3 所示,钢管杆件包括立杆、纵向水平杆、横向水平杆、剪刀撑、斜杆、抛撑(在脚手架立面以外设置的斜撑)、扫地杆(贴地面设置的平杆)以及栏杆(用于护栏的平杆)等。

钢管杆件多采用外径 48～51mm,壁厚 3～3.5mm 的焊接钢管。用于立杆、纵向水平杆、剪刀撑和斜杆的钢管长度为 4～6.5m,杆件重量不超过 25kg,以便于人工操作。用于横向水平杆的钢管长度 1.8～2.2m,以适应脚手架宽度的要求。材质宜采用力学性能适中的 Q235 钢,材性应符合规范要求。钢管必须进行防锈处理,即先行除锈然后内壁涂防锈漆两道,外壁涂防锈漆一道和面漆两道。

a. 立杆构造。单立杆双排脚手架的搭设限高为 50m。50m 以上的脚手架,宜下部(35m 以下)采用双立杆、上部采用单立杆,单立杆的高度应小于 30m。立杆接头除了顶层可用搭接外。其余均必须用对接。接头位置应交错布置。两根相邻立杆接头不应在同步内。当采用双立杆时必须用扣件将双立杆与同一根纵向水平杆扣紧,不得只扣紧 1 根以避免其计算长度成倍增长。单立杆和双立杆的连接方法有两种:单立杆与双立杆之中的一根对接;单立杆同时与两根双立杆用不少于 3 道旋转扣件搭接,其底部支于横向水平杆上,在立杆与纵向水平杆的连接扣件下加设两道扣件(扣

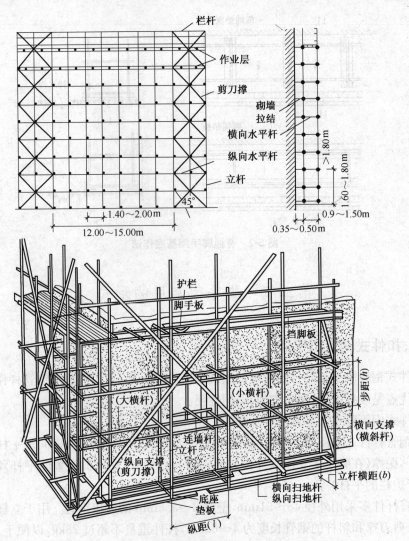

图 5-3　扣件式钢管脚手架组成

在立杆上），且三道扣件紧接，以加强对纵向水平杆支持力如图 5-4 所示。

立杆间距：横距 0.9~1.2m，纵距 1.4~2.0m。（当用单立杆时高度 35m 以下的脚手架为 1.4~2.0m，35m 以上的脚手架为 1.4~1.6m，当用双立杆时，为 1.5~2.0m）。

b. 纵向水平杆构造。纵向水平杆步距为 1.5~1.8m，长度不宜小于三跨。接头应采用对接扣件连接。上下横杆的接长位置应错开布置在不同的立杆纵距内，与相近立杆的距离不大于纵距的 1/3，如图 5-5 所示。相邻步架的纵向水平杆应错开布置在立杆的里侧和外侧，以减少立杆的偏心受荷情况。立杆与纵向水平杆必须用直角扣件扣紧（因大横杆对立杆起约束作用，对立杆承载能力有重要影响），不得隔步设置或遗漏。

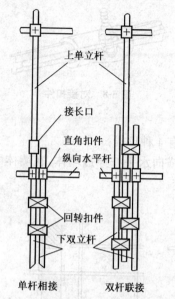

图 5-4　单立杆和双立杆的连接方式

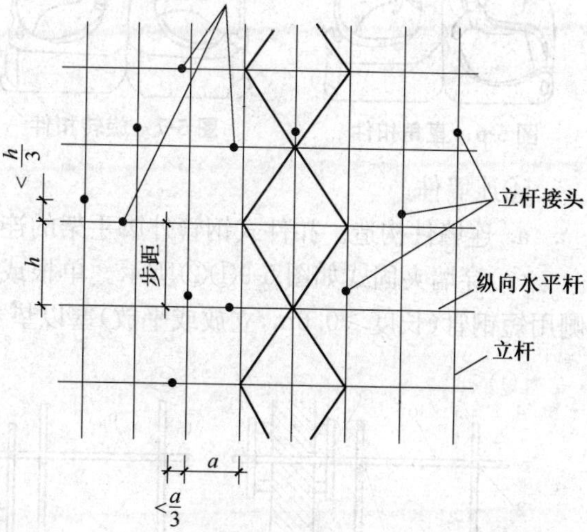

图 5-5　立杆纵向水平杆的接头位置

c. 横向水平杆构造。作为双排脚手架基本构架构件的横向水平杆贴近立杆布置（对于双立杆则设于双立杆之间），并搭于纵向水平杆之上用直角扣件扣紧。在任何情况下，上述作为基本构架构件的横向水平杆均不得拆除。至于在作业层作为脚手板支点的横向水平杆则根据脚手板的需要，等间距设置。

d. 剪刀撑构造。高度 35m 以下的脚手架除在两端设置剪刀撑外，每隔 12～15m 在中间设置一道。高度 35m 以上的脚手架，沿脚手架两端和转角处起每 7～9 根立柱设置一道，且每片脚手架不少于三道。剪刀撑应联系 3～4 根立杆，剪刀撑斜杆与水平夹角为 45°～60°。剪刀撑应沿脚手架高度连续布置，在相邻两排剪刀撑之间，每隔 10～15m 高加设一组长剪刀撑。剪刀撑的斜杆除两端用旋转扣件与脚手架的立杆或纵向水平杆扣紧外，在中间应增加 2～4 个扣结点。剪刀撑下端应落地，支撑在垫板上。

②扣件。扣件有可锻铸铁铸造扣件及钢板压制扣件两种。扣件与钢管扣紧时应保证贴合面接触良好；扣件夹紧钢管时，开口处的最小距离应不小于 5mm；螺栓拧紧力矩达 20N·m 时，扣件不得破坏；表面不得有裂纹、气孔、砂眼或其他影响使用功能的缺陷。

常用扣件的基本形式有：

a. 直角扣件（十字扣）如图 5-6 所示，用于两根垂直交叉钢管的连接。

b. 旋转扣件（回转扣）如图 5-7 所示，用于两根呈任意角度交叉钢管的连接。

c. 对接扣件（筒扣，一字扣）如图 5-8 所示，用于两根钢管对接连接。

③底座。用于承受脚手架立杆传递下来的荷载。可用铸铁制作，也可用厚 8mm，边长 150mm 的钢板作底板与外径 60mm、壁厚 3.5mm、长 150mm 的钢管套筒焊接而成。

图 5-6　直角扣件　　　　图 5-7　旋转扣件　　　　图 5-8　对接扣件

④连墙件。

a. 连墙件构造。扣件式钢管外脚手架的连墙件有 4 种形式：

(a)穿墙夹固式如图 5-9①②所示。单根或两根横向水平杆穿过墙体，在墙体两侧用短钢管(长度≥0.6m，立放或平放)塞以垫木固定。

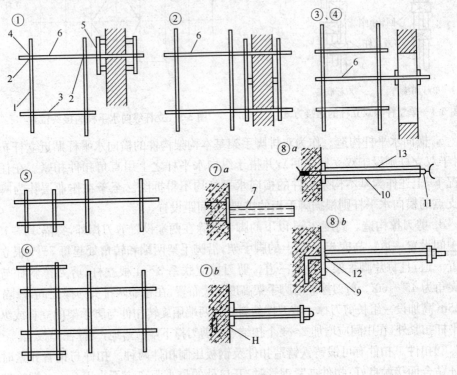

图 5-9　连墙件构造

1. 立杆　2. 纵向水平杆　3. 横向水平杆　4. 直角扣件　5. 短钢管　6. 适长钢管(或小横杆)
7. 带短钢管预埋件　8. 带长弯头的预埋螺栓　9. 带短弯头螺栓　10. 带支撑板的 $\phi48$ 钢套管
11. $\phi16$ 短钢筋　12. 预理 $\phi6$ 挂环　13. 双股铰接 8 号钢丝

(b)窗口夹固式如图 5-9③④所示。单根或两根横向水平杆通过窗洞口，在洞口两侧用适长钢管(立放或平放)塞以垫本固定。

(c)箍柱式如图 5-9⑤⑥所示。包括：单杆箍柱即用适当长度的单根横向水平杆紧贴结构的柱子，并用三根短横杆将其固定于柱侧；双杆箍柱：用适当长度的横向水平杆和短钢管各两根，抱紧柱子固定。

（d）埋件固定式如图 5-9⑦所示。

b. 在混凝土墙体或框架的柱梁中埋设连墙件，用扣件与脚手架立杆或纵向水平杆连接固定。预埋的连墙件有以下两种形式：

（a）带短钢管埋件。在结构的普通预埋件的钢板上，焊以适长的短钢管，钢管长度以能与立杆或纵向水平杆可靠连接为度。拆除时需用气割从钢管焊接处割开。

（b）预埋螺栓和套管。将一端带适长弯头的 M12～M16 螺栓埋入混凝土结构中，将底端带中心孔支承板的套管套在螺栓上，在套管另一端加垫板并以螺母拧紧固定在螺栓上。

c. 连墙件的设置。连墙件一般应设置在横向刚度较大的结构部位（如框架梁，楼板附近）。在布置连接件位置时，需从底部第一根纵向水平杆处开始设置。连墙杆宜呈菱形布置，也可采用方形、矩形布置。连墙杆间距不应超过表 5-2 所示尺寸（可按二步三跨或三步三跨设置）。一字形、开口形脚手架必须设置两端连墙件，连墙件的垂直间距不应大于建筑物的层高，并不应大于 4m（2 步）。连墙杆宜与脚手架水平连接，和脚手架连接位置宜靠近主柱与纵向水平杆相交处，偏离最大距离应小于 300mm。

表 5-2　双排脚手架连墙件的布置

脚手架高度（m）	竖向间距	水平间距	每根连墙件覆盖面积（m²）
≤50m	$3h$	$3l_a$	≤40
>50m	$2h$	$3l_a$	≤27

注：$h=$步距，$l_a=$立杆纵距。

⑤横向斜撑。横向斜撑是与双排脚手架内外立杆或水平杆斜交的呈"之"字形的斜杆。横向斜撑应在同一节间由底至顶层呈"之"字形连续布置。斜杆宜采用旋转扣件固定在与之相交的横向水平杆的伸出端上，旋转扣件中心线至主节点的距离不宜大于 150mm。一字形开口形双排脚手架的两端均必须设横向斜撑，中间宜每隔 6 跨设置一道。高度在 24m 以上的封闭脚手架除拐角应设横向斜撑外，中间应每隔 6 跨设置一道。

⑥脚手板。脚手板由冲压钢板、木、竹串片脚手板等材料组成，采用三支点承重。当脚手板长度小于 2m 时可两支点承重但应两端固定。脚手板宜平铺对接，对接处距小横杆的轴线应大于 100mm，小于 150mm。

⑦护栏和挡脚板。在铺脚手板的操作层上必须设两道护栏和挡脚板。上护栏高度≥1.1m。挡脚板也可用加设一道低栏杆（距脚手板面 0.2～0.3m）代替。

⑧底座及扫地杆。高度大于 24m 的脚手架应设可调底座。立柱应设置离地面很近的纵、横向扫地杆并用直角扣件固定在立柱上。纵向扫地杆轴线距底座下皮不应大于 200mm。

二、碗扣式钢管脚手架

（1）杆配件及性能特点，承载能力

①杆配件。碗扣式钢管脚手架采用每隔 0.6m 设一套碗扣接头的定型立杆和两端焊有接头的定型横杆，并实现杆件的系列标准化。

a. 碗扣接头如图 5-10 所示。

是该脚手架系统的核心部件，它由上、下碗扣，横杆接头和上碗扣的限位销组成。上、下碗扣和限位销按 600mm 间距设置在钢管立杆，其中下碗扣和限位销直接焊在立杆上。

碗扣式接头可同时连接 4 根横杆，横杆可互相垂直亦可偏转一定角度因而可搭设各种形式的脚手架，尤其适于搭设曲线形状脚手架。

b. 杆配件：分为主构件、辅助构件等。

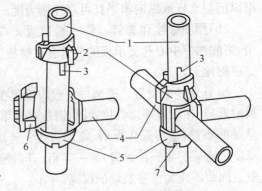

图 5-10　碗扣接头
1. 立杆；2. 上碗扣；3. 限位销；4. 横杆；
5. 下碗扣；6. 横杆接头；7. 泄水槽

（a）主构件：以组成脚手架主体的杆部件，作为双排脚手架，主要包括以下几种：

ⓐ立杆：脚手架的主要受力杆件，在 $\phi 48mm \times 3.5mm$ 钢管上每隔 600mm 安装一套碗扣接头，并在杆的顶端焊接立杆连接管，立杆连接管是内销管，靠内销实现立杆之间的连接。立杆有 3.0m 和 1.8m 2 种长度规格。

ⓑ横杆：组成框架的横向连接杆件，由一定长度的 $\phi 48mm \times 3.5mm$ 钢管两端焊接横杆接头制成。有 2.4m、1.8m、1.5m、1.2m、0.9m、0.6m、0.3m 7 种规格。

ⓒ斜杆：为了增强脚手架稳定强度而设计的系列构件。在 $\phi 48mm \times 2.2mm$ 钢管两端铆接斜杆接头而制成。斜杆接头可转动，和横杆接头一样可装在下碗扣内，形成节点斜杆。有 1.69m、2.163m、2.343m、2.546m、3.0m 5 种规格，分别用于 1.20m×1.20m、1.20m×1.80m、1.50m×1.80m、1.80m×1.8m、1.80m×2.4m 5 种框架平面。

ⓓ底座：安装在立杆根部，将上部荷载分散传递给地基基础。

（b）辅助构件：用于作业面及附壁连接的杆构件。

a）用于作业面的构件：

ⓐ间横杆：为了满足其他普通脚手架板和木脚手板的需要而设的构件，由 $\phi 48mm \times 3.5mm$ 钢管两端焊接"∩"形钢板制成。可搭设于主架之间任意部位，用以减小脚手板支承间距或支撑挑头脚手板。有 1.2m、1.2＋0.3m、1.2＋0.6m 3 种规格。

ⓑ脚手板：为碗扣脚手架配套的脚手板由2mm厚钢板压制、宽度270mm。其面板上冲有防滑孔，两端焊有挂钩可牢靠地挂在横杆，不会滑动。

ⓒ挡脚板：由2mm钢板压制，有长度1.2m、1.5m、1.8m3种规格，分别适用于立杆间距1.2m、1.5m、1.8m。

ⓓ挑梁：为扩展作业平台而设置的构件，有窄挑梁和宽挑梁两种规格。窄挑梁由一端焊有横杆接头的钢管制成，悬挑宽度0.3m，可在需要位置与碗扣接头连接。宽挑梁由水平杆、斜杆、垂直杆组成，悬挑宽度为0.6m，用碗扣接头与脚手架连成一体，其外侧垂直杆上可再接立杆。

b)用于连接的辅助构件：

ⓐ立杆连接销：立杆之间连接的销定构件，为弹簧钢销扣结构，由$\phi10mm$的钢筋制成。

ⓑ直角撑：连接两交叉的脚手架而设置的构件，由$\phi48mm\times3.5mm$钢管一端焊接横杆接头，另一端焊接"∩"形卡制成。

ⓒ连墙撑：有碗扣式及扣件式两种。碗扣式连墙撑可直接用碗扣接头同脚手架连在一起受力性能好，扣件式连墙撑用钢管扣件同脚手架相连，位置可任意设置，不受碗扣接头位置的限制，使用方便。

②碗扣脚手架的性能特点。

a. 承载力大。立杆连接是同轴心承插，横杆与立杆之间连接是碗扣接头，接头具有可靠的抗弯、抗剪、抗扭力学性能，而且各杆件轴心线交于一点，节点在框架平面内。因此结构稳固可靠，承载力大。

b. 安全可靠。接头设计时考虑到上碗扣螺旋摩擦力和自重力作用，使接头具有可靠的自锁能力。作用于横杆上的荷载通过下碗扣传递给立杆，下碗扣具有很强的抗剪能力（最大为199kN），上碗扣即使未被压紧，横杆接头也不至于脱出而造成事故，同时所配备的各种构件的连接构造上均考虑到具有较好的安全可靠性。

c. 高功效。碗扣脚手架拼拆快速省力，使用一把铁锤即可完成全部作业，避免了螺栓操作的诸多不便。此外常用杆件中最长为3130mm，重17.07kg。因此整架拼拆速度比扣件或脚手架快3～5倍。

d. 便于管理。碗扣脚手架维修少，易于运输，该脚手架不需要零散而易于丢失的扣件；而且不需要螺栓连接，构件即使经受一定程度碰撞或一般的锈蚀也不影响使用及拼拆；相对来说养护及维修工作量减少。构件系列标准化，构件长度较小，重量较轻，便于搬运。

（2）双排外脚手架

碗扣式钢管双排脚手架，特别适合于搭设曲面脚手架和高层脚手架。目前一杆到顶（即脚手架全高均采用单立杆）的落地式脚手架最大高度已达90.3m。但一般来说双排脚手架最大高度为60m。

①脚手架类型。一般立杆横向间距1.2m，横杆步距取1.8m，立杆纵向间距根据

建筑物结构、脚手架搭设高度及作业荷载等具体要求可选用 0.9m、1.2m、1.5m、1.8m、2.4m 等,并选用相应横杆。根据使用要求可有以下几种构造类型。

a. 重型架。较小的立杆纵距(0.9m 或 1.2m),用于重载作业或高层外脚手架的底部架。为了提高高层脚手架搭设高度,采取上下分段,每段立杆纵距不等的组架方式如图 5-11 所示。下段立杆纵距 0.9m(或 1.2m),上段立杆纵距为 1.8m(或 2.4m)。

b. 普通架。立杆纵距 1.5m 或 1.8m,当脚手架高度大于 30m 时,立杆纵距不大于 1.5m,构造尺寸为 1.5m(立杆纵距)×1.2m(立杆横距)×1.8m(横杆步距),或 1.8m×1.2m×1.8m,是最常用的作为结构施工用的脚手架。

c. 轻型架。立杆纵距 2.4m。构架尺寸为 2.4m×1.2m×1.8m,用于装修、维护等作业。

此外,也可根据场地和作业条件要求搭设窄脚手架(立杆横距 0.9m)和宽脚手架(立杆横距 1.5m)。

②杆部件设置。

a. 斜杆。斜杆可增强脚手架稳定,合理设置斜杆对提高脚手架承载力,保证施工安全有重要意义。

(a)斜杆的连接。斜杆和立杆的连接与横杆和立杆的连接相同。其节点构造如图 5-12 所示求。对于不同尺寸的框架应配备相应长度斜杆。斜杆可安装成节点斜杆(即斜杆接头与横杆接头安装在同一碗扣接头内),或安装成非节点斜杆(即斜杆接头与横杆接头不安装在同一碗扣接头内),其布置如图 5-13 所示。

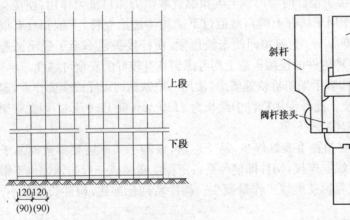

图 5-11　上下分段的组架布置　　　　　　图 5-12　斜杆节点构造

(b)斜杆的布置。斜杆应尽量布置在框架节点上。其布置包括在脚手架立面(纵向)及横向。

在脚手架立面布置斜杆时,高度 30m 以下脚手架设置斜杆面积为整架立面面积的 1/2~1/5(根据荷载情况)。高度超过 30m 的脚手架,设置斜杆面积应不小于整架面积的 1/2。在拐角边缘及端部必须设置斜杆,中间可均匀间隔布置。

(c)剪刀撑。剪刀撑包括竖向剪刀撑和纵向水平剪刀撑。

竖向剪刀撑:其设置应与碗扣式斜杆的设置相配合。高度 30m 以下的脚手架,每隔 4~6 跨设一组沿全高连续搭设的剪刀撑(每道剪刀撑跨越 5~7 根立杆),设剪刀撑的跨内不再设碗扣式斜杆。高度 30m 以上的脚手架沿脚手架外侧及全高连续设置,两组剪刀撑之间设碗扣式斜杆如图 5-14 所示。

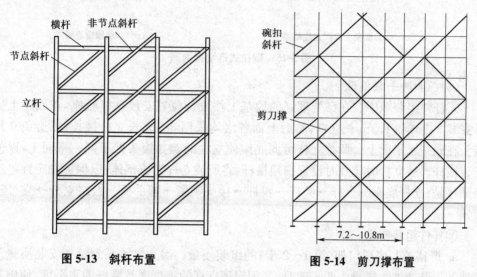

图 5-13　斜杆布置　　　　　　　　　图 5-14　剪刀撑布置

纵向水平剪刀撑对于增强水平框架的整体性,均匀传递连墙撑的作用具有重要意义。30m 以上脚手架应隔 3~5 步架设置一层连续闭合的纵向水平剪刀撑。

b. 连墙撑。连墙撑的设置按承受全部水平荷载,并且竖向间距满足整架稳定的要求而设计。连墙撑计算和扣件式脚手架相同。

高度 30m 以下的脚手架可四跨三步设置一个连墙撑(约 40m²)。对于高层或重载脚手架要适当加密。高度 50m 以下至少应三跨三步布置一个(约 25m²)。连墙撑尽量采用梅花布置方式。

连墙撑应尽量连接在横杆层碗扣接头内,同脚手架、墙体保持垂直,并随建筑物及架子的升高及时设置,设置时要注意调整间距使脚手架竖向平面保持垂直。

连墙撑可分为碗扣式和扣件式。碗扣式连墙撑和脚手架的连接与横杆同立杆连接相同如图 5-15 所示。扣件式连墙撑的设置和扣件式脚手架相同。

c. 脚手板。可用配套的钢脚手板也可用其他脚手板。当使用配套的钢脚手板时,必须将其两端的挂钩牢固地挂在横杆上,不得有翘曲或浮放。当使用其他类型脚手板时,应配合间横杆来安设。即当脚手板端头正好处于两个横向杆之间而需要另外的杆件来支撑时,在该处设间横杆。在作业层及其下面一层要满铺脚手板。当作业层升高一层时,将下面一层脚手板移至上面作为作业层脚手板,两层交错上升。

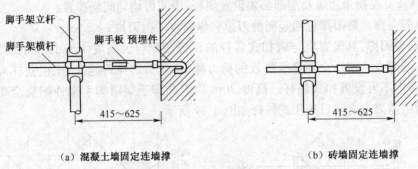

(a) 混凝土墙固定连墙撑　　　　　　　(b) 砖墙固定连墙撑

图 5-15　碗扣式连墙撑构造

（3）碗扣脚手架搭设

①杆件组装顺序。在已处理好的地基上按设计位置安放立杆底座,在底座上交错安装 3.0m 和 1.8m 长立杆,然后上面各层均采用 3.0m 长立杆接长,以避免立杆接头在同一水平面上。调整立杆可调底座使立柱的碗扣接头处于同一平面上,以便安装横杆。装立杆时应及时设置扫地横杆,将所装立杆连成整体,以保证稳定性。组装顺序是:立杆底座→立杆→横杆→斜杆→接头锁紧→脚手板→上层立杆→立杆连接锁→横杆。

②杆件组装要求。

a. 严格控制底层组架(第 1～2 步)的组装质量。因为它关系到整架安装质量及整架的组装速度。搭设头两步架时,必须保证立杆的垂直度及横杆的水平度,使碗扣接头连接牢靠,将头两步架调整好后,将碗扣接头锁紧。再继续搭设上部脚手架。

b. 在搭设过程中注意调整整架的垂直度,一般通过调整连墙撑长度来实现。整架垂直度偏差应小于 H/500,但最大允许偏差为 100mm。此外对于直线布置的脚手架其纵向线偏差应小于 1/200L;横杆的水平度(横杆两端高度偏差)应小于 1/400L。

c. 连墙撑应随着脚手架的搭设而及时在设计位置上设置。并尽量与脚手架及建筑物外表垂直。

d. 搭设拆除时禁止无关人员进入危险地区。

e. 脚手架应随建筑物升高而随时设置,一般不应高出建筑物两步架。

第三节　垂直运输机械的选择

目前多层砌体结构建筑中常有的垂直运输机械有井式提升架(井架)、龙门式提升架(龙门架)等。

（1）井式提升架(井架)

井式提升架,通称井架或井字架,是砌体结构施工中最常用的垂直运输设施,它的稳定性好,价格低廉,运输量大,可用型钢或钢管加工成定型井架,还可利用脚手架材料搭设较高的高度(50m 以上)。其缺点是缆风绳多。若为附墙式井架可不设缆风绳仅设附墙拉结。

一般井架为单孔,但也有双孔或多孔井架。井架内设吊盘(或混凝土料斗);两孔或多孔井架可以分别设置吊盘和混凝土料斗,以满足同时运输多种材料的需要。为了扩大起重运输服务范围,在井架上根据需要设置拔杆,其起重量一般为 0.5～1.0t,回转半径一般在 2.5～5m,最大可达 10m。

常用的井架有木井架、扣件式钢井架如图 5-16 所示、门架式井架的中间门架形式如图 5-17 所示、门架式井架构造图 5-18 所示、型钢井架如图 5-19 所示、碗扣式钢井架等。

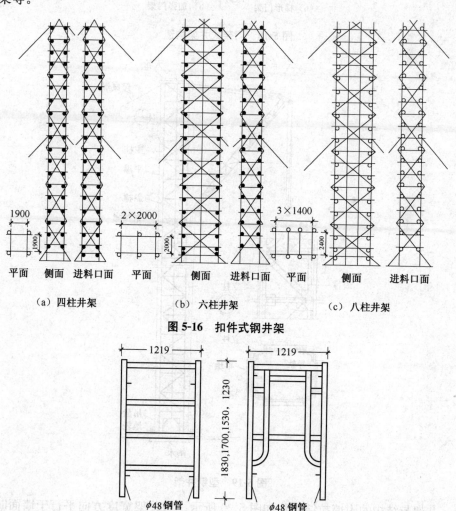

（a）四柱井架　　　　（b）六柱井架　　　　（c）八柱井架

图 5-16　扣件式钢井架

（a）梯形门架　　　　（b）加强门架

图 5-17　门架式井架的中间门架形式

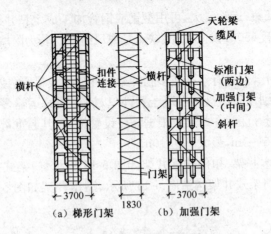

图 5-18　门架式井架构造

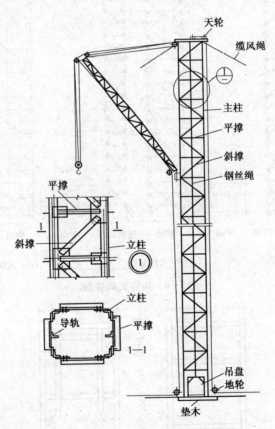

图 5-19　型钢井架

井架与结构的附墙拉结作法如图 5-20 所示。当井架宽度方向平行于墙面时，采用简单拉结，或加强拉结；当井架宽度方向垂直于墙面时，采用展宽拉结。

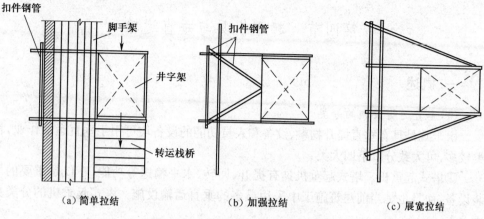

图 5-20　扣件钢管井架的附墙拉结

（a）简单拉结　　　　（b）加强拉结　　　　（c）展宽拉结

（2）龙门架

龙门架是由二根立杆及天轮梁（横梁）构成的门式架。在龙门架上装设滑轮（天轮及地轮）、导轨、吊盘（上料平台）、安全装置以及起重索、缆风绳等即构成一个完整的垂直运输体系，如图 5-21 所示。目前常用的组合立杆龙门架，其立杆是由钢管、角钢和圆钢组合焊接而成的。

龙门架一般单独设置。在有外脚手架的情况下，可设在脚手架的外侧或转角部位，其稳定靠拉设缆风绳解决。

龙门架构造简单，制作容易，用材少，装拆方便，适用于中小工程。由于其立杆刚度和稳定性较差，故一般用于低层建筑。起重高度为 15～30m，起重量为 0.6～1.2t。此种龙门架不能做水平运输，因此，在地面、楼面上均要配手推车进行水平运输。

对于井架及龙门架高度在 15m 以下时，在顶部设一道缆风绳，每角一根；15m以上每增高 7～10m 增设一道。缆风绳最好用 7～9mm 的钢丝绳（或 φ8mm 钢筋代用），与地面夹角≤45°。缆风锚碇要有足够力量。

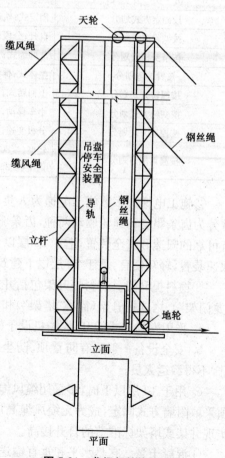

图 5-21　龙门架结构构造

第四节　起重机具与垂直运输

一、概述

(1)垂直运输设施的分类

由于凡是具有垂直提升物料、设备和人员功能的设备均可用于垂直运输作业,种类较多,可大致分以下四大类:

①塔式起重机。塔式起重机具有提升、回转、水平输送等功能,不仅是重要的吊装设备,而且也是当前建筑施工中采用最多的垂直运输设施。塔式起重机的分类见表 5-3。

表 5-3　塔式起重机的分类

分 类 方 式	类 别
按固定方式划分	固定式;轨道式;附墙式;内爬式
按架设方式划分	自升;分段架设;整体架设;快速拆装
按塔身构造划分	非伸缩式;伸缩式
按臂构造划分	整体式;伸缩式;折叠式
按回转方式划分	上回转式;下回转式
按变幅方式划分	小车移动;臂杆仰俯;臂杆伸缩
按控速方式划分	分级变速;无级变速
按起重能力划分	轻型($\leqslant$80t・m);中型($\geqslant$80t・m,$\leqslant$250t・m)
	重型($\geqslant$250t・m,$\leqslant$1000t・m);超重型($\geqslant$1000t・m)

②施工电梯。多数施工电梯为人货两用,少数为仅供货用。电梯按其驱动方式可分为齿条驱动和绳轮驱动两种,齿条驱动电梯又有单吊箱式和双吊箱式两种,并装有可靠的限速和安全装置,适于 20 层以上建筑工程使用;绳轮驱动电梯为单吊箱,无限速装置,轻巧便宜,适于 20 层以下建筑工程使用。

③物料提升架。物料提升架包括井式提升架(简称"井架")、龙门式提升架(简称"龙门架")、塔式提升架(简称"塔架")和独杆升降台等,它们的共同特点为:

a. 采用卷扬方式提升,卷扬机设于架体外。

b. 安全设备一般只有防冒顶、防坐冲和停层保险装置,因而只允许用于物料提升,不得载运人员。

c. 用于 10 层以下时,多采用缆风绳固定。用于超过 10 层的高层建筑施工时,必须采取附墙方式固定,成为无缆风绳高层物料提升架,并可在顶部设液压顶升构造,实现井架或塔架标准节的自升接高。

④混凝土泵。它是水平和垂直输送混凝土的专用设备,用于超高层建筑工程时则更显示出它的优越性。混凝土泵按工作方式分为固定式和移动式两种;按泵的工

作原理则分为挤压式和柱塞式两种。目前我国已使用混凝土泵施工高度超过300m的电视塔。

对以上四种垂直运输设施的安装方式、工作方式、起重能力和提升高度进行比较,总体情况见表5-4。从表内可以看出,塔式起重机安装方式灵活,起重能力和提升高度可以选择范围大,各种局限小,这就使得其成为当前建筑施工中采用最多的垂直运输设施。

表5-4　垂直运输设施的总体情况

序次	设备(施)名称	形式	安装方式	工作方式	设备能力	
					起重能力	提升高度
1	塔式起重机	整装式	行走	在不同的回转半径内形成作业覆盖区	60～10000kN·m	80m内
		自升式	固定			250m内
			附着			
		内爬式	装于天井道内、附着爬升		3500kN·m内	一般在300m内
2	施工升降机(施工电梯)	单笼、双笼笼带斗	附着	吊笼升降	一般2t以内,高者达2.8t	一般100m内,最高已达645m
3	井字提升架	定型钢管搭设	缆风绳固定	吊笼(盘、斗)升降	3t以内	60m内
		定型	附着			可达200m以上
		钢管搭设				100m以内
4	龙门提升架(门式提升机)		缆风绳固定	吊笼(盘、斗)升降	2t以内	50m内
			附着			100m以内
5	塔架	自升	附着	吊盘(斗)升降	2t以内	100m以内
6	独杆提升机	定型产品	缆风绳固定	吊盘(斗)升降	1t以内	一般在25m内
7	墙头吊	定型产品	固定在结构上	回转起吊	0.5t以内	高度视配绳和吊物稳定而定
8	屋顶起重机	定型产品	固定式移动式	葫芦沿轨道移动	0.5t以内	
9	自立式起重架	定型产品	移动式	同独杆提升机	1t以内	40m内
10	混凝土输送泵	固定式拖式	固定并设置输送管道	压力输送	输送能力为30～50m³/h	垂直输送高度一般为100m,可达300m以上
11	可倾斜塔式起重机	履带式	移动式	为履带吊和塔吊结合的产品,塔身可倾斜		50m内
		汽车式				
12	小型起重设备			配合垂直提升架使用	0.5～1.5t	高度视配绳和吊物稳定而定

（2）垂直运输设施的一般设置要求

①覆盖面和供应面。塔吊的覆盖面是指以塔吊的起重幅度为半径的圆形吊运覆盖面积；垂直运输设施的供应面是指借助于水平运输手段（手推车等）所能达到的供应范围。其水平运输距离一般不宜超过80m。建筑工程的全部的作业面应处于垂直运输设施的覆盖面和供应面的范围之内。

②供应能力。塔吊的供应能力等于吊次乘以吊量（每次吊运材料的体积、重量或件数）；其他垂直运输设施的供应能力等于运次乘以运量，运次应取垂直运输设施和与其配合的水平运输机具中的低值。垂直运输设备的供应能力应能满足高峰工作量的需要。

③提升高度。设备的提升高度能力应比实际需要的升运高度高出不少于3m，以确保安全。

④水平运输手段。在考虑垂直运输设施时，必须同时考虑与其配合的水平运输手段。

在脚手架上设置小受料斗（需加设适当的拉撑），将砂浆分别卸注于小料斗中。

当使用其他垂直运输设施时，一般使用手推车（单轮车、双轮车和各种专用手推车）作水平运输。其运载量取决于可同时装入几部车子以及单位时间内的提升次数。

⑤装设条件。垂直设施装设的位置应具有相适应的装设条件，如具有可靠的基础、与结构拉结和水平运输通道条件等。

⑥设备效能的发挥。必须同时考虑满足施工需要和充分发挥设备效能的问题。当各施工阶段的垂直运输量相差悬殊时，应分阶段设置和调整垂直运输设备，及时拆除已不需要的设备。

⑦安全保障。安全保障是使用垂直运输设施中的首要问题，必须按以下要求严格做好：

a. 首次试制加工的垂直运输设备，需经过严格的荷载和安全装置性能试验，确保达到设计要求（包括安全要求）后才能投入使用。

b. 设备应装设在可靠的基础和轨道上。基础应具有足够的承载力和稳定性，并设有良好的排水措施。

c. 设备在使用以前必须进行全面的检查和维修保养，确保设备完好。未经检修保养的设备不能使用。

d. 严格遵照设备的安装程序和规定进行设备的安装（搭设）和接高工作。初次使用的设备，工程条件不能完全符合安装要求的，以及在较为复杂和困难的条件下，应制定详细的安装措施，并按措施的规定进行安装。

e. 确保架设过程中的安全，注意事项为：高空作业人员必须佩戴安全带；按规定及时设置临时支撑、缆绳或附墙拉结装置；在统一指挥下作业；在安装区域内停止进行有碍确保架设安全的其他作业。

f. 设备安装完毕后，应全面检查安装（搭设）的质量是否符合要求，并及时解决存在的问题。随后进行空载和负载试运行,判断试运行情况是否正常,吊索、吊具、吊盘、安全保险以及刹车装置等是否可靠。都无问题时才能交付使用。

g. 进出料口之间的安全设施:垂直运输设施的出料口与建筑结构的进料口之间,根据其距离的大小设置铺板或栈桥通道,通道两侧设护栏。建筑物入料口设栏杆门。小车通过之后应及时关上。

h. 设备应由专门的人员操纵和管理。严禁违章作业和超载使用。设备出现故障或运转不正常时应立即停止使用,并及时予以解决。

i. 位于机外的卷扬机应设置安全作业棚。操作人员的视线不得受到遮挡。当作业层较高,观测和对话困难时,应采取可靠的解决方法,如增加卷扬定位装置、对讲设备或多级联络办法等。

j. 作业区域内的高压线一般应予拆除或改线,不能拆除时,应与其保持安全作业距离。使用完毕,按规定程序和要求进行拆除工作。

二、起重机

起重机是最常见的起重机具,常用的起重机有履带式起重机、汽车式起重机和塔式起重机。

（1）履带式起重机

履带起重机是在行走的履带底盘上装有起重装置的起重机械,是自行式、全回转的一种起重机,它具有操作灵活、使用方便、在一般平整坚实的场地上可以载荷行驶和作业的特点。是结构吊装工程中常用的起重机械。履带起重机按传动方式不同可分为机械式、液压式和电动式 3 种。电动式不适用于需要经常转移作业场地的建筑施工。

履带式起重机由行走机构、回转机构、机身及起重臂等部分组成,如图 5-22 所示。

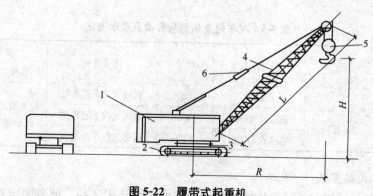

图 5-22　履带式起重机
1. 机身　2. 行走机构　3. 回转机构　4. 起重臂　5. 起重滑轮组　6. 变幅滑轮组

履带式起重机操作灵活,使用方便,有较大的起重能力,在平坦坚实的道路上还可负载行走,更换工作装置后可成为挖土机或打桩机,是一种多功能机械。但履带式起重机行走速度慢,对路面破坏性大,在进行长距离转移时,应用平板拖车或铁路平板车运输。

履带式起重机主要技术性能包括 3 个主要参数:起重量 Q、起重半径 R、起重高度 H。起重量不包括吊钩、滑轮组的重量,起重半径 R 指起重机回转中心至吊钩的水平距离,起重高度 H 是指起重吊钩中心至停机面的垂直距离。起重量、起重半径和起重高度的大小,取决于起重臂长度及其仰角大小。即当起重臂长度一定时,随着仰角的增加,起重量和起重高度增加,而起重半径减小。当起重臂仰角不变时,随着起重臂长度增加,则起重半径和起重高度增加,而起重量减小。

(2)汽车式起重机

汽车式起重机常用于构件运输、装卸和结构吊装,如图 5-23 所示。其特点是转移迅速,对路面损伤小;但吊装时需使用支腿,不能负载行驶,也不适于在松软或泥泞的场地上工作。

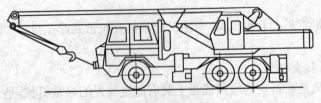

图 5-23　汽车式起重机

汽车起重机按起重量大小分为轻型、中型和重型 3 种。起重量在 20t 以内的为轻型,50t 及以上的为重型;按起重臂形式分为桁架臂或箱形臂 2 种;按传动装置形式分为机械传动、电力传动、液压传动 3 种。

按传动装置形式进行分类见表 5-5。几种常见的中型汽车起重机主要技术性能见表 5-6。

表 5-5　汽车起重机型号分类及表示方法

类	组	型	代号	代号含义	主要参数	
					名称	单位
起重机械	汽车起重机 Q(起)	机械式	Q	机械式汽车起重机	最大额定起重量	t
		液压式 Y(液)	QY	液压式汽车起重机		
		电动式 D(电)	QD	电动式汽车起重机		

(3)塔式起重机

塔式起重机按有无行走机构可分为固定式和移动式 2 种。前者固定在地面上或建筑物上,后者按其行走装置又可分为履带式、汽车式、轮胎式和轨道式 4 种;按其回转形式可分为上回转和下回转两种;按其变幅方式可分为水平臂架小车变幅和动臂变幅2种；按其安装形式可分为自升式、整体快速拆装和拼装式3种。

表 5-6　几种中型(20～40t)汽车起重机主要技术性能

项　目		单位	机械型号				
			QY20H	QY20	QY25A	QY32	QY40
最大起重量		t	20	20	25	32	40
最大起重力矩		kN·m	602	635	950	990	1560
工作速度	起升速度(单绳)	m/min	70	90/40	120	80	128
	臂杆伸缩(伸/缩)	s	62/40	85/36	115/50	163/130	84/50
	支腿收放(收/放)	s	22/31	22/34	20/25	20/25	11.9/27.2
行驶性能	最大行驶速度	km/h	60	63	70	64	65
	爬坡能力	%	28	25	23	30	
	最小转弯半径	m	9.5	10	10.5	10.5	12.5
底盘	型号		HY20QZ				CQ40D
	轴距	m	4.7	4.05/1.3	4.33/1.35	4.94	5.225
	前轮距	m	2.02	2.09	2.09	2.05	
	后轮距	m	1.865	1.865	1.865	1.875	
	支腿跨距(纵/横)	m	4.63/5.2	4.72/5.4	5.07/5.4	5.33/5.9	5.18/6.1
发动机	型号		F8L413F				NTC-290
	功率	kW	174				216.3
外形尺寸	长	m	12.35	12.31	12.25	12.45	13.7
	宽	m	2.5	2.5	2.5	2.5	2.5
	高	m	3.38	3.48	3.5	3.53	3.34
整机自重		t	26.3	25	29	32.5	40
生产厂			北京起重机厂	徐州重型机械厂			长江起重机厂

①轨道式塔式起重机。轨道式塔式起重机能负荷行走，能同时完成水平运输和垂直运输，且能在直线和曲线轨道上运行，使用安全，生产效率高，起重高度可按需要增减塔身、互换节架。但因需要铺设轨道，装拆及转移耗费工时多，台班费较高。常用的型号有 QT1-2、QT1-6、QT60/80、QT20 型等。

a. QT1-2 型塔式起重机。由塔身、起重臂、底盘组成，回转机构位于塔身下部。该机塔身与起重臂可折叠，能整体运输，如图 5-24 所示。起重量 1～2t，起重力矩 160kN·m，其性能见表 5-7。

b. QT1-6 型塔式起重机。由底盘、塔身、起重臂、塔顶及平衡臂组成，为上回转动臂变幅塔式起重机，如图 5-25 所示。起重量为 2～6t，起重半径 8～20m，最大起重高度40m,起重力矩400kN·m,其性能见表5-8。

表5-7　QT1-2型塔式起重机起重性能

幅度(m)	起重量(t)	起重高度(m)
8	2	28.3
10	1.6	26.9
12	1.33	25.2
14	1.14	22.5
16	1	17.2

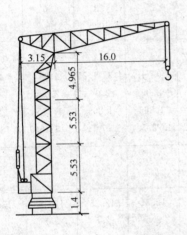

图5-24　QT1-2型塔式起重机

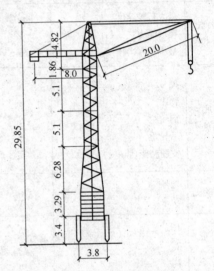

图5-25　QT1-6型塔式起重机

表5-8　QT1-6型塔式起重机起重性能

起重半径 (m)	起重量 (t)	起重绳数 (根)	起升速度 (m/min)	起升高度		
				无延接架	带一节延接架	带两节延接架
8.5	6.0	3	11.4	30.4	35.5	40.6
10	4.9	3	11.4	29.7	34.8	39.9
12.5	3.7	2	17.0	28.2	33.6	38.4
15	3	25	17.0	26.0	31.1	36.2
17.5	2.5	2	17.0	22.7	27.8	32.9
20	2.0	1	34.0	16.2	21.3	26.4

c. QT60/80 塔式起重机。为上回转动臂变幅式起重机,如图 5-26 所示。起重量 10t,起重力矩 600～800kN·m,起升高度可达 70m 左右,其起重性能见表 5-9。

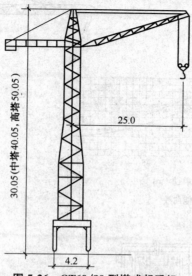

图 5-26　QT60/80 型塔式起重机

表 5-9　QT60/80 型塔式起重机起重性能

塔级	臂长(m)	幅度(m)	起重量(t)	起升高度(m)	塔级	臂长(m)	幅度(m)	起重量(t)	起升高度(m)	塔级	臂长(m)	幅度(m)	起重量(t)	起升高度(m)
高塔 600kN·m	30	30	2	50	中塔 700kN·m	30①	30	2	40	低塔 800kN·m	30②	30	2	30
	25	14.6	4.1	68		25	14.6	4.1	58		25	14.6	4.1	48
		25	2.4	49			25	2.8	39			25	3.2	29
	20	12.3	4.9	65		20	12.3	5.7	55		20	12.3	6.5	45
		20	3	48			20	3.5	38			20	4	28
	15	10	6	60		15	10	7	50		15	10	8	40
		15	4	47			15	4.7	37			15	5.3	27
		7.7	7.8	56			7.7	9	46			7.7	10.4	36

注:①30m 臂杆为加长臂,只作 600kN·m 使用;

　　②该机是以北京地区情况设计的,工作风压 250Pa,非工作风压 450Pa,对其他地区,如沿海风大地区,使用时应作稳定验算。

②附着式塔式起重机。附着式塔式起重机是固定在建筑物近旁混凝土基础上得起重机械,塔身可借助顶升系统自行向上接高,随着建筑物和塔身的升高,每隔 20m 左右采用附着支架装置,将塔身固定在建筑物上,以保持稳定。如图 5-27 所示为 QT4-10 型自升式四用塔式起重机(可附着、可固定、可行走、可爬升)。其起重量为 5～10t,起重半径 3～35m,最大起重高度 160m,最大起重力矩 1600kN·m,每次接高 2.5m,主要起重技术性能见表 5-10。

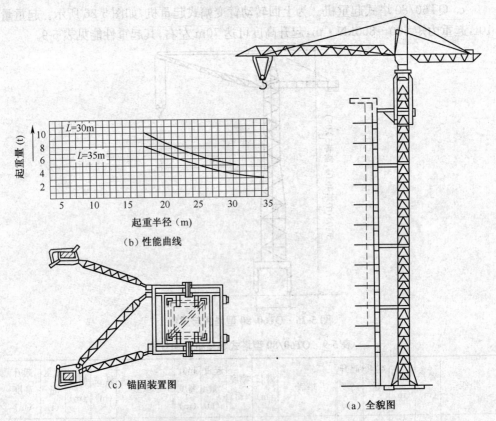

（b）性能曲线

（c）锚固装置图

（a）全貌图

图 5-27　QT4-10 型塔式起重机

表 5-10　QT4-10 型自升式塔式起重机起重性能

臂长(m)	安装形式	幅度(m)	滑轮组倍率	起重高度(m)	起重量(t)	臂长(m)	安装形式	幅度(m)	滑轮组倍率	起重高度(m)	起重量(t)
30	固定式或行走式	3~6	2	40	5	35	固定式或行走式	3~16	2	40	4
		3~6	4	40	10			3~16	4	40	8
		20	2	40	5			25	2	40	5
		20	4	40	8			25	4	40	5
		30	2	40	5			35	2	40	3
		30	4	45	5				4	45	4
		30	4	50	4				4	50	3.4
	附着式或爬升式	3~16	2	160	5		附着式或爬升式	3~16	2	160	4
		3~16	4	80	10			3~16	4	80	8
		20	2	160	5			25	2	160	4
		20	4	60	10			25	4	80	4
		30	2	160	5			35	2	160	3
		30	4	80	10			35	4	80	4

QT4-10 型起重机的自升系统包括顶升套架、长行程液压千斤顶、承座、顶升横梁及定位销等。液压千斤顶的缸体安装在塔顶底部的承座上，其顶升过程可分为 5 个步骤，如图 5-28 所示。

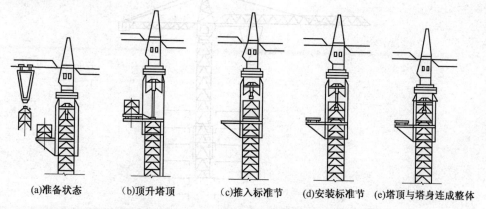

(a)准备状态　　(b)顶升塔顶　　(c)推入标准节　(d)安装标准节　(e)塔顶与塔身连成整体

图 5-28　附着式塔式起重机的自升过程

a. 将标准节吊到摆渡小车上，并将过渡节与塔身标准节相连的螺栓松开，准备顶升。

b. 开动液压千斤顶，将塔式起重机上部结构包括顶升套架向上升到超过一个标准节的高度，然后用定位销将套架固定，这时，塔式起重机的重量便通过定位销传给塔身。

c. 将液压千斤顶回缩，形成引进空间，此时便将装有标准节的摆渡车推入。

d. 用千斤顶顶起接高的标准节，退出摆渡小车，将待接的标准节平稳地落到下面的塔身上，用螺栓拧紧。

e. 拔出定位销，下降过渡节，使之与已接高的塔身连成整体。

塔身降落与顶升方法相似，仅程序相反。

近年来，国内外新型附着式塔式起重机不断涌现。国内研制的有 QT15、QT25、QT45、QT60、QT80、QT100、QTZ200 和 QT250 等塔吊。QT250 型起重臂长 60m，最大起重量达 16t，最大起重高度 160m。上述塔式起重机均适用于超高层建筑施工。

③爬升式塔式起重机。爬升式塔式起重机是安装在建筑物内部电梯井或特设开间的结构上，借助爬升机构随建筑物的升高而向上爬升的起重机械，如图 5-29 所示。一般每隔 1~2 层楼便爬升一次。其特点是塔身短，不需轨道和附着装置，不占施工场地，但全部荷载均由建筑物承受，拆卸时需在屋面架设辅助起重设备。

爬升式塔式起重机由底座、套架、塔身、塔顶、起重臂和平衡臂等组成。常用型号及其性能见表 5-11。

塔式起重机的爬升过程如图 5-30 所示，先用起重钩将套架提升到一个塔位处予以固定，如图 5-30a，然后松开塔身底座梁与建筑物骨架的连接螺栓，收回支腿，将塔身提至需要位置,如图 5-30b;最后旋出支腿,扭紧连接螺栓,即可再次进行安装作业,如图 5-30c。

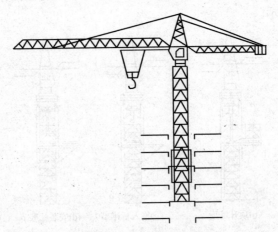

图 5-29　爬升式塔式起重机

表 5-11　爬升式塔式起重机起重性能

型　　号	起重量(t)	幅度(m)	起重高度(m)	一次爬升高度(m)
QT5-4/40	4	2～11	110	8.6
	4～2	11～20		
QT3-4	4	2.2～15	80	8.87
	3	15～20		

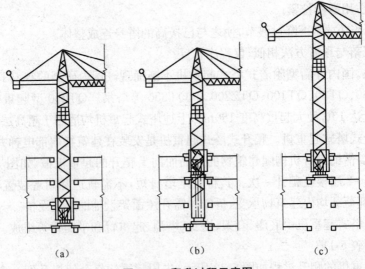

图 5-30　爬升过程示意图

三、龙门架

(1)龙门架的基本构造形式

龙门架是由二根立杆及天轮梁(横梁)构成的门式架。在龙门架上装设滑轮(天轮及地轮)、导轨、吊盘(上料平台)、安全装置以及起重索、缆风绳等即构成一个完整的垂直运输体系,如图 5-31 所示。目前常用的组合立杆龙门架,其立杆是由钢管、角钢和圆钢组合焊接而成的。

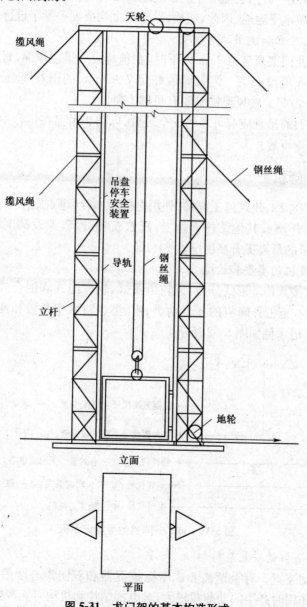

图 5-31　龙门架的基本构造形式

　　龙门架一般单独设置。在有外脚手架的情况下,可设在脚手架的外侧或转角部位,其稳定靠拉设缆风绳解决。亦可以设在外脚手架中间用拉杆将龙门架的立柱与脚手架拉结起来,以确保龙门架和脚手架的稳定。但在垂直脚手架的方向仍需设置缆风绳并设置附墙拉结。与龙门架相接的脚手架井架加设必要的剪刀撑予以加强。

　　龙门架构造简单,制作容易,用材少,装拆方便,适用于中小工程。由于其立杆刚度和稳定性较差,故一般用于低层建筑。起重高度为 15~30m,起重量为 0.6~1.2t。此种龙门架不能做水平运输,因此,在地面、楼面上均要配手推车进行水平运输。

　　(2)龙门架的竖立和使用注意事项

　　对于井架及龙门架高度在 15m 以下时,在顶部设一道缆风绳,每角一根;15m 以上每增高 7~10m 增设一道。缆风绳最好用 7~9mm 的钢丝绳(或 ϕ8mm 钢筋代用),与地面夹角≤45°。缆风绳锚碇要有足够力量。

　　井架和龙门架的吊盘应有可靠的安全装置,以防止吊盘在运行中和停车装、卸料时发生坠落等严重事故。

四、施工升降机

　　施工升降机(亦称:建筑施工电梯、外用电梯)是高层建筑施工中主要的垂直运输设备。它附着在外墙或其他结构部位上,随建筑物升高,架设高度可达 200m 以上(国外施工升降机的最高提升高度已达 645m)。

　　(1)施工升降机的类型和构造

　　施工升降机按其传动形式分为:齿轮齿条式、钢丝绳式和混合式 3 种,其一般特点列于表 5-12 中,施工升降机的型号由类、组、型、特性、主参数和变形代号组成,施工升降机型号标记示例如图 5-32 所示。

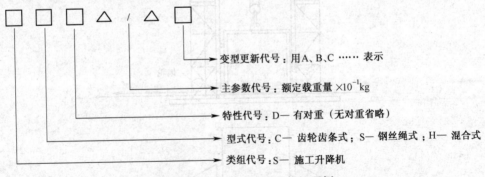

　　变型更新代号:用A、B、C……表示
　　主参数代号:额定载重量×10⁻¹kg
　　特性代号:D— 有对重(无对重省略)
　　型式代号:C— 齿轮齿条式;S— 钢丝绳式;H— 混合式
　　类组代号:S— 施工升降机

图 5-32　施工升降机型号标记示例

　　(2)施工升降机的安装与拆卸

　　①限速制动装置。有重锤离心式摩擦捕捉器和双向离心摩擦锥鼓限速装置两种。前者在起作用时产生的动荷载较大,对电梯结构和机构可能产生不利的影响。

表 5-12　三类电梯的一般特点比较

项目	SC 系列	SS 系列	SH 系列
传动形式	齿轮齿条式	钢丝绳牵引式	混合式
驱动方式	双电机驱动或三电机驱动	卷扬驱动	梯笼电机驱动 货笼卷扬驱动
安全装置	锥鼓限速器,过载、短路、断绳保护,限位和急停开关等	主安全装置(杠杆增力摩擦制动式安全钳)和辅助安全装置(电磁卡块、手动卡块)	梯笼安全装置与 SC 系列相同;货笼设断绳保护和安全门等
提升速度	一般 40m/min 以内,最高可达 90m/min	一般 40m/min 内	
架设高度	一般 200m 内,先进者可达 300m 以上	一般 100m 内	

注:此外,国外还有带装卸臂的施工升降机。

　　双向离心摩擦锥鼓式限速装置的优点在于减少了中间传力路线,在齿条上实现柔性直接制动,安全可靠性大,冲击性小,且其制动行程也可以预调,见图 5-33。当梯笼超速 30% 时,其电器部分即自行切断主回路;超速 40% 时,机械部分即开始动作,在预调行程内实现制动。可有效地防止上升时"冒顶"和下降时出现"自由落体"坠落现象。

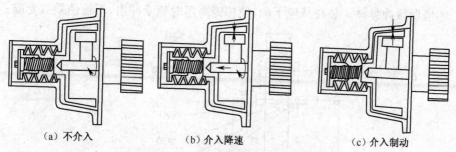

（a）不介入　　　　　（b）介入降速　　　　　（c）介入制动

图 5-33　离心摩擦锥鼓式限速器

　　②制动装置。除上述限速制动装置外,还有以下几种制动装置:

　　a. 限位装置:由限位碰铁和限位开关构成。设在梯架顶部的为最高限位装置,可防止冒顶;设在楼层的为分层停车限位装置,可实现准确停层。SCD100,SCD100/100,SCD100A,SCD100/100A 和 SCD200,SCD200/200Ⅰ～Ⅱ型升降机的各个限位装置的位置如图 5-34 所示,而 SC120Ⅰ～Ⅱ型升降机的各限位开关的安装位置示于图 5-35 中。

　　b. 电机制动器:有内抱制动器和外抱电磁制动器等。

　　c. 紧急制动器:有手动楔块制动器和脚踏液压紧急刹车等,在限速和传动机构都发生故障时,可紧急实现安全制动。

　　③断绳保护开关。梯笼在运行过程中因某种原因使钢丝绳断开或放松时,该开关可立即控制梯笼停止运行。

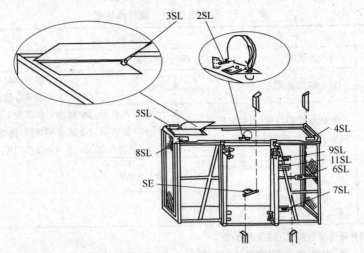

图 5-34　SCD100,SCD100/100,SCD100/100A,SCD200,SCD200/200 Ⅰ～Ⅱ型升降机的限位开关安装位置

2SL—断绳保护开关;3SL—活板门安全开关;4SL—双开门限位开关;5SL、8SL—单开门限位开关;6SL—上终端限位开关;7SL—下终端站开门连锁开关;9SL—下终端站限位开关;11SL—安装作业下终端站限位开关(仅 SCD100、SCD100/100 用 SE 一极限开关)

注:1SL—限速保护开关(位于限速器尾端)。

④塔形缓冲弹簧。装在基座下面,使梯笼降落时免受冲击,不致使乘员受震。

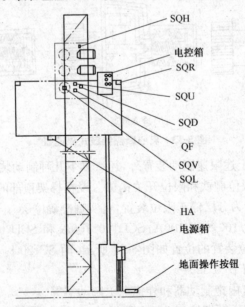

图 5-35　SC120 Ⅰ～Ⅱ型各限位开关安装位置

SQH—平层限位开关;SQR、SQL—1 个限位开关;SQU、SQD—上、下行限位开关;SQV—限速保护开关(位于限速器尾端);QF—冒顶开关;HA—音响器

第六章　建筑装修及门窗工程

第一节　墙面装修

一、分类

墙面装修有外墙装修和内墙装修之分,按材料和施工方法可分为:

①灰类:水泥砂浆、混合砂浆、拉毛、水刷石、干粘石、斩假石、喷涂等;纸筋灰、石膏粉面、膨胀珍珠灰浆、混合砂浆、拉毛、拉条等。

②贴面类:面砖 马赛克、玻璃马赛克、水磨石板、天然石板等;釉面砖、人造石板、天然石板等。

③涂料类:石灰浆、水泥、涂料、彩色弹涂等、大白浆、石灰浆、油漆、乳胶漆、水溶性涂料、弹涂等。

④裱糊类:塑料墙纸、金属面墙纸、木纹壁纸、花纹玻璃纤维布、纺织面墙纸及锦缎等。

⑤铺钉类:各种金属饰面板、石棉水泥板、玻璃等;胶合板、纤维板、石膏板及各种装饰面板等。

二、抹灰类墙面装修

施工简便,造价低廉;耐久性低,易开裂,易变色,工效较低。

墙面抹灰有一定厚度,外墙一般为 20～25mm,内墙一般为 15～20mm。抹灰层不宜太厚,而且需分层构造,一般由底层、中间层和面层组成。

①墙裙、护角与引条线:墙裙又成台度,高一般为 1.5m 左右,保护墙身,防水、防潮。

②护角、内墙凸出的转角处或门洞的两侧,抹以高 1.5m 的 1∶2 或 1∶3 水泥砂浆打底,以素水泥浆捋小圆角进行处理(或 1∶1∶4 混合砂浆)按面层不同分为一般抹灰和装饰抹灰两大类。

　a. 一般抹灰的等级:

　(a)普通抹灰¾¾分层找平,修整,表面压光。

　(b)中级抹灰¾¾阳角找方,设置标筋,分层赶平,修整,表面压光。

　(c)高级抹灰¾¾阴阳角找方,设置标筋,分层赶平,修整,表面压光。

　b. 装饰抹灰的施工:装饰抹灰与一般抹灰的区别在于两者具有不同的装饰面

层,其底层和中层做法基本相同。

三、贴面类墙面装修

基本可分为饰面砖(釉面砖、外墙面砖、陶瓷锦砖、玻璃锦砖等),天然石饰面板(大理石、花岗石、青石板等),人造石饰面板(预制水磨石、预制水刷石、人造大理石等)三大类。

(1)饰面陶瓷类贴面

作为外墙装修,多采用10～15mm厚1:3水泥砂浆打底,5mm厚1:1水泥砂浆黏结层,然后粘贴各类装饰材料。也可在黏结层内掺入10%以下的107胶,其黏结层厚可减为2～3mm厚。作为内墙装修,多采用10～15mm厚1:3水泥砂浆或1:3:9水泥、石灰膏、砂浆打底,8～10mm厚1:0.3:3水泥、石灰膏砂浆黏结层,外贴瓷砖。施工前先浸泡2～3h后晾干或擦干,施工方法有密缝和离缝2种。

(2)陶瓷马赛克和玻璃马赛克

马赛克又称锦砖、纸皮砖,分陶瓷和玻璃两种,陶瓷马赛克用于地面,玻璃马赛克用于墙面。陶瓷锦砖反贴在305.5mm见方的护面纸上,玻璃马赛克反贴在327mm见方的护面纸上。

构造与面砖相似,先在牛皮纸反面每块间的缝隙中抹以白水泥浆(加5%107胶),然后将整块纸皮砖粘贴在黏结层上,半小时左右用水将牛皮纸洗掉。尺寸18.5见方、39见方,厚度5mm。

(3)天然石板、人造石板贴面

①天然石板有大理石板和花岗岩板,属于高级装修饰面。

a. 修边钻孔:每块板的上下边钻孔数量均不得少于2个,如板宽超过500mm应不超过3个。一般在板材断面上由背面算起2/3处画好钻孔位置,距边沿不小于30mm,孔径为5mm。钻孔后即穿入20号铜丝备用。

b. 基层处理:固定用钢筋网采用双向钢筋网,竖向钢筋间距不大于500mm,横向钢筋与块材连接网的位置一致。第一道横向钢筋绑在第一层板材下口上面约100mm处,以后每道横筋皆绑在比该层板材上口低10～20mm处。预埋件在结构施工时埋设。

c. 弹线:每块板间留1mm缝隙。

d. 安装:先将背面、侧面清洗干净并阴干。按部位编号取石板就位,先绑下口铜丝,再绑上口铜丝。

e. 临时固定:在石板表面横竖接缝处每隔100～150mm用调成糊状的石膏浆予以粘贴。

f. 灌浆:石膏凝结硬化后即可用1:(1.5～2.5)水泥砂浆(稠度为80～120mm)分层灌入石板内侧缝隙中,每层灌注高度为150～200mm,并不得超过石板高度的1/3。

g. 接缝:灌注砂浆达到设计强度等级的 50％后,清除所有固定石膏和余浆痕迹用麻布擦洗干净。全部完工后再进行打蜡擦亮。

②化岗石幕墙:用专用卡具借射钉或螺钉钉在墙上,或用膨胀螺栓打入墙上的角钢或预立的铝合金立筋上,外部用硅胶嵌缝而不须内部再浇注砂浆,轻盈方便。

③人造石板常见的有人造大理石、水磨石板等,背面在生产时就露出钢筋,将板用铅丝绑牢在水平钢筋或钢箍上。

四、涂料类墙面装修

涂料按其主要成膜物的不同可分为无机涂料和有机涂料。

(1)无机涂料

主要有石灰浆、大白浆涂料。

(2)常用有机合成涂料

分为溶剂型涂料、水溶性涂料和乳胶涂料(乳胶漆)。溶剂型涂料具有较好的耐水性和耐候性,但施工时挥发出有害气体,潮湿基层上施工会引起脱皮现象。水溶型涂料价格便宜,在潮湿基层上亦可操作,但施工时温度不宜太低。

(3)无机高分子涂料

(4)彩色胶砂涂料

五、裱糊类墙面装修

(1)墙纸

分为 PVC 塑料墙纸、纺织物面墙纸、金属面墙纸、天然木纹面墙纸。墙纸的衬底分纸底与布底两类。

(2)墙布

包括玻璃纤维墙面装饰布(以玻璃纤维织物为基材)和织锦等材料。

墙纸与墙布的裱贴主要在抹灰的基层上进行,一般用 107 胶与羧甲基纤维素配制的黏结剂,也可采用 8504 和 8505 粉末墙纸胶,而粘贴玻璃纤维布可采用 801 墙布黏合剂。

六、铺钉类墙面装修

由骨架和面板两部分组成。

(1)骨架

有木骨架和金属骨架。木骨架由墙筋和横档组成,墙筋截面 50mm×50mm,横档截面 50mm×40mm。金属骨架亦采用冷轧钢板构成槽形截面。

(2)面板

包括玻璃、硬木条、石膏板、胶合板、纤维板、甘蔗板、装饰吸声板以及钙塑板等。借圆钉(镀锌铁钉)或木螺钉与骨架固定,与金属骨架的固结主要靠自攻螺丝或预先用电钻打孔后用镀锌螺丝固定。

第二节　室外地面

一、整体面层铺设做法

除有特殊使用要求外，面层应满足平整、耐磨、不起尘、防滑、易于清洁等要求。

铺设整体面层，应符合设计要求，其地面变形缝应符合建筑地面的沉降缝、伸缩缝和防震缝，应与结构相应缝位置一致，且应贯通建筑地面的各构造层；沉降缝和防震缝的宽度应符合设计要求，缝内清理干净，以柔性密封材料填嵌后用板封盖，并应于面层齐平。

整体面层的水泥性基层的抗压强度不得小于 1.2MPa；表面应粗糙、清洁、湿润，不能有积水，铺设前应涂刷界面处理剂。

整体面层允许的偏差和检验方法见表 6-1。

表 6-1　整体面层允许的偏差和检验法

项次	项目	允许偏差						检验方法
		水泥混凝土面层	水泥砂浆面层	普通水磨石面层	高级水磨石面层	水泥钢（铁）屑面层	防油渗混凝土和不发火面层	
1	表面平正度	5	4	3	2	4	5	用 2m 靠尺和楔形塞尺检查
2	踢脚线上口平直	4	4	3	3	4	4	拉 5m 线和用钢尺检查
3	缝格平直	3	3	3	2	3	3	

（1）水泥混凝土面层

水泥混凝土面层在工业与民用建筑工程中应用较为广泛，主要用于承受较大磨损和强度需要的建筑中。

①面层要求。水泥混凝土面层铺设不得留施工缝，当施工间隙超过允许时间规定时，应对接槎处进行处理。面层的强度等级不应小于 C20；水泥混凝土垫层兼面层强度等级不应小于 C15。水泥混凝土采用的粗骨料，最大粒径不应大于面层厚度的 2/3，细石混凝土面层采用的石子粒径不应当大于 15mm。

②施工流程：

a. 清理基层：将基层表面的浮土、砂浆块等杂物清理干净，如有油污采用 5％～10％浓度的火碱溶液清洗干净。在墙的四周统一标高线＋500mm 高处弹好水平线。

b. 洒水湿润：提前一天对板表面进行洒水湿润，清除表面积水。

c. 刷素水泥浆：在浇灌细砼前（刷水泥：水约1：0.4～1：0.45）纯水泥浆，并进行随刷随铺。

d. 冲筋贴灰饼：小房间在房间四周根据标高线做出灰饼，大房间冲筋做灰饼，有地漏的厕所间在地漏四周做出泛水坡度。

e. 铺细石混凝土：在楼面上分段顺序均匀铺混凝土，随铺随用长刮尺刮平拍实，表面有塌陷时，用细石混凝土补平、抹压。

f. 撒水泥砂子干拌砂浆：过3mm的砂以水泥：砂子为1：1的比例干拌砂浆均匀撒在地面上并搓平。在细石混凝土面层灰面吸水后再刮平、搓平。

g. 抹面：第一遍抹压轻轻抹压面层，把脚印压平；面层开始凝结，用铁抹子进行第二遍抹压，将面层的凹坑、砂眼和脚印压平。当地面面层上人稍有脚印，而抹压无抹子纹时，用铁抹子进行第三遍抹压，抹压用力稍大，将抹子纹抹平压光，压光掌握好时间控制在终凝前完成。在标高不同处棱角顺直且高低一致。

h. 养护：楼地面交活24h后，及时满铺湿润锯末养护。

（2）水泥砂浆面层

水泥砂浆地面是指采用水泥砂浆涂抹混凝土基层上的面层，具有材料简单、整体性好、强度高、施工操作简单，施工速度快、经济的特点，在建筑工程中是应用最为广泛的面层构造。

①面层要求。水泥砂浆面层的厚度应符合设计要求，且不应小于20mm。面层的体积比应为1：2，强度等级不应小于M15。水泥采用硅酸盐水泥、普通硅酸盐水泥，其强度等级不应小于32.5，不同等级、不同强度的水泥严禁混用；砂应为中粗砂，如采用石屑，其粒径应为1～5mm，含泥量不得大于3%。

②施工流程。

a. 清理基层：将基层表面的浮土、油污、杂物、砂浆块等杂物清理干净，明显凹陷采用水泥砂浆和细石混凝土垫平。凿毛表面光滑处并清刷干净。在墙的四周统一标高线+500mm高处弹好水平线。

b. 洒水湿润：提前一天对板表面进行洒水湿润，清除表面积水。

c. 刷素水泥浆：在浇灌细砼前（刷水泥：水约1：0.4～1：0.45）纯水泥浆，并进行随刷随铺。

d. 冲筋贴灰饼：根据标高线用1：2干硬性水泥砂浆做出约50mm灰饼，纵横间距为1.5m左右。有地漏或坡度要求的地面，在坡向地漏一边做出泛水坡度。

e. 铺水泥砂浆：水泥砂浆配比宜为1：2（水泥：砂），稠度不大于35mm，强度等级小于M15。水泥砂浆面层不应小于20mm。在楼面上均匀铺水泥砂浆。

f. 找平、压光：铺抹砂浆后，按灰饼高度找平砂浆，第一遍抹压抹平压实至起浆；面层开始凝结至踩上有脚印但不下陷时，用铁抹子进行第二遍抹压，将面层的凹坑，砂眼和脚印压平,使上表面平而出光。当地面面层开始终凝时,进行第三边压光,压光掌握好时间控制在终凝前完成,应达到表面洁净,无裂纹、脱皮、麻面等问题。

g. 养护:楼地面交活 24h 内,及时满铺湿润锯末养护。

二、板块面层铺设

板块面层一般包括砖面层、大理石面层和花岗石面层、预制板块面层、料石面层、塑料板面层、活动地板面层和地毯面层等面层类型。板块面层允许的偏差应符合表 6-2 规定。

表 6-2　板块面层允许的偏差

项次	项目	允许偏差											检验方法
		陶瓷锦砖面层、高级水磨石板、陶瓷地砖面层	缸砖面层	水泥花砖面层	水磨石板块面层	大理石面层和花岗石面层	塑料板面层	水泥混凝土板块面层	碎拼大理石面层、碎拼花岗石面层	活动地板面层	条石面层	块石面层	
1	表面平整度	2.0	4.0	3.0	3.0	1.0	2.0	4.0	3.0	2.0	10.0	10.0	用 2m 靠尺和楔形塞尺检查
2	缝格平直	3.0	3.0	3.0	3.0	2.0	3.0	3.0	—	2.5	8.0	8.0	拉 5m 线和用钢尺检查
3	接缝高低差	0.5	1.5	0.5	1.0	0.5	0.5	1.5	—	0.4	2.0	—	用钢尺和楔形塞尺检查
4	踢脚线上口平直	3.0	4.0	—	4.0	1.0	2.0	4.0	1.0	—	—	—	拉 5m 线和用钢尺检查
5	板块间隙宽度	2.0	2.0	2.0	2.0	1.0	—	6.0	—	0.3	5.0	—	用钢尺检查

(1)砖面层

砖面层结构致密、平整光洁、种类多、施工方便且效果好,但性脆、韧性差、热稳定性较低,适于工业及民用建筑铺设缸砖、水泥花砖、陶瓷锦砖的地面工程。实际使用中,应根据生产条件和使用功能在建筑地面工程中选用。

①面层要求。水泥砂浆面层和水泥砂浆结合层上的块料面层宜在垫层或找平层

的混凝土或水泥砂浆抗压达到 1.2MPa 后铺设。铺设前应刷以水灰比 0.4～0.5 的水泥浆,并随刷随铺。墙地砖施工前应对其规格、颜色进行检查,墙地砖尽量减少非整砖,且使用部位适宜,有突出物体时应按规定进行套割。铺在水泥砂浆结合层上的陶瓷地砖,在铺设前应用水浸湿,其表面无明水方可铺设,结合层和板块应分段同时铺砌,铺砌时不应采用剂浆方法,板块与结合层间以及在墙角、镶边和靠墙处,均应紧密贴合,板块与结合层之间不得有空隙,亦不得在靠墙处用砂浆填补代替板块,饰面板表面不得有划痕、缺棱掉角等质量缺陷。不得使用过期和结块的水泥作胶结材。

墙地砖品种、规格、颜色和图案应符合设计的要求,与下一层的结合应平整牢固,图案清晰、无污迹和浆痕,表面色泽基本一致,接缝均匀、板块无裂纹、掉角和缺棱,单块板边角空鼓不得超过数量的 5%。

②施工流程。施工流程可分为:基层清理→抹底层砂浆→弹线、找规矩→铺砖→拔缝、修整→擦缝、勾缝→养护。

a. 基层清理:将楼面的砂浆污物等清理干净。

b. 水泥砂浆打底:刷素水泥浆一道,浇水湿透,撒素水泥面,用扫帚扫匀,随扫浆随抹灰;从+500mm 下反至底灰上皮的标高(从地面平减去砖厚及黏结砂浆厚度)。抹灰饼,每隔 1m 左右冲一道筋,冲筋应使用干硬性砂浆,厚度不宜小于 20mm;用1:3水泥砂浆根据冲筋的标高,用木抹子将砂浆摊平、拍实,用木杠刮平,使其铺设的砂浆与冲筋找平,再用靠尺板横竖检查其平整度,用木抹子锉平,25h 后浇水养护。

c. 找规矩、弹线:沿房间纵、横两个方向排好尺寸,缝宽宜 1mm 为宜,当尺寸不足整块砖的倍数时可裁割半块砖用于边角处,尺寸相差较小时,可调整缝隙,根据已确定后的砖数和缝宽拉线预先镶贴两行标准,控制纵、横线,并严格控制好方正。

d. 铺砖:按纵、横标准砖,找好位置及标高,以此为筋,拉线、铺砖,应从里向外退着铺,每块砖应跟线。

e. 擦缝、勾缝、养护:用1:1水泥细砂浆先满擦缝,再用园钢筋抽缝使其密实,平整光滑。铺好后常温 48h 覆盖浇水养护。

(2)大理石、花岗石和人造石面层

大理石面层、花岗石面层和人造石广泛应用于高等级的场所建筑和耐化学反应的建筑地面工程。

①面层要求。石材铺贴前应浸水湿润;天然石材铺贴前应进行对色、拼花并试拼、编号;铺贴前宜作背涂处理,减少"水渍"现象发生,铺贴应平整牢固、接缝平直、无歪斜、无污迹和浆痕、表面洁净、颜色协调。

②施工流程。基层处理→弹线→试拼→编号→刷水泥浆结合层→铺砂浆→铺石块→灌缝、擦缝→打蜡。

a. 基层清理:将楼面的砂浆污物等清理干净。

b. 试拼:在正式铺设前,对每一房间石材板块按照图案、颜色、纹理试拼,试拼后按两个方向编号排列,顺序排放整齐。

　　c. 水泥砂浆打底:刷素水泥浆一道,浇水湿透,撒素水泥面,用扫帚扫匀,随扫浆随抹灰。

　　d. 铺砂浆:根据水平线定出地面找平层厚度,拉十字控制线,由里而外铺1:3干硬性水泥砂浆,用木杠刮平,用抹子摊平、拍实,找平层厚度宜高出石材底面标高3～4mm。

　　e. 铺石材板块:一般法国内建应先里后外沿控制线铺设,石材板块之间接缝要严,一般不留缝隙。

　　f. 擦缝、勾缝、养护:用1:1水泥细砂浆分几次灌入缝隙,并用长把刮板把流出的水泥浆向缝隙内喂灰,1～2h后擦缝、同时擦净板面。

　　g. 打蜡:石材地面晾晒清理后,用布或麻丝将成蜡均匀涂在石材面上,擦打第一遍蜡,并重复上述方法涂第二遍蜡,保证光洁、颜色。

　　(3)料石面层

　　料石面层指天然条石和料石地面工程,主要哟关于一些工业建筑的底层地面工程,其大面积施工应先做出样板间,经验收后方可继续施工。条石为直棱柱体,顶面粗琢平整,地面面积至少不大于顶面面积的60%,厚度一般为100～150mm,强度等级应大于 MU60,块石强度等级应大于 MU30。条石面层应组砌合理,无十字缝,铺砌方向和坡度应符合设计要求,块石面层石料缝隙应相互错开,通缝不超过2块石料。其施工流程应为:

　　灰土或砂垫层→找标高、拉线→铺石材→填缝。

　　(4)塑料板面层

　　塑料板面层可适用于各种公共设施、住宅、办公室以及电脑房和有防腐要求的建筑地面工程,面层具有重量轻、使用舒适、耐磨、防火、绝缘性好、施工方便等特点,应用广泛。

　　要防止塑料地板铺贴后表面不平呈波浪形,必须在施工中注意:

　　①应严格控制粘贴基层的表面平整度,对凹凸度大于±2mm 的表面要做平整处理。

　　②操作人员在涂刮胶黏剂时,使用齿形刮板涂刮胶黏剂,使胶层的厚度薄而均匀,徐刮时,基层与塑料板粘贴面上的涂刮方向应成纵横相交,使面层铺贴时,粘贴面的胶层均匀,避免涂刮的胶黏剂有波浪形。在粘贴塑料地板时,如果胶黏剂内的稀释剂已挥发,胶体流动性差,会造成粘贴时不易抹平,使面层呈波浪形,因此,施工温度应控制在15℃～30℃,相对湿度应不高于70%下进行。

　　施工流程为:基层清理→弹线找规矩→配兑胶结剂→塑料板清洁→刷胶→粘贴地面→滚压→粘贴塑料踢脚板。

　　(5)地毯面层

　　地毯具有隔热、保温、吸声、弹性好、舒适等特点,适合于宾馆、饭店、公共场所和住宅等室内的地面与楼面铺设。地毯大致分四类:羊毛地毯、纯羊毛无纺地毯、化纤地毯、合成纤维栽绒地毯。

铺设楼面地毯的基层必须表面光洁平整,如为水泥基层,要求一定强度,含水率不大于8%,应事先把铺设房间的踢脚板做好,踢脚板下口均须离开地面8~15mm,以便掩住地毯毛边。

①活动式铺设:不与基层固定,四周沿墙角修齐即可。

②固定式铺设施工工艺:基层处理→找规矩定位→地毯剪裁→钉倒刺板挂毯条→铺设衬垫→铺设地毯→细部处理及清理。

第三节　室外台阶、坡道、明沟与散水

一、室外台阶由平台和踏步组成

台阶应等建筑物主体工程完成后再进行施工,并与主体结构之间留出约10mm的沉降缝。

台阶由面层、垫层、基层等组成,面层应采用水泥砂浆、混凝土、水磨石、缸砖、天然石材等耐气候作用的材料。台阶类型及构造如图6-1所示。

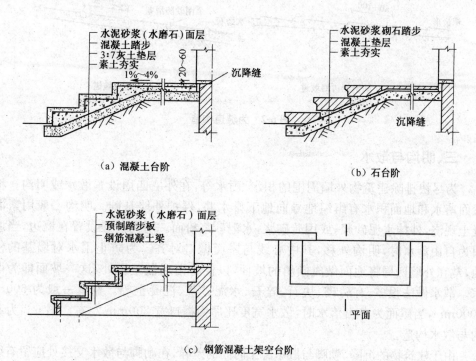

（a）混凝土台阶　　　（b）石台阶

（c）钢筋混凝土架空台阶

图 6-1　台阶类型及构造

二、坡道分为行车坡道和轮椅坡道,行车坡道又分为普通坡道和回车坡道

考虑人在坡道上行走时的安全,坡道的坡度受面层做法的限制:光滑面层坡道不大于1:12,粗糙面层坡道不大于1:6,带防滑齿坡道不大于1:4。

坡道的构造与台阶基本相同,垫层的强度和厚度应根据坡道上的荷载来确定,季节冰冻地区的坡道需在垫层下设置非冻胀层。坡道构造如图6-2所示。

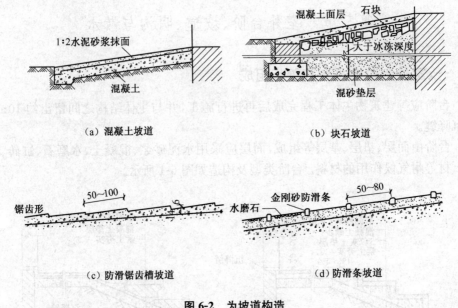

（a）混凝土坡道　　　　　　（b）块石坡道

（c）防滑锯齿槽坡道　　　　（d）防滑条坡道

图6-2　为坡道构造

三、明沟与散水

为尽快排除建筑物外墙周围的积水、雨水等,在外墙四周设置散水或明沟。将屋面落水和地面积水有组织地导向地下排水井,保护外墙基础。明沟一般用素混凝土现浇,外抹水泥砂浆,或用砖砌浆,水泥砂浆粉面。明沟一般设置在墙边,当屋面为自由落水时,明沟外移,其中心线与屋面檐口对齐。为防止雨水对墙基的侵蚀,常在外墙四周将地面做成倾斜的坡面,以便将雨水散至远处,这一坡面即为散水。散水做法很多,有砖砌、块石、碎石、水泥砂浆、混凝土等。宽度一般为600~1000mm,当屋面为自由落水时,散水宽度比屋面檐口宽200mm左右。图6-3为明沟与散水构造。

由于建筑物的沉降、勒脚与散水施工时间的差异,在勒脚与散水交接处应留有缝隙,缝内填粗砂,上嵌沥青胶盖缝,以防渗水,散水整体面层纵向距离每隔6~12m做一道伸缩缝。缝内处理同勒脚与散水相交处处理。

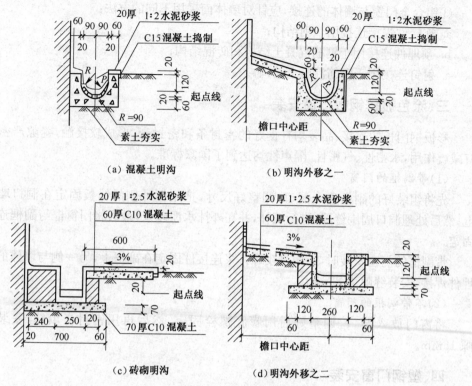

（a）混凝土明沟　　　　　　　（b）明沟外移之一

（c）砖砌明沟　　　　　　　（d）明沟外移之二

图6-3　明沟与散水

第四节　门窗及局部装修

一、门窗装修的一般规定

（1）安装门窗必须采用预留洞口的方法，严禁采用边安装边砌口或先安装后砌口。

（2）门窗固定可采用焊接、膨胀螺栓或射钉等方式，但砖墙严禁用射钉固定。

（3）安装过程中应及时清理门窗表面的水泥砂浆、密封膏等，以保护表面质量。

二、铝合金门窗的安装

铝合金门窗的气密性和水密性都好，由于型材自身有光泽和颜色，安装后不需再进行油漆，且开闭灵活、无噪声，不需经常维修。其安装过程应注意：

①铝合金外框与洞口应采用弹性连接。

②门窗外框与墙体的缝隙填塞，应采用矿棉条或玻璃棉毡条，缝隙外表面留5～8mm深的槽口，填嵌密材料。安装缝隙15mm左右。

③铝合金门窗与墙体的连接，应针对墙体面采用不同的方法：

a. 连接件焊接连接用于钢结构；

b. 预埋件连接用于钢筋混凝土结构和砖混结构；

c. 射钉连接用于钢筋混凝土结构。

三、涂色镀锌钢板门窗安装

彩板钢门长的连接、品装均有良好的密封条和密封膏，形成软接触，缝隙严密且有减震作用，水密性、气密性、隔声性均达到了国家标准。

(1)带副框的门窗

先将组装好的副框放入洞口，调整好尺寸，把副框外侧的锚板固定在洞口墙体上；然后处理洞口周围缝隙，进行填补，并在外抹水泥砂浆，最后将门窗框与副框连接固定。

带副框的门窗安装时，应用自攻螺钉浆连接件固定在副框上，另一侧与墙体的预埋件焊接，安装缝隙为 25mm。

(2)不带副框的门窗

将窗门放入洞口，调整好后用膨胀螺栓固定，然后再用密封膏填缝，安装缝隙 15mm。

四、塑钢门窗安装

塑钢门窗的安装主要采用在墙上留预埋件的方法，窗的连接件用尼龙胀管螺接连接，安装缝隙 15mm 左右，门窗框与洞口的间隙用泡沫塑料条或油毡卷条填塞，然后用密封膏封严。

①安装准备。要按图纸要求认真查对型号、规格、配件及开启方向等，并查看厂家测试检验报告；要按有关规定随机抽取相应樘数的门窗送检测中心对其进行抗风压、空气渗透、雨水渗漏等物理性能试验，检验合格、符合要求的门窗应堆放平整，以防扭曲变形，然后才能安装。

②采取合理的工作流程，凡不需要与土建结构直接相连的产品，一定要晚进入施工现场。塑钢门窗安装工作应在室内粉刷和室外粉刷找平、刮糙等湿作业完成后进行。

③对塑钢门窗的构造尺寸要求精确；检查窗框、门框等固定件的规格和位置。

④门窗框与洞口的嵌缝质量要求。

a. 门窗框与洞口之间的缝隙应用闭孔泡沫塑料或油毡卷条等弹性材料分层填塞，填塞不宜过紧，以免框架变形，太松则影响密封的严密性，并使框体松动，填塞后撤掉临时固定用的木楔或垫块，其空隙也应采用闭孔弹性材料填塞。

b. 对于保温、隔声等级要求较高的工程，应采用相应的隔热、隔声材料填塞。

c. 安装密封条时应留有伸缩余量，一般比门窗的装配边长 200～300mm 在转角过斜面断开,用胶黏剂粘贴牢固。

d. 门窗框与洞口之间最外层用密封胶进行密封处理。门窗框四周的内外接缝应用密封膏嵌缝严密,缝口要求涂抹均匀,表面平整光洁。

五、其他构件装饰

在建筑物的装修过程中,还存在着许多因各种使用功能需要或装饰面连接美观需要等情况的细节装修问题,主要有墙裙、踢脚板、石膏线角、挂镜线、特种功能墙面、隔断、柱面装饰以及筒子板、博古架、窗帘盒、暖气罩的装修。

(1)墙裙

墙裙是指一般高度为 1100～1500mm 的附加墙面装修,主要是为在人们经常活动的高度范围内保护墙面,避免墙面直接受到污染、冲击、水浸而损坏。墙裙采用的材料一般有涂料、塑料板、铝合金板、胶合板、红松木、镜面等。

墙裙的一般构造主要是先在墙面上进行基层处理、固定材料,表面钉胶合板,然后进行盖缝、收边,底边一般和踢脚板组合。

(2)踢脚板

踢脚板是指在地面以上 100～150mm 高度内,采用水泥砂浆、木板、塑料、石材等材料所做的保护层。

(3)线角

在顶棚和墙体之间的装饰物,用于分割顶棚和墙面,一般为木质或石膏材料。

(4)挂镜线

墙面四周高度一般在 2m 以上的条状装饰,具有悬挂功能和装饰功能。

(5)特种功能墙面

在一些有特别要求的房间,对墙面的功能有特殊要求,如影院、播音室、声学研究室等房间要求控制声音的反射强度、隔绝噪声等要求,这类房间装修时须将室内墙面、顶棚、地面均采用特殊材质的材料装修。

(6)隔断装修

隔断可分为花饰隔断和活动隔断。

花饰隔断完全由设计人员根据使用功能、设计风格进行的室内装饰,可以进行室内空间的分割。

活动隔断从形式上分为拼装式、折叠滑动式;按隔断板材质可分单一板材、复合夹芯板材、软质纤维幕、玻璃隔断等类型,活动隔断可以灵活调整室空间的使用。

参 考 文 献

[1]吴迈,李雨润,骆中钊. 地基基础[M]. 北京:化学工业出版社,2008.

[2]刘平,吴迈,骆中钊. 砌体结构[M]. 北京:化学工业出版社,2008.

[3]皮风梅,杨洪渭,骆中钊. 混凝土结构[M]. 北京:化学工业出版社,2008.

[4]《城乡建设》编辑部. 建筑施工技术入门[M]. 北京:中国电力出版社,2007.

[5]孙丹荣,李艳娜,骆中钊. 建筑与结构技术常识[M]. 北京:化学工业出版社,2006.

[6]骆中钊,张惠芳. 现代小住宅施工图集[M]. 北京:中国电力出版社,2003.

[7]骆中钊,陈友民,张仪彬. 施工技术[M]. 北京:化学工业出版社,2009.

[8]骆中钊,张仪彬,陈桂波. 家居装饰施工[M]. 北京:化学工业出版社,2006.

[9]潘延平. 质量员必读[M]. 北京:中国建筑工业出版社,2001.

[10]吴松勤,等. 施工员培训教材[M]. 中国集体建筑企业协会,1986.